金银花栽培与深加工应用技术

李建军　编著

河南师范大学学术专著出版基金资助

科学出版社
北京

内 容 简 介

本书对药用植物金银花栽培与深加工应用技术的研究成果做了较全面论述，着重介绍了金银花资源评价、质量标准体系建立、新品种选育、配套种植标准化操作规程、活性成分的提取及利用等内容，对于从事金银花育种、种植、加工、活性成分提取分离及综合开发利用具有重要的参考价值，对于拉长金银花产业链条、提升金银花产业核心竞争力具有重要作用。

本书收集编著者科研团队完成的育种、栽培和深加工方面的研究成果及国内外同行的相关研究工作，力图为从事金银花研究、种植、经营人员和医药工作者提供参考，也适用于相关专业本科生、研究生及普通大众阅读。

图书在版编目(CIP)数据

金银花栽培与深加工应用技术/李建军编著. —北京：科学出版社，2019. 3
ISBN 978-7-03-060896-3

Ⅰ. ①金… Ⅱ. ①李… Ⅲ. ①忍冬-栽培技术②忍冬-中草药加工 Ⅳ. ①S567. 7

中国版本图书馆 CIP 数据核字(2019)第 050412 号

责任编辑：席 慧 马程迪 / 责任校对：严 娜
责任印制：张 伟 / 封面设计：迷底书装

科 学 出 版 社 出版
北京东黄城根北街 16 号
邮政编码：100717
http://www.sciencep.com
北京凌奇印刷有限责任公司 印刷
科学出版社发行 各地新华书店经销
*
2019 年 3 月第 一 版 开本：787×1092 1/16
2023 年 1 月第四次印刷 印张：14 1/2
字数：350 000

定价：98.00 元

(如有印装质量问题，我社负责调换)

序

中药材金银花是忍冬科植物忍冬的干燥花蕾或带初开的花，是常用大宗中药材，其具有解热、消炎、抗菌、抗病毒、降血脂、降血糖、保肝、利胆、止血等多种医疗和保健功效。金银花的花蕾中含有大量的绿原酸、异绿原酸、芳樟醇、木犀草苷、金银花皂苷等成分，特别是其中的绿原酸能抗氧化、抗细胞衰老，促进人体新陈代谢，调节人体各部功能的平衡。因此，金银花在医药、保健品、饮品、化妆品、饲料、香料等方面有广泛的应用，市场前景十分广阔。

该书作者长期从事药用植物资源评价、新品种选育及深加工研究，对封丘道地金银花进行了系统研究，获得国家林业和草原局金银花新品种权保护 1 个，鉴定金银花新品种 2 个，集成优化良种良法配套技术 1 套，发表有关学术论文 20 余篇，对金银花的研究颇有见地。编者将多年研究结果整理总结成书，涵盖了金银花的本草考证、种植分布、地域特征、化学成分分析及栽培技术等，并对金银花的应用前景及产业化发展进行了展望，内容具有扎实可靠的实践基础，对金银花及其相关产业的发展具有重要的指导意义。

该书理论阐述和操作指导相结合，内容丰富又言简意赅，适合研究、种植、医药人员及学生等人群阅读参考。有鉴于此，乐之为序。

张重义

福建农林大学　闽江学者

2019 年 3 月

前　　言

金银花（*Lonicera joponica* Thunb.）是植物金银花和中药材金银花的统称，植物金银花为忍冬科忍冬属多年生半常绿木质藤本植物忍冬，中药材金银花为忍冬科植物忍冬的干燥花蕾或带初开的花，是常用大宗中药材，具有很好的凉散风热、杀菌消炎等功效。由于忍冬花初开为白色，后转为黄色，因此得名金银花。现代医药书籍及商品药材多采用金银花名称，该名称已被公认为该药材的正名，并收入《中华人民共和国药典》，而《中药大辞典》也将鹭鸶藤作为忍冬藤的别名，故而现今仍保留金银花和忍冬藤两种药品名称。

金银花药用历史悠久，早在3000年前，我们的祖先就开始用它防治疾病，在《名医别录》中将其列为上品。20世纪80年代，中华人民共和国卫生部对金银花进行了化学分析，结果表明：金银花含有多种人体必需的微量元素等化学成分，同时含有多种对人体有利的活性酶物质，具有抗衰老、防癌变、轻身健体的良好功效。1984年，国家中医药管理局将其确定为35种名贵中药材之一，后来又将其确定为药食兼用品种。《中华人民共和国药典》1995年版收载的金银花功能为：清热解毒，凉散风热。用于痈肿疔疮，喉痹，丹毒，热毒血痢，风热感冒，温病发热。忍冬入药的最早记载见《名医别录》，书中云：忍冬，十二月采，阴干。这里虽未指明是以藤叶入药，但忍冬花期在5～6月，不可能于12月采，且陶弘景注曰“凌冬不凋”，由此可推知所用乃带叶的藤。忍冬藤有清热解毒、疏风通络之功能，可用于温病发热、热毒血痢、痈肿疮疡、风湿热痹、关节红肿热痛等病症的治疗。现代研究也表明，忍冬茎、叶、花的化学成分不同，功效也不尽相同。金银花功能为清热解毒，而忍冬藤除此功能外，尚可通经活络。如今，金银花广泛应用于医药、化妆、香料、食品等工业，其药用价值和保健作用已得到越来越多的医疗机构和患者的认可，在防病治病领域将有着广阔的前景。

我国的金银花种植主要分布在河南新密和封丘，山东平邑及河北巨鹿等地。封丘古属魏地，西晋《博物志》中有“魏地人家场圃所种，藤生，凌冬不凋”的描述，至今已有1500多年的历史。长期人工驯化种植，独特的地理环境和优越的自然条件使封丘道地金银花具备不同于他地的优良品质。金银花产业发展中存在长期无性繁殖、分散经营、农药残留和重金属超标等问题，造成品种混杂、退化，产量和品质降低，需要良种良法配套技术及全产业链关键技术，提高产量和品质，拉长产业链，提高附加值。

本书内容多为编著者发表的研究内容及指导研究生的成果，并吸收国内外同行的研究成果。本书对金银花的名字由来、种植分布、地域特征等进行了概述、研究并分析了金银花的化学成分，并对金银花优良品种的选育、金银花的栽培与田间管理、金银花的病虫害及其防治，以及金银花的采收、加工和贮藏做了详尽的理论阐述和操作指导。在普及金银花的药理作用相关知识及进行理论研究的基础上对金银花的应用前景及产业化发展进行了展望。

编著者选取我国金银花道地产区河南封丘的金银花为主要研究对象，建立了金银花种质资源圃和资源评价指标体系，连续数年对封丘'大毛花'生物学特性、指标成分及积累动态进行测定，建立了封丘道地金银花化学指纹图谱，通过新品种选育及优化集成配套种植标准化操作规程研究，以及对金银花活性成分的提取分离及应用研究，展示了金银花资源评价、新品种选育、配套种植技术和提取分离及应用领域的最新成果，突出了理论与实际的结合，实用性、针对性、操作性极强。

本书参考了近年出版和发行的大量国内外有关专业文献资料，在此对有关作者和出版单位表示衷心感谢！感谢诸多同行多年来对编著者的帮助，感谢编著者合作单位的大力支持，感谢编著者的研究生付出的大量劳动，正是由于他们不辞辛劳、多次往返于田间地头采集实验样品并牺牲了无数的节假日在实验室忙碌，实验才得以如期顺利完成。

鉴于编著者水平有限，时间也十分仓促，故书中难免存在不足之处，恳请广大读者和同仁提出宝贵意见。

编著者

2018 年 9 月 28 日

目　　录

第一章　金银花概述

第一节　金银花的本草学考证与资源分布

一、金银花的本草学考证

中医中药有悠久的历史，金银花原产我国，从1600多年前就已经作为药材的重要组成部分而流传至今。

《中国植物志》和《中药志》认为，“忍冬”始载于《名医别录》，列为上品。一直以来人们都认为“忍冬”首载于《名医别录》或《本草经集注》，而张永清等考证发现，在早于陶弘景100余年的《肘后备急方》中已出现“忍冬”一名，故而认为《肘后备急方》可能是《名医别录》或《本草经集注》中“忍冬”最原始的出处。南宋时期，我国现存的最早彩色本草图谱《履巉岩本草》中记载：金银花，本草名忍冬。并附有彩图，同现在的药材植物忍冬没有差异。因此，侯士良等认为，第一次将“金银花”作为药名收录的本草书籍应为《履巉岩本草》。华碧春、张永清等则认为，首次收载“金银花”这一名称的方书为苏轼、沈括的《苏沈良方》。

《名医别录》中记载：忍冬，十二月采，阴干。十二月时金银花的花期已过，可见早期多以忍冬藤和叶入药。随着对金银花研究的不断深入，其花也渐渐入药，明代的医家根据临床所需的不同，有的用茎叶，有的用其花。明代以后则强调了对花的应用，清代的本草著作中更以花作为论述的对象。到了现代，《中华人民共和国药典》(简称《中国药典》）中则明确规定：忍冬藤，为忍冬科植物忍冬的干燥茎枝。秋、冬二季采割，晒干；金银花，为忍冬科植物忍冬的干燥花蕾或带初开的花。夏初花开放前采收，干燥。经研究表明，忍冬的花、茎、叶化学成分不同，功效也不同，应根据临床的需要对症下药。

二、金银花的资源分布

1. 金银花的分类及地理分布

金银花为被子植物门双子叶植物茜草目忍冬科忍冬属的植物，在我国分布广泛，除宁夏、青海、新疆、西藏、海南、黑龙江和内蒙古无自然生长外，各省（自治区、直辖市）均有分布，但其主产地为河南的新密、封丘，山东的平邑、费县、兰陵、沂水及河北的巨鹿等地。其中山东的种质资源较为丰富，主要包括11个传统农家品种（‘小毛花’‘大毛花’‘小鸡爪’‘大鸡爪’‘细毛针’‘红裤腿’‘小麻叶’‘大麻叶’‘犊牛儿腿’‘红梗子’及‘米花子’)、4个引种培育种质（‘九丰一号’‘中金一号’‘巨花一号’及‘四季五茬’）等；河北巨鹿没有野生品种，据调查，当地的主栽品种是从山东引种后经系统选育而形成的；产于河南的金银花（豫金银花）俗称“南银花”或“密银花”，近年来又有了“封银花”的叫法。

2. 豫金银花的资源调查

河南自古以来都是金银花的主要产区，西晋《博物志》记载“魏地人家场圃所种，藤生，凌冬不凋”。此处所述的古魏地就包括了今河南封丘一带地域，至今河南仍是我国主要的金银花产区。产于河南的金银花花蕾均匀清晰，无开放花朵，花冠较厚而有骨气，有顶手感，颜色黄白略带绿，历来被公认为品质最佳，供销全国并出口。

调查表明，河南金银花产区有郑州市所辖的新密、巩义、荥阳等地；新乡市所辖的封丘、原阳、辉县等地；许昌所辖的禹州等地；洛阳所辖的偃师（市）；平顶山所辖的汝州市；以及焦作、信阳、南阳的部分山区。目前，新密和封丘两地的金银花种植规模最大，品质最佳，从而成为河南金银花的两大主产区。

新密市原密县，为河南金银花道地产区，本地出产的金银花称为“密银花”。栽培集中于五指岭及其周围地区，素有“五指岭银针”之称，已有数百年栽培历史，并有野生。过去新密的10余个乡镇均有种植，目前仅尖山、牛店两镇有少量种植。成墩栽培于梯田或大田，管理粗放，用晒干法加工。由于新密市为工业区，采花期缺乏劳力，种植面积逐年萎缩，产品主供茶厂。

封丘县位于河南省东北部黄河北岸的黄河故道，是河南金银花的新产区，金银花种植沿黄河集中于陈桥镇荆宫乡和尹岗乡。当地无野生种。1949年之前人们从密县（今“新密市”）引种‘大毛花’，在庭院零星种植。1949年之后开始在黄河大堤上种植，主要用于护堤。自20世纪80年代开始，在大田扩大种植面积，并形成一定的种植规模。该产区采用果树管理办法，经修剪形成直立生长的‘大毛花’。用煤炭炉烘干加工。现金银花种植主要集中于黄德镇、陈固乡和应举镇，采用低温阶梯静止烘干工艺加工，经系统选育产量高、品质优、抗性强的‘豫金1号’新品种。

第二节　金银花生物学特性

一、形态特征

半常绿藤本；幼枝暗红褐，密被黄褐色、开展的硬直糙毛、腺毛和短柔毛，下部常无毛。叶纸质，卵形至矩圆状卵形，有时卵状披针形，稀圆卵形和倒卵形，至少有1个钝缺刻，长3~5（~9.5）cm，顶端尖或渐尖，少有钝、圆或微凹缺，基部圆或近心形，有糙缘毛，上面深绿色，下面淡绿色，小枝上部叶通常两面均密被短糙毛，下部叶常平滑无毛，而下面少带青灰色；叶柄长4~8mm，密被短柔毛。花总梗通常单生于小枝上部叶腋，与叶柄等长或稍短，下方者则长达2~4cm，密被短柔毛，并夹杂腺毛；苞片大，叶状，卵形，长达2~3cm，两面均有短柔毛或有时近无毛；小苞片顶端圆形或截形，长约1mm，为萼筒的1/2~4/5，有短糙毛和腺毛；萼筒长约2mm，无毛，萼齿卵状三角形或长三角形，顶端尖而有长毛，外面和边缘都有密毛；花冠白色，有时基部向阳面呈微红，后变黄，长2~6cm，唇形，筒稍长于唇瓣，很少近等长，外被很多倒生的开展或半开展糙毛和长腺毛，上唇裂片顶端钝形，下唇带状而反曲；雄蕊和花柱均高于花冠。果实圆形，直径6~7mm，成熟时蓝黑色，有光泽；种子卵圆形或椭圆形，褐色，长约3mm，中部有一凸起的脊，两侧有浅的横沟纹。

二、生长习性

忍冬生长发育需要6个阶段，即萌芽期、新梢生长期、显蕾期、开花期、缓慢生长期和越冬期，其中萌芽期植株枝条茎节处出现米粒状芽体，芽体开始明显膨大，伸长，芽尖端松弛，芽第一、二对叶片伸展。一般在日平均气温16℃时进入新梢生长旺期，新梢叶腋露出花总梗和苞片，花蕾似米粒状。显蕾期果枝随着花总梗伸长，花蕾膨大。人工栽培条件下，忍冬一年从5月中旬至9月中旬开四次花，花期相对集中，第一、二茬花占总花量的70%，第三、四茬花花量较少。进入缓慢生长期后，植株生长缓慢，叶片脱落不再形成新枝，但枝条茎节处出现绿色芽体，主干茎或主枝分节处出现大量的越冬芽，此期为贮藏营养回流期，当气温降至3℃时，生长处于极缓慢状态，越冬芽变为红褐色，但部分叶子冬季不脱落。忍冬实生苗的侧根非常发达，主根不明显。扦插苗的须根系庞大，没有主根。扦插苗的根先从茎节处生出且数量较多，节间和愈伤组织处较少。

忍冬耐寒习性强，在-10℃下，叶子不落，在-20℃下能安全越冬，来年正常开花，5℃时植株就开始生长，随温度升高生长加快，20~30℃为最佳生长温度，花芽分化最佳温度为15℃，40℃以上只要有一定的湿度也热不死。根系发达，10年生植株根平面分布直径可达3~5m，深度达1.5~2m，主要根系分布在地下0~15cm处，根系在4月上旬至8月下旬生长最快。关于枝条及花的生长，越冬芽形成的枝条为一级枝条，生长到一定程度顶端生长点停止分化，由一级枝条分化形成二级枝条，依次形成三级、四级枝条。枝条有花枝、生长枝、徒长枝之分。徒长枝多生于植株下半部，枝条粗大，叶子肥硕，消耗大量养分，一般人工条件下可开四茬花。

三、施肥措施

施肥对药材种植的重要性毋庸置疑，尤其是金银花药材的种植多位于山区丘陵地带，水肥不足成为限制其产量的主要因素。传统根基施肥时，肥料易随雨水流失。因此张永清等进行了根外施肥试验，结果表明，适当浓度的磷酸氢二铵能促进忍冬植株生长，提高产量近20%；助壮素能改善株型结构。但是药材由野生转变为家种时，栽培措施对药用植物体内有效成分合成往往会造成一定的影响，对药材产量和质量的影响也是值得关注的问题。徐凌川等通过施用不同的肥料，对比了忍冬植株生长发育情况及体内主要化学成分的变化，发现施氮肥和复合肥均可促进忍冬植株的生长；氮、磷、钾及复合肥均可促进忍冬花芽的分化，效果为氮肥>复合肥>磷肥>钾肥；氮肥能使叶、花中绿原酸分别降低32.99%和6.78%，而磷肥能使叶、花中绿原酸含量分别提高8.68%和14.44%。因此建议施用氮肥的同时，适当多施磷肥，这样既能促进忍冬植物花芽分化，又能促进绿原酸在花蕾中的合成，在增产的同时又保证了药材的质量。

第三节　金银花的药用价值

金银花味甘性寒，归肺、心、胃经，清热解毒，疏散风热，用于痈肿疔疮、喉痹、丹毒、热毒血痢、风热感冒、温病发热。

一、抗炎解热作用

宋建华研究发现，不同剂量的金银花水煎液对二甲苯导致的小鼠耳廓肿胀有不同程度的抗炎作用，以高剂量组最为明显，说明金银花抗炎作用强度与剂量大小有关，剂量大则抗炎作用更明显。吴俊等对金银花与连翘提取液的研究发现混煎液对二甲苯致小鼠耳廓肿胀有明显的抗炎作用。王林青等采用腹腔注射法和外敷法观察金银花提取物对蛋清所致大鼠足趾肿胀的效果，结果表明金银花提取物对蛋清引起的局部急性炎症有明显的抑制作用，且其抗炎作用逐步增强，与地塞米松及皮炎平相当。崔晓燕等运用血清药理学方法研究发现：在不影响细胞存活率的情况下，金银花提取物的含药血清可明显降低正常大鼠和细菌脂多糖刺激的大鼠中原代小胶质细胞释放的一氧化氮的量，可见金银花提取物具有抗炎作用。崔晓燕等还运用生化方法检测了大鼠角叉菜胶炎性渗出液中丙二醛、前列腺素、组胺和5-羟色胺的含量变化，发现连续5d给胃灌金银花提取物可以显著抑制角叉菜胶所致的大鼠足肿胀，并显著降低大鼠角叉菜胶性炎足炎性渗出液中丙二醛、前列腺素、组胺和5-羟色胺的含量，而不影响正常小鼠的肾上腺重量及肾上腺中维生素C的含量，说明金银花提取液通过抑制炎症部位炎症因子的合成或释放而发挥类似非甾体类抗炎药物的抗炎作用。宋建华采用干酵母致热法制造发热模型大白鼠，研究发现不同剂量的金银花水煎液对干酵母所致的大鼠发热有不同程度的解热作用，可有效防止体温升高，且剂量大则解热效果明显。刘华等以百白破三联菌苗制备家兔发热模型，研究表明金银花能显著降低致热家兔的肛温，具有显著的解热作用。

二、抗氧化作用

杨利军等研究了金银花、山楂、银杏叶、葛根、杜仲、野菊花、黄芩、甘草、忍冬藤、鱼腥草、溪黄草11种中草药的抗氧化活性，发现金银花的抗氧化活性最高，且与总黄酮的含量具有相关性。关炳峰等进行了金银花提取物的抗氧化作用与其绿原酸含量的相关性研究，结果表明金银花提取物的抗氧化活性与绿原酸含量密切相关，具有较强的还原能力，清除羟自由基的能力甚至优于维生素C。兰华等研究了不同采收期和不同部位金银花提取液膜保护酶的活性与清除自由基的能力，结果表明金银花花蕾、叶片和枝条中的超氧化物歧化酶、过氧化物酶和过氧化氢酶的活性变化与清除自由基能力密切相关。宫璀璀等研究了金银花水提物在体内的抗氧化能力，发现金银花水提物可以使血清中丙二醛含量降低，谷胱甘肽含量升高，提高总抗氧化能力。李志洲研究发现金银花中黄酮类化合物可以明显地抑制猪油氧化，马彦芳在菜籽油、花生油、酥油、色拉油和羊油5种食用油中添加适量的金银花乙醇提取物，结果表明金银花对这5种食用油脂均具有一定的抗氧化作用。

另外，对金银花抗氧化机理的研究发现，金银花可以通过调节线粒体基质和胞质内关键的信号调控的传导途径，抑制正常人肝细胞株（RBL）肝细胞的凋亡，从而起到抗氧化损伤的作用；金银花也可以通过调控热休克蛋白 70（HSP-70）和 NF-κB（重要的核转录因子）的表达，阻断 NF-κB 信号传导，从而调节抗氧化防御酶体系水平，起到抗氧化作用。

三、止血及降血脂作用

黄艳英等通过测定金银花炮制品中绿原酸及鞣质含量，发现金银花炭中绿原酸及鞣质含量明显低于生品金银花，却具有显著的止血作用，证实金银花炭可用于热毒血痢、妇女崩漏。潘竞锵等研究发现，金银花可以降低多型小鼠的胆固醇、低密度脂蛋白胆固醇含量，起到降血脂、血糖并保护胰腺细胞的作用。王强等研究了金银花提取物对动物血脂、血糖的影响，发现金银花提取物可以使高脂血症小鼠、大鼠血清及肝组织中甘油三酯水平明显下降，对胆固醇、低密度脂蛋白胆固醇和高密度脂蛋白胆固醇无明显影响，表明金银花提取物具有一定的降血脂、血糖作用。

四、抗生育作用

曹采蘋等采用金银花乙醇提取物的水煎浸膏对小鼠、狗、猴进行抗生育试验，结果表明金银花对小鼠、狗、猴等，尤其是小鼠和狗有显著的抗早孕作用，能够有效终止小鼠的早、中、晚期妊娠作用，并且通过抗黄体激素的作用降低早孕大鼠外周血孕酮的浓度。

五、金银花的综合利用研究

金银花具有清热解毒、通经活络、广谱抗菌抗病毒等功效，目前 70% 以上的消炎、感冒中成药中都含有金银花。随着对金银花研究的深入，人们逐渐认识到金银花浑身都是宝，其用途也越来越广泛。

金银花味甘性寒，清热解毒，用它制作的忍冬可乐、银花汽水及银花啤酒等，是解热消暑的佳品；用它制作的忍冬牙膏、金银花痱子水等，可用于消炎去痱；还可用它作为添加剂，制作保健食品、美容面膜等，更加绿色天然。

金银花耐瘠薄、抗逆性强，且根系发达、枝繁叶茂，具有防风固沙、保持水土、改良土壤、调节气候等生态效益；金银花耐寒，凌冬不凋，而开花时黄白相间，十分漂亮，还可以作为绿化树种，既可观赏，又可提供药用价值。

第二章　金银花的化学成分

第一节　金银花主要活性成分

一、有机酸类

金银花主要活性成分为有机酸类，包括绿原酸、异绿原酸及其他有机酸。其中绿原酸有 7 种异构体，分别为 3,5-二咖啡酸酰奎尼酸，1,3-二咖啡酸酰奎尼酸，4,5-二咖啡酸酰奎尼酸，3,4-二咖啡酸酰奎尼酸，3-阿魏酰奎尼酸，4-阿魏酰奎尼酸，5-阿魏酰奎尼酸。其他有机酸有肉豆蔻酸、棕榈酸、咖啡酸和原儿茶酸等，大部分为咖啡酸的衍生物。

有文献报道：①同一时期的金银花叶中绿原酸类有效成分为花的 60% ~70%，并以 8 ~9 月的金银花叶含量最高。②用紫外分光光度法测定了金银花不同部分绿原酸含量。结果表明：金银花各部位都有一定的绿原酸，但含量高低不同，依次为花>叶>茎>根，且叶中的绿原酸含量较高，是花的 69.63%，大大超过了根茎，而河南、山东等地金银花叶的绿原酸含量几乎赶上甚至超过了花，并在实验中发现金银花叶的加工条件影响其绿原酸的含量。③采用薄层色谱测得金银花越冬老叶中绿原酸含量约为药用金银花的 1.41 倍、忍冬藤的 9.08 倍。

二、黄酮类化合物

黄酮类化合物主要含有木犀草素、忍冬苷、槲皮素等。高玉敏等从金银花中分离出 4 个黄酮类化合物，分别鉴定为木犀草素 7-*O*-α-D-葡萄糖苷、木犀草素 7-*O*-β-D-半乳糖苷、槲皮素 3-*O*-β-D-葡萄糖苷和金丝桃苷。黄丽瑛等从金银花氯仿（三氯甲烷）提取物中分离得到 5-羟基-3′,4′,7-三甲基黄酮和伞房花耳草素（corymbosin）。裂环环烯醚萜类有裂环马钱素（secologanin）、獐牙菜苷（sweroside）、马钱素（loganin）、马钱酸（loganic acid）、新环烯醚萜苷、常春藤皂苷配基（hederagenin）、齐墩果酸、川续断皂苷乙（disacoside B）、黄褐毛忍冬苷甲（fulvotomentoside A）、α-常春藤皂苷（α-hederin）、无患子皂苷 B（sapindoside B）。目前从忍冬属植物中分离得到 30 多个黄酮类化合物。

王柯等采用高效液相色谱法对河南封丘县金银花 4 个部位（花、叶、茎的表皮和茎）中的木犀草素和木犀草苷进行含量测定，结果显示：封丘的金银花中，木犀草素存在于金银花的花、叶和茎的表皮中，而茎中没有检测到木犀草素；木犀草苷仅存在于金银花的花和叶中，茎的表皮和茎中没有检测到木犀草苷。金银花中的木犀草素含量：叶>茎的表皮>花，但含量都较少。木犀草苷含量：叶>花，木犀草苷在金银花的叶中含量较多。

三、挥发油

研究人员通过气质联用的方法从挥发油中分析出了 150 个成分，由 36 个碳氢化合物、

28 个醇、21 个醛、12 个酮、38 个酯及 15 个混合物组成，主要为单萜及倍半萜类化合物。主要成分有芳樟醇（linalool）、棕榈酸、双花醇、香树烯、苯甲酸甲酯、香叶醇（geraniol）、β-苯乙醇、苯甲醇、异双花醇、α-松油醇、丁香油酚（eugenol）、金合欢醇、蒎烯、1-己醇、异黄双花醇和香荆芥酚等。金银花的干花与鲜花成分差异较大。鲜花挥发油成分以芳樟醇为主，含量高达 14% 以上，其他成分多为低沸点不饱和萜烯类成分，而干花挥发油成分以棕榈酸为主，一般占挥发油的 26% 以上，芳樟醇含量仅在 0. 30% 以下。可能是因为芳樟醇是低沸点化合物，在干燥加工过程中容易损失。

四、三萜皂苷类

陈敏等从金银花中分离出一个新的含有 6 个糖基的三萜皂苷，2 个双咖啡酸酰奎尼酸酯化合物。茅青等分离得到 3 个三萜皂苷，分别为灰毡毛忍冬皂苷甲、灰毡毛忍冬皂苷乙和川续断皂苷乙。贾宪生等从金银花正丁醇萃取物中分离到 4 个三萜皂苷类成分，其中 3 个与茅青等从灰毡毛忍冬中所分离的皂苷相同，另一个为木通皂苷 D。娄红祥等分离出 3 个三萜皂苷类，经鉴定分别为 3-*O*-α-L-吡喃鼠李糖基（1→2）-α-L-吡喃阿拉伯糖基常春藤皂苷元-28-*O*-β-D-吡喃木糖基（1→6）-β-D-吡喃葡萄糖酯，3-*O*-α-L-吡喃阿拉伯糖基常春藤皂苷元-28-*O*-α-L-吡喃鼠李糖基-1(1→2)-[β-D-吡喃木糖基-(1→6)]-β-D-吡喃葡萄糖酯和 3-*O*-α-L-吡喃鼠李糖基-(1→2)-α-L-吡喃阿拉伯糖基常春藤皂苷元-28-*O*-α-L-吡喃鼠李糖基-(1→2)-[β-D-吡喃木糖基-(1→6)]-β-D-吡喃葡萄糖酯。

五、无机元素

金银花含有铁（Fe）、锰（Mn）、铜（Cu）、锌（Zn）、钛（Ti）、锶（Sr）、钼（Mo）、钡（Ba）、镍（Ni）、铬（Cr）、铅（Pb）、钒（V）、钴（Co）、锂（Li）、钙（Ca）等无机元素。张重义等对不同生态环境，河南封丘等地区金银花的无机元素进行了定量分析（表 2-1）。

表 2-1　不同产地金银花药材中无机元素含量　　（单位：μg/g）

产地	Ba	Co	Cr	Cu	Mn	Ni	P	Pb	Sr	Ti	Zn	K	Na	Al	Fe	Mg	Ca
河南封丘	11. 8	0. 15	0. 95	13. 50	27. 9	1. 80	2 640	0. 31	34. 90	7. 90	13. 00	22 720	14. 40	211. 0	476. 0	2 520	2 850
河南新密	10. 8	0. 25	0. 63	15. 30	32. 5	2. 00	4 010	0. 33	11. 10	3. 50	20. 80	22 580	0. 30	146. 0	290. 0	2 530	4 550
山东平邑	22. 3	0. 23	0. 96	14. 70	52. 5	8. 10	3 690	0. 23	24. 70	4. 90	22. 60	22 260	0. 30	65. 6	286. 0	2 760	3 800
江苏南京	9. 6	0. 21	2. 10	16. 80	61. 4	6. 20	3 460	0. 52	12. 30	5. 20	25. 90	33 310	2. 20	81. 9	364. 0	2 830	4 200
云南昆明	28. 7	0. 38	7. 70	20. 47	52. 5	5. 16	3 041	10. 95	25. 05	29. 47	30. 71	29 168	41. 48	352. 8	274. 2	2 770	6 716
广西桂林	11. 1	0. 31	7. 48	12. 54	78. 8	2. 50	3 702	1. 31	6. 61	7. 89	30. 93	31 392	51. 56	236. 0	138. 0	3 662	6 572

中药中微量元素的选择性富集和微量元素的络合物对疾病部位特异亲和的药理作用已被证实，分析药材微量元素的含量与富集状况，对研究道地药材形成具有重要意义。6 个产地金银花中微量元素含量之间的差异比较明显，但由于土壤（地质）的不均衡分布导致某种元素的变异较大，就平均数比较，道地药材中 Sr 和 Fe 的含量分别是非道地药材的 2. 4 倍和 1. 36 倍。非道地药材 Cr 和 Pb 的含量明显高于道地产区，*F* 检验达显著水平，道

地药材金银花中 Sr 和 Fe 的含量高（与非道地产区的药材中的平均数比较），Cr 和 Pb 的含量低，可作其标识特征之一。较低的 Cr 和 Pb，表明道地药材的安全性好，说明传统的道地药材产区形成有其一定的科学道理。

崔旭盛等用电感耦合等离子体原子发射光谱法（ICP-AES），测定并分析冠菌素和茉莉酸甲酯处理对金银花矿质元素含量、累积量和比例的影响。结果首次明确：①冠菌素处理可以使金银花 K、Mg、Na、Zn、B、Si 含量分别提高 5.82%、2.55%、155.2%、5.3%、116.1%、142.2%；P、Ca、Fe、Mn 含量分别降低 3.99%、19.20%、38.89%、35.96%。②茉莉酸甲酯处理后金银花 K、Na、Zn、B、Si 含量分别增加 4.46%、137.9%、6.09%、9.89%、89.24%；P、Ca、Mg、Fe、Mn 含量分别降低 9.82%、20.3%、8.5%、42.00%、36.80%。③冠菌素和茉莉酸甲酯处理后金银花 K∶P 和 Na∶Zn 均升高，Ca∶Mg、Fe∶Mn、B∶Si 均降低。

六、其他

忍冬花蕾中还含有肌醇、β-谷甾醇等。

第二节　金银花中相关化学物质的提取和分离

一、绿原酸的基本提取方法

1. 水提法

取适量干燥的金银花粉末在 80℃的水浴下加热 3 次，每次 1h，将提取液在 60℃下减压浓缩。

2. 醇提法

取适量干燥的金银花粉末用不同浓度的乙醇浸泡 24h 后，在 60℃下回流 3 次，每次 1h。将提取液在 60℃下减压浓缩。

3. 超声波提取法

该方法是在结合上述方法的基础上，仅借助超声波提高绿原酸的提取率。Mason 等通过对 50 多种草药的处理研究发现，超声波提取与传统提取相比能在低温短时间内获得较高提取率，而且对有效成分有很好的选择性。Vinatoru 等对超声波辅助提取中草药活性成分的提取规律进行了研究，表明超声波不仅能促进材料浸润过程和水化过程，还能粉碎超声场中的粉末颗粒，从而提高有效成分的提取效率和速率。

4. 超高压提取法

张守勤等开展了超高压提取金银花有效成分的研究，工艺流程为：原料金银花粉碎，加入溶剂成悬浮液，超高压处理（依照最优操作参数进行），滤除药渣，得提取液，之后浸膏（提取液经浓缩或干燥）或者进行进一步的分离纯化。

二、绿原酸的基本分离方法

1. 石硫醇法

该方法常用于绿原酸粗品的提取。取金银花加 15 倍的水，煎煮 1h，过滤，药渣再加

10 倍水煎煮 30min，过滤，合并水煮液并浓缩至药材量的 4 ~ 5 倍，加 20% 石灰乳调 pH 至 12，使绿原酸形成难溶于水的钙盐，过滤后，沉淀物加 2 倍量乙醇混悬，用 50% 硫酸调 pH 至 3.0，充分搅拌，过滤，滤液用 40% NaOH 溶液中和至 pH 为 7.0。过滤，将滤液浓缩干燥，得绿原酸粗品。

2. 异戊醇法

金银花在 80℃ 温浸 3 次，每次 1h，浸液合并，过滤，减压浓缩至 1∶1（相对密度为 1.15 ~ 1.20，70℃测）。浓缩液用 HCl 调 pH 为 2.0，以 2 倍量异戊醇分 2 次提取，提取液以 5% NaOH 溶液调 pH 为 6.5，分取水层，此时绿原酸转入水相，将水相浓缩后即得绿原酸粗品。

3. 乙酸乙酯法

早期的文献报道是醇提水沉，精制纯化时采用乙酸乙酯法。改良工艺为水煮醇沉法，优点是可以节约大量乙醇原料，降低成本，便于批量生产。同时改良乙酸乙酯法的转移率（86.2%）高于异戊醇法和石硫醇法，乙酸乙酯的毒性又小于异戊醇，因此认为从金银花中提取绿原酸的纯化工艺，以改良乙酸乙酯法为优。

4. 一步提取法

以乙酸乙酯和 0.05mol/L HCl 组成的混合溶剂作萃取剂，从金银花中一步提取绿原酸，并研究了乙酸乙酯的体积分数、温度、提取时间对提取绿原酸的影响，确定最佳实验条件为：60℃，乙酸乙酯体积分数为 0.8，浸取时间 3h。提取物与金银花质量比为 3.21%，绿原酸质量分数为 86.3%。

5. 铅沉法

将金银花用氯仿或乙醚回流脱脂，然后用 95% 乙醇回流提取，提取液浓缩成膏后，加入硅藻土混合均匀，加入热水，搅拌溶解，滤去不溶物，向滤液中加入饱和中性乙酸铅溶液至不再产生沉淀为止。离心收集沉淀并用水洗涤。将沉淀悬浮于水中通入 H_2S 气体至 PbS 沉淀为止。用抽滤法除去 PbS。滤液用乙酸乙酯反复萃取，合并萃取液，浓缩。将浓缩液放入冰箱冷藏室静置，绿原酸粗品析出。

6. 醇沉法

将金银花用 10 倍量和 8 倍量水煎煮提取两次，每次 2h，浓缩至 1∶1，加入乙醇使其醇浓度达 80% 左右，使提取液中的蛋白质、黏液质等杂质沉淀析出，静置过滤，滤液浓缩至干即得绿原酸粗品。此法可使提取物中的绿原酸含量从 15% 提高到 20% 左右。采用分步醇沉的方法，得到的提取物中的绿原酸含量比一次醇沉法的要高一些。

7. 超滤法

绿原酸的提取合并液，离心，取上清液倒入储液罐中，连接超滤器，控制一定的压力，进行超滤。

8. 树脂柱层析分离法

将绿原酸的水提取液用聚酰胺或 D101 等树脂进行吸附，选择适当的洗脱条件，洗脱后用乙酸乙酯对洗脱浓缩液进行纯化，制得较高纯度的绿原酸。

阙斐等采用 Sephadex LH-20 进行了金银花中绿原酸分离的研究，利用天然澄清剂（ZTC+1）对绿原酸提取液进行絮凝处理，再通过 Sephadex LH-20 层析柱进行分离纯化。结果证明该工艺简便、高效，可用于绿原酸单体制备。

三、金银花绿原酸的制备方法

罗亚东等发明一种绿原酸制备方法，采用水提-液液萃取法将金银花有效成分绿原酸分离纯化。金银花用热水浸提，水提液浓缩，液相萃取，用水溶性有机溶剂与盐溶液和水溶性复合物按比例组成双水相体系，然后把总提取物浸膏溶解在双水相体系中进行分配，使之达到浸膏在两相中的平均浓度为30% ~50%的分配平衡，再用与两水相不相溶的萃取剂进行萃取，分出萃取液，先把极性小于绿原酸的杂质去掉，余下双水相再用另一萃取剂进行萃取，后经脱色、结晶和干燥得到绿原酸产品，其工艺操作过程如下。

1. 预处理

对原料金银花进行除杂，粗破碎或剪段后备用。

2. 水提

将预处理后的金银花加入提取设备中，按原料与水 1∶3 的比例加入水，并加入抗氧化剂，加热保温提取 3 次，控制温度为 60 ~70℃，保温时间为 0.5 ~1.5h，合并提取液。

3. 浓缩

将提取液导入浓缩设备进行减压浓缩，控制温度≤60℃，真空度≥0.08MPa，浓缩成 7.5 ~8.5°Bé 的浸膏。

4. 萃取

将浓缩的浸膏加入萃取设备中，加入原料金银花重量 100 ~200 倍的乙醇，并加入无机盐，搅拌，静置 0.5 ~1.5h 形成两相，得到上相萃取液，加入水难溶和水溶的两相萃取剂萃取，分离萃取液，下部分溶液加入水溶萃取剂萃取，得到水溶相萃取液。

5. 脱色

将上步萃取液经过活性炭脱色，过滤得到纯化萃取液。

6. 结晶

将上步纯化萃取液加入微量丙酮结晶，得到结晶绿原酸，并蒸馏过滤液回收有机溶剂。

7. 干燥

真空干燥，控制温度为 60℃，真空度为 0.08MPa，得到高纯度绿原酸产品。

提示：液液萃取法，是复合物辅助的无机盐水溶液-水溶萃取剂-水难溶萃取剂的三相萃取体系。原料金银花，包括金银花干或鲜的花、叶和枝杆中的一种或多种。抗氧化剂，包括亚硫酸氢钠和 EDTA，使用量为 0.5/10 000 ~2.0/10 000，调节溶液 pH 为 3.2。水难溶萃取剂，包括石油醚、乙酸乙酯、丁醇中的一种或多种复合物，加入量为原料金银花重量的 1 ~1.5 倍。水溶萃取剂，包括乙醇、甲基聚丙二醇、聚乙二醇、聚氧乙烯醇、聚乙烯吡咯烷酮、羟丙基葡聚糖、甲基纤维素、葡聚糖及其衍生物中的一种或多种复合物，加入量为原料金银花重量的 0.2% ~0.4%。无机盐，为水溶性无机盐，包括硫酸铵、磷酸钾、磷酸氢钾和氯化钠中的一种或多种复合物，加入量为原料金银花重量的 3.5% ~4.5%。搅拌，为离心分相均匀搅拌。提取设备、浓缩设备和萃取设备，包括采用不锈钢、搪瓷和铝合金制作的反应罐、反应釜和反应锅中的一种或多种设备。

四、金银花中黄酮类化合物的提取方法及分离纯化

（一）金银花中黄酮类化合物的提取方法

1. 溶剂法

一般多用水或乙醇为溶剂，加热提取。提取液再用乙酸乙酯、乙醚等萃取，除去杂质，极性小的物质多分配在有机层。

2. 碱提取、酸沉淀法

黄酮类一般易溶于碱水，酸化后又可沉淀析出，但用的酸碱不宜过浓、过强，以免强碱在加热时破坏黄酮类，也防止在酸化时生成烊盐，使析出的黄酮类又复溶解，影响吸收率。

3. 吸附法

聚酰胺是比较理想的黄酮类吸附剂，因其具有多个酰胺基，在水溶液中与酚羟基通过氢键结合而被吸附，一些不被吸附的化合物则随水流去。

4. 超声波提取法

超声波提取是物理过程，在整个浸提过程中无化学反应发生，不影响大多数药物有效成分的生理活性，且提取物有效成分含量高。其方法是用水浸泡金银花，超声波提取，抽滤，将滤液定容，测定吸光度值，然后查标准曲线计算总黄酮类物质的含量。

（二）金银花中黄酮类化合物的分离纯化

用以上方法提取的金银花的提取物为黄酮类及其他一些杂质，因此要对其进行分离纯化。黄酮类化合物的分离纯化方法很多，有柱层析、薄层层析、铅盐沉淀、硼酸络合、pH梯度萃取及近年来应用的高效液相色谱（HPLC）法、液滴逆流层析法等。

五、金银花中挥发油的提取方法及分离纯化

1. 水蒸气蒸馏法

将金银花预先用水湿润，然后通过热水蒸气使挥发油经冷凝器流出；或在蒸馏器内安装一个多孔隔板，样品置于隔板上，器底的水不与样品接触进行加热蒸馏，蒸出挥发油。

2. 溶剂提取法

利用低沸点的有机溶剂如石油醚、乙醚等与金银花在连续提取器中加热提取，提取液于低温蒸去溶剂，则残留挥发油，此法所得的挥发油黏度很大，由于金银花中其他成分也同时被有机溶剂提出，因此还需进一步精制。

六、一种应用膜过滤技术制备金银花提取物的方法

刘志远等发明一种应用膜过滤技术制备金银花提取物的方法，步骤如下：①煎煮提取。取金银花药材，加水进行煎煮1～2h，滤取药液，药渣再加水煎煮0.5～1h，滤取药液，弃去药渣；合并两次药液，将药液浓缩至相对密度1.0～1.1，冷却至室温得煎煮液。②粗分离。将煎煮液离心分离，转速4000～6000r/min，离心10～20min，取上清液，进行

微滤膜分离（规格为0.42～0.65μm或50 000～300 000NMWC[①]），控制流速为5～10ml/min，并用蒸馏水或纯化水进行洗滤，合并滤液，得粗提物。③精制。将粗提物进行超滤膜分离（规格为1000～30 000NMWC），控制流速1～5ml/min，并用蒸馏水或纯化水进行洗滤，合并滤液，减压浓缩，真空干燥，即得金银花提取物。

提示：水采用纯化水、蒸馏水或注射用水。第一次煎煮的加水量为煎煮药材重量的8～18倍，第二次煎煮的加水量为煎煮药材重量的6～12倍，微滤膜分离中洗滤次数为2～5次；超滤膜分离中洗滤次数为2～5次。

七、主要有效化学成分的鉴别方法

（一）绿原酸含量测定实例（高效液相色谱法）

1. 试剂、仪器与药材

Waters 2695-2996等高效液相色谱系统，Empower工作站（含四元梯度泵、自动进样器），BPZ11D型电子分析天平。对照品为绿原酸，水为重蒸水，乙酸、浓盐酸为分析纯。

供试品溶液的制备：金银花粉末（过7号筛）约1g，精密称定，加50ml甲醇，称重，超声波处理（功率250W，频率35kHz）30min。放凉后称重，用甲醇补足重量，取上清液，0.22μm微孔滤膜滤过，即可。

2. 色谱条件

Kromasil C18（4.6mm×250mm×5μm）色谱柱。流速1.0ml/min，检测波长为280nm，柱温为30℃，进样体积10μl，流动相采用甲醇-水（含0.2%乙酸）系统梯度洗脱：0～20min，10%～30%；20～60min，30%～50%；60～65min，50%～60%。理论塔板数以绿原酸计不低于1000。

3. 标准曲线绘制

取绿原酸对照品溶液分别进4μl、8μl、10μl、15μl、20μl、25μl、30μl、40μl、50μl，按上述色谱条件测定峰面积，以峰面积分值为纵坐标Y，进样量（μg）为横坐标X，得出回归方程和线性范围。

4. 精密度测定

具体如下：①对照品精密度试验：精密吸取上述绿原酸对照品10μl，连续进样6次，测定峰面积，得出相对标准偏差（RSD）值。②供试品精密度试验：精密吸取供试品液10μl，连续进样6次，测定绿原酸峰面积，得出RSD值。

5. 稳定性考察

具体如下：①对照品稳定性考察：取绿原酸对照品10μl，分别于0h、8h、16h、24h、48h测定绿原酸的峰面积，得出在48h内的RSD值，判断对照品是否稳定。②供试品稳定性考察：取同一批供试品溶液10μl，分别于0h、8h、16h、24h、48h测定绿原酸的峰面积，得出在48h内的RSD值，判断处理后的样品是否稳定。

① NMWC为超滤膜可过滤出的截断分子量单位

6. 重复试验

取同一批样品5份，按供试品溶液的制备方法制备合并的供试品溶液，按上述色谱条件测定含量，测出绿原酸的含量及RSD值。

7. 回收率试验

取已知含量的金银花，精密称取样品6份，分别精密加入一定量绿原酸对照品按供试品溶液的制备方法制成供试品溶液，按上述色谱条件进样，测出峰面积，计算含量。

8. 供试品中绿原酸的测定

按照上述方法和色谱条件，对金银花供试品溶液进行含量测定，平均测定5份，用外标法计算含量。

9. 最佳提取率试验

供参考点为了获取最佳的提取率，对供试品溶液的制备方法做了比较试验，分别采用30%、50%和70%的甲醇溶液进行提取，研究发现用50%甲醇提取效果好，而且杂质干扰少；同时采用不同提取方式（如热回流、冷浸、超声提取）和不同的提取时间（30min、45min和60min），通过测定比较最终确定50%甲醇超声30min。结果表明，该提取条件效果佳，操作简便易行。试验要对流动性、波长等条件进行摸索，其中甲醇-水（0.1%磷酸）与乙腈-水（0.1%磷酸）分离较好；280nm波长大部分色谱峰能在图谱中真实体现，可供大家参考使用。

10. 河南不同产地金银花绿原酸含量测定

崔永霞等（2005）用高效液相色谱（HPLC）法对河南不同产地金银花进行绿原酸的含量测定，结果如表2-2所示。

表2-2　样品中绿原酸的含量

名称	峰面积/(mV·s)	样品中绿原酸的量/mg	绿原酸含量/%
封丘县	1 861 995	18.23	3.65
新密市	1 922 087	18.82	3.76
郑州市	2 002 267	1.96	0.39
对照品	1 174 529	0.00	0.00

由表2-2可见，郑州市内种植的金银花仅为观赏品，基本上不作为药材入药，也不是规范化种植和栽培，其中绿原酸的含量低于1.5%（《中国药典》标准），而封丘县和新密市的金银花中绿原酸的含量均高于其他产地的（其他产地绿原酸的含量仅从文献报道中查证），这与传统所说封丘金银花道地药材相吻合。

（二）黄酮类：槲皮素及木犀草素（反相高效液相色谱法）

王丽婷等（2007）采用高效液相色谱法同时测定金银花及叶中的黄酮类物质。

1. 色谱条件

色谱柱为Zorbax 80A，Extend-C18柱（250mm×4.6mm，5μm）；流动相为甲醇：0.02%磷酸（50：50）；流速为1.0ml/min；检测波长350nm；柱温30℃；进样量10.0μl。

2. 对照品和供试品溶液的制备

制备步骤如下：①对照品溶液的制备。准确称取槲皮素对照品0.0300g，用甲醇溶解并定容至50ml容量瓶，配制成0.60mg/ml的溶液。取该溶液1.00ml，用甲醇稀释并定容至10ml，即得浓度为0.06mg/ml的槲皮素对照品溶液，记为溶液A。以相同的方法制备浓度为0.057mg/ml的木犀草素对照品溶液，记为溶液B。取1ml溶液A和1ml溶液B，混合均匀，得到溶液C。②供试品溶液的制备。称取5g经过干燥粉碎的金银花，用100ml甲醇在40℃超声波提取30min，过滤，减压浓缩，浓缩液用石油醚除杂，然后用甲醇定容至25ml容量瓶，即得到金银花的供试品溶液。

3. 色谱分离

在上述色谱条件下，取溶液C进样，得到槲皮素和木犀草素的色谱图，同样条件下，得到金银花供试品溶液的色谱图。

4. 线性考察

取槲皮素溶液A和木犀草素溶液B，分别将它们用甲醇稀释，得一系列不同质量浓度的对照品溶液后进样，以对照品溶液的浓度 *c*（单位：μg/ml）为横坐标，峰面积积分值 *Y* 为纵坐标，得槲皮素和木犀草素对照品溶液的回归方程。

5. 精密度实验

在上述色谱条件下，取同一浓度对照品溶液，重复进样5次，测定峰面积，计算槲皮素和木犀草素的相对标准偏差（RSD）值。

6. 重复性实验

取同一批金银花3份，按上述方法制备供试品溶液并进行含量测定，计算花中槲皮素和木犀草素含量的RSD值。

7. 稳定性实验

同一供试品溶液，分别于0h、1h、2h、3h、5h、12h、24h进样，测定峰面积，计算花中槲皮素和木犀草素含量的RSD值。

8. 回收率实验

取3份已测知含量的金银花供试品溶液均1.00ml，以高、中、低3浓度水平加入适量的槲皮素和木犀草素对照品溶液，测定其含量，计算加样回收率和RSD值。

9. 样品分析

取3份金银花，按上述制备方法制备成供试品溶液后进样，在上述色谱条件下测定，计算含量。

在实验时，用甲醇超声提取金银花中的黄酮类化合物，然后过滤，减压浓缩，浓缩液用石油醚除杂后定容检测，这样得到的色谱峰形较好，杂质峰较少，比直接将浓缩液定容检测效果要理想。采用反相高效液相色谱法直接对金银花的黄酮类物质槲皮素和木犀草素进行分离与测定，此方法简便快速，结果可靠。

李伟等采用中空纤维液相微萃取技术作为前处理方法（聚丙烯中空纤维为支架，乙酸乙酯为有机溶剂，pH 3.0的 KH_2PO_4 溶液为给出相，pH 8.5的 $NaHCO_3$ 溶液为接收相，搅拌速度为1000r/min，萃取时间为50min），用UHPLC-MS作为检测手段，同时分析金银花中芦丁、金丝桃苷和槲皮素三种黄酮类成分的含量。化学验证结果表明该法灵敏、准确、提高了检测度和富集倍数，可用于检测金银花中的黄酮类物质。

（三）芳樟醇（气相色谱法）

万琴等（2010）采用气相色谱法测定金银花中芳樟醇的含量。

1. 色谱条件的选择

Agilent HP-5 毛细管色谱柱（30m×0.32mm×0.25μm）；程序升温，柱温初始 50℃，以每分钟 10℃升温至 80℃，保持 10min；进样口温度 240℃；检测器温度 240℃，火焰离子化检测仪（FID）检测；载气为氮气，流速 2.0ml/min；分流进样，分流比 15∶1；理论塔板数按芳樟醇峰计算不少于 20%。

2. 内标物的选择

取樟脑对照品适量，精密称定，加无水乙醇制成含樟脑 0.4mg/ml 的内标溶液。

3. 对照品溶液的制备

取芳樟醇对照品适量，精密称定，加无水乙醇制成含芳樟醇 0.4mg/ml 的溶液，精密吸取芳樟醇对照品溶液 1ml 及内标溶液 1ml 置 10ml 容量瓶中，加无水乙醇稀释至刻度，摇匀即得。

4. 供试品溶液的制备

取金银花粗粉 40g 置圆底烧瓶中，加入 10 倍量水在挥发油提取器中，加入 3ml 石油醚（60～90℃）提取约 6h，收集石油醚液，用适量的石油醚冲洗挥发油提取器内壁，合并石油醚液，定容于 10ml 容量瓶中，摇匀。精密吸取上述溶液 9ml，置 10ml 容量瓶中，再精密加入 1ml 内标溶液，摇匀，即得。

5. 线性关系

精密称取芳樟醇对照品 114.7mg 置 100ml 容量瓶中，加无水乙醇溶解并稀释至刻度，摇匀，再精密吸取上述溶液 0.5ml、1ml、2ml、4ml、8ml，分别置 10ml 容量瓶中，精密加入 1ml 内标溶液，加无水乙醇稀释至刻度，摇匀，照气相色谱法（《中国药典》规定）测定。以芳樟醇峰面积 A_i 与内标峰面积 A_s 的比值（A_i/A_s）为纵坐标 Y，浓度（c）为横坐标 X，绘制标准曲线。

6. 精密度试验

取浓度为 229.4μg/ml 的对照品溶液，连续进样 6 针，得出样品中芳樟醇峰面积 A_i 与内标峰面积 A_s 比值（A_i/A_s）的平均值和 RSD 值。

7. 稳定性试验

取同一金银花药材供试品溶液，在 12h 内每 2h 测 1 次，共测 5 次。分别计算芳樟醇峰面积 A_i 与内标峰面积 A_s 的比值和 RSD 值。

8. 重复性试验

取同一金银花药材 5 份，照上述芳樟醇含量测定方法测定，得出芳樟醇的平均含量、RSD 值。

9. 加样回收试验

取已知含量的金银花药材进行加样回收率试验。取金银花粗粉 20g，共 5 份，分别加入芳樟醇对照品溶液，按上述芳樟醇含量测定方法测定。

（四）木犀草苷（高效液相色谱法）

1. 色谱条件与系统适用性试验

以十八烷基硅烷键合硅胶为填充剂；以乙腈为流动相A，以0.5%冰醋酸溶液为流动相B，按表2-3进行梯度洗脱；检测波长为350nm。理论板数按木犀草苷峰计算应不低于2000。

表2-3 色谱条件

时间/min	流动相A/%	流动相B/%
0～15	10→20	90→80
15～30	20	80
30～40	20→30	80→70

2. 对照品溶液的制备

精密称取木犀草苷对照品适量，加70%乙醇制成每1ml含40μg木犀草苷的溶液，即得。

3. 供试品溶液的制备

取本品细粉（过4号筛）约3g，精密称定，置具塞锥形瓶中，精密加入70%乙醇50ml，称定重量，超声波处理（功率250W，频率35kHz）1h，放冷，再称定重量，用70%乙醇补足减失的重量，摇匀，滤过，取续滤液，即得。

测定法：分别精密吸取对照品溶液与供试品溶液各10μl，注入液相色谱仪，测定，即得。本品按干燥品计算，含木犀草苷含量不得少于0.10%。

（五）异绿原酸（高效液相色谱法、紫外分光光度法）

钟方晓采用高效液相色谱法及紫外分光光度法测定金银花中异绿原酸含量。

1. 高效液相色谱法

具体如下。①色谱条件：Waters Nave-pak C18柱，Navepak C18预柱，流动相为甲醇-乙腈-0.4%磷酸溶液（15∶15∶70），流速1.0ml/min，检测波长327nm，柱温25℃。②对照品的制备：精密称取P_2O_5真空干燥24h的异绿原酸对照品10mg，置25ml棕色容量瓶中，加50%甲醇至刻度，摇匀，制成每毫升含40μg异绿原酸的高效液相用对照品溶液。③供试品溶液的制备：取已处理好的金银花样品0.5g，精密称定，置具塞锥形瓶中，加入50%甲醇50ml，称定重量，超声30min，擦干外壁水分，放冷，再称定重量，用50%甲醇补足减失的重量，摇匀，滤过，精密量取续滤液5ml，置25ml容量瓶中，加50%甲醇至刻度，摇匀，进行高效液相法测定。④测定法：分别精密吸取对照品溶液与供试品溶液各10μl，注入液相色谱仪，测定，即得。⑤计算公式：含量（%）=$(Sc_o/4wS_o)\times100\%$［其中，S为样品峰面积，S_o为对照品峰面积，c_o为对照浓度，w为样品重量，1/4为测定常数］。

2. 紫外分光光度法

具体如下。①对照品溶液的制备：精密称取P_2O_5真空干燥24h的异绿原酸对照品10mg，置25ml棕色容量瓶中，加50%甲醇至刻度，摇匀，制成每毫升含40μg异绿原酸的储备液，精密量取此储备液1ml于50ml容量瓶中，加50%甲醇至刻度，摇匀，制成每毫升含 8μg 异绿原酸的紫外分光光度法的对照品溶液。②供试品溶液的制备：取已处理好的金银花样品 0.5g，精密称定，置具塞锥形瓶中，加入 50% 甲醇 50ml，称定重量，超声 30min，擦干外壁水分，放冷，再称定重量，用 50% 甲醇补足减失的重量，摇匀，滤过，精密量取续滤液 0.5ml，置 25ml 容量瓶中，加 50% 甲醇至刻度，摇匀，进行紫外分光光度法测定。③计算公式：含量（%）= $(2.5Ac_o/wA_o) \times 100\%$［其中，$A$ 为样品吸收度，A_o 为对照品吸收度，c_o 为对照浓度，w 为样品重量，2.5 为测定常数］。

第三节 2015 年版《中华人民共和国药典》中金银花检查要求

一、水分检查（甲苯法）

1. 仪器装置

500ml 的短颈圆底烧瓶；水分测定管；直形冷凝管。使用前，全部仪器应清洁，并置烘箱中烘干。

2. 测定法

取供试品适量（相当于含水量 1 ~ 4ml），精密称定。置 500ml 的短颈圆底烧瓶中，加甲苯约 200ml，必要时加入干燥、洁净的沸石或玻璃珠数粒，将仪器各部分连接，自冷凝管顶端加入甲苯，至充满水分测定管的狭细部分。将短颈圆底烧瓶置电热套中或用其他适宜方法缓缓加热，待甲苯开始沸腾时，调节温度，使每秒钟馏出 2 滴。待水分完全馏出，即测定管刻度部分的水量不再增加时，将冷凝管内部先用甲苯冲洗，再用饱蘸甲苯的长刷或其他适宜的方法，将管壁上附着的甲苯推下，继续蒸馏 5min，放冷至室温，拆卸装置，如有水黏附在水分测定管的管壁上，可用蘸甲苯的铜丝推下，放置，使水分与甲苯完全分离（可加亚甲蓝粉末少量，使水染成蓝色，以便分离观察）。检查水量，并计算供试品中的含水量（%）（附注：用化学纯甲苯直接测定，必要时甲苯可加少量水，充分振摇后放置，将水层分离弃去，经蒸馏后使用）。

3. 药材水分含量控制标准

《中国药典》规定水分控制范围≤12.0%。

二、总灰分测定

1. 总灰分测定法

测定用的供试品需粉碎，使其能通过 2 号筛，混合均匀后，取供试品 2 ~ 3g（如需测定酸不溶性灰分，可取供试品 3 ~ 5g），置炽灼至恒重的坩埚中，称定重量（准确至 0.01g），缓缓炽热，注意避免燃烧，逐渐升高温度至 500 ~ 600℃，使其完全灰化并至恒重。根据残渣重量，计算供试品中总灰分的含量（%）。如供试品不易灰化，可将坩埚放冷，加热水或 10% NH_4NO_3 溶液 2ml，使残渣湿润，然后置水浴上蒸干，残渣照前法炽灼，至坩埚内容物完全灰化。

2. 药材总灰分含量控制标准

《中国药典》规定总灰分控制范围≤10.0%。

三、酸不溶性灰分测定

1. 酸不溶性灰分测定法

取上项所得的灰分，在坩埚中小心加入稀盐酸约10ml，用表面皿覆盖坩埚，置水浴上加热10min，表面皿用热水5ml冲洗，洗液并入坩埚中，用无灰滤纸滤过，坩埚内的残渣用水洗于滤纸上，并洗涤至洗液不显氯化物反应为止。滤渣连同滤纸移置同一坩埚中，干燥，炽灼至恒重。根据残渣重量，计算供试品中酸不溶性灰分的含量（%）。

2. 药材酸不溶性灰分含量控制标准

《中国药典》规定酸不溶性灰分控制范围≤3.0%。

崔永霞等对河南不同产地的金银花进行了灰分和酸不溶性灰分的测定。

（1）测定方法　取封丘县（洗与未洗）、新密市、郑州市的金银花，粉碎使其能够全部通过2号筛，混合均匀后取样品约3g，精密称定，置炽灼至恒重的坩埚中，称定重量，缓缓炽热，注意避免燃烧，至完全炭化时逐渐升高温度至550℃，使其完全灰化并至恒重。根据残渣重量，计算供试品中总灰分的含量。利用上面所得灰分，在坩埚中注意加入稀盐酸约10ml，用表面皿覆盖坩埚，置水浴上加热10min，表面皿用热水5ml冲洗，洗液并入坩埚中，用无灰滤纸滤过，坩埚内的残渣用水洗于滤纸上，并洗涤至洗液不显氯化物反应为止。滤渣连同滤纸移至同一坩埚中，干燥，炽灼至恒重。根据残渣重量，计算供试品中酸不溶性灰分的含量。

（2）测定结果　从表2-4的检查结果中可以看出，仅在河南产的金银花因其地理环境不同对灰分的含量产生了很大的影响，封丘金银花地处黄河滩，风沙较大，故洗与未洗酸不溶性灰分差别较大。

表2-4　河南不同产地的金银花灰分和酸不溶性灰分测定结果

样品	药重/g	瓶重/g	灰分/g	灰分/%	酸不溶性灰分/g	酸不溶性灰分/%
封丘县洗	2.9916	49.6526	0.1907	6.4	0.0133	0.44
封丘县未洗	3.0159	50.4400	0.2496	8.3	0.0690	2.28
新密市	3.0503	48.0025	0.1892	6.2	0.0363	1.19
郑州市	3.0144	50.2689	0.2683	8.9	0.0890	2.95

四、重金属及有害元素测定（铅、镉、砷、汞、铜测定法）

1. 原子吸收分光光度法

本法是采用原子吸收分光光度法测定中药材的铅、镉、砷、汞、铜，除另有规定外，按下列方法测定。

（1）铅的测定（石墨炉法）　测定参考条件：波长283.3nm，干燥温度100～120℃，持续20s，灰化温度400～750℃，持续20～25s；原子化温度1700～2100℃，持续4～5s，背景校正为氘灯或塞曼效应。

铅标准储备液的制备：精密量取适量铅单元素标准溶液，用2%硝酸溶液稀释，制成每毫升含铅1μg的溶液，即得（0～5℃贮存）。

标准曲线的制备：分别精密量取适量铅标准储备液，用2%硝酸溶液制成每毫升分别含铅 0ng、5ng、20ng、40ng、60ng、80ng 的溶液。分别精密量取 1ml，精密加含 1% $NH_4H_2PO_4$ 和 0.2% $Mg(NO_3)_2$ 的溶液 0.5ml，混匀，精密吸取 20μl 注入石墨炉原子化器，测定吸光度，以吸光度为纵光标，浓度为横坐标，绘制标准曲线。

供试品溶液的制备：①A 法。取供试品粗粉 0.5g，精密称定，置聚四氟乙烯消解罐内，加硝酸 3～5ml，混匀，浸泡过夜，盖好内盖，旋紧外套，置适宜的微波消解炉内，进行消解（按仪器规定的消解程序操作）。消解完全后，取消解内罐置电热板上缓缓加热至红棕色蒸气挥尽，并继续缓缓浓缩至 2～3ml，放冷，用水转入 25ml 容量瓶中，并稀释至刻度，摇匀，即得。同法同时制备试剂空白溶液。②B 法。取供试品粗粉 1g，精密称定，置凯氏烧瓶中，加硝酸-高氯酸（4∶1）混合溶液 5～10ml，混匀，瓶口加一小漏斗，浸泡过夜。置电热板上加热消解，保持微沸，若变棕黑色，再加硝酸-高氯酸（4∶1）混合溶液适量，持续加热至溶液澄明后升高温度，继续加热至冒浓烟，直至白烟散尽，消解液呈无色透明或略带黄色，放冷，转入 50ml 容量瓶中，用 2% 硝酸溶液洗涤容器，洗液合并于容量瓶中，并稀释至刻度，摇匀，即得。同法同时制备试剂空白溶液。③C 法。取供试品粗粉 0.5g，精密称定，置瓷坩埚中，于电热板上先低湿炭化至无烟，移入高温炉中，于 500℃ 灰化 5～6h（若个别灰分不完全，加硝酸适量，于电热板上低温加热，反复多次直至灰化完全），取出冷却，加 10% 硝酸溶液 5ml 使其溶解，转入 25ml 容量瓶中，用水洗涤容器，洗液合并于容量瓶中，并稀释至刻度，摇匀，即得。同法同时制备试剂空白溶液。

测定法：精密量取空白溶液与供试品溶液各 1ml，精密加含 1% $NH_4H_2PO_4$ 和 0.2% $Mg(NO_3)_2$ 的溶液 1ml，混匀，精密吸取 10～20μl，照“标准曲线的制备”项下的方法测定吸光度，从标准曲线读出供试品溶液中铅的含量，计算，即得。

（2）镉的测定（石墨炉法）　测定参考条件：波长 228.8nm，干燥温度 100～120℃，持续 20s，灰化温度 300～500℃，持续 20～25s；原子化温度 1500～1900℃，持续 4～5s，背景校正为氘灯或塞曼效应。

镉标准储备液的制备：精密量取适量镉单元素标准溶液，用 2% 硝酸溶液稀释，制成每毫升含镉 1μg 的溶液，即得（0～5℃贮存）。

标准曲线的制备：分别精密量取镉标准储备液适量，用 2% 硝酸溶液制成每毫升分别含镉 0ng、0.8ng、2.0ng、4.0ng、6.0ng、8.0ng 的溶液。分别精密量取 10μl，注入石墨炉原子化器，测定吸光度，以吸光度为纵光标，浓度为横坐标，绘制标准曲线。

供试品溶液的制备：同“铅的测定”项下“供试品溶液的制备”。

测定法：精密吸取空白溶液与供试品溶液各 10～20μl，照标准曲线的制备项下方法测定吸光度［若供试品有干扰，可分别精密量取标准溶液、空白溶液和供试品溶液各 1ml，精密加含 1% $HN_4H_2PO_4$ 和 0.2% $Mg(NO_3)_2$ 的溶液 0.5ml，混匀，依法测定］，从标准曲线上读出供试品溶液中镉的含量，计算，即得。

（3）砷的测定（氢化物法）　测定条件：采用适宜的氢化物发生装置，以含 1% 硼氢化钠的 0.3% NaOH 溶液（临用前配制）作为还原剂，盐酸溶液（1→100）为载液，氮气为载气，检测波长为 193.7nm，背景校正为氘灯或塞曼效应。

砷标准储备溶液的制备：精密量取砷单元素标准溶液适量，用 2% 硝酸溶液稀释，制成每毫升含砷 1μg 的溶液，即得（0～5℃贮存）。

标准曲线的制备：分别精密量取砷标准储备液适量，用2%硝酸溶液制成每毫升分别含砷0ng、5ng、10ng、20ng、30ng、40ng的溶液。分别精密量取10ml，置25ml容量瓶中，加25%碘化钾溶液（临用前配制）1ml，摇匀，加10%抗坏血酸溶液（临用前配制）1ml，摇匀，用盐酸溶液（20→100）稀释至刻度，摇匀，密塞，置80℃水浴中加热3min，取出，放冷。取适量，吸入氢化物发生装置，测定吸收值，以峰面积（或吸光度）为纵坐标，浓度为横坐标，绘制标准曲线。

供试品溶液的制备：同“铅的测定”项下的“供试品溶液的制备”中的A法或B法制备。

测定法：精密吸取空白溶液与供试品溶液各10ml，照“标准曲线的制备”项下，自“加25%碘化钾溶液（临用前配制）1ml”起，依法测定，从标准曲线上读出供试品溶液中砷的含量，计算，即得。

（4）汞的测定（冷蒸气吸收法）　测定条件：采用适宜的氢化物发生装置，以含0.5%硼氢化钠和0.1% NaOH的溶液（临用前配制）作为还原剂，盐酸溶液（1→100）为载液，氮气为载气，检测波长为253.6nm，背景校正为氘灯或塞曼效应。

汞标准储备液的制备：精密量取适量汞单元素标准溶液，用2%硝酸溶液稀释，制成每毫升含汞1μg的溶液，即得（0～5℃贮存）。

标准曲线的制备：分别精密量取汞标准储备液0ml、0.1ml、0.3ml、0.5ml、0.7ml、0.9ml，置50ml容量瓶中，加20%硫酸溶液10ml、5%高锰酸钾溶液0.5ml，摇匀，滴加5%盐酸羟胺溶液至紫红色恰消失，用4%硫酸溶液稀释至刻度，摇匀，取适量，吸入氢化物发生装置，测定吸收值，以峰面积（或吸光度）为纵坐标，浓度为横坐标，绘制标准曲线。

供试品溶液的制备：①A法。取供试品粗粉0.5g，精密称定，置聚四氟乙烯消解罐内，加硝酸3～5ml，混匀，浸泡过夜，盖好内盖，旋紧外套，置适宜的微波消解炉内进行消解（按仪器规定的消解程序操作）。消解完全后，取消解内罐置电热板上，于120℃缓缓加热至红棕色蒸气挥尽，并持续浓缩至2～3ml，放冷，加20%硫酸溶液2ml、5%高锰酸钾溶液0.5ml，摇匀，滴加5%盐酸羟胺溶液至紫红色恰消失，转入10ml容量瓶中，用蒸馏水洗涤容器，洗液合并于容量瓶中，并稀释至刻度，摇匀，必要时离心，取上清液，即得。同法同时制备试剂空白溶液。②B法。取供试品粗粉1g，精密称定，置凯氏烧瓶中，加硝酸-高氯酸（4∶1）混合溶液5～10ml，混匀，瓶口加一小漏斗，浸泡过夜，置电热板上，于120～140℃加热消解4～8h（必要时延长消解时间，至消解完全），放冷，加20%硫酸溶液5ml、5%高锰酸溶液0.5ml，摇匀，滴加5%盐酸羟胺溶液至紫红色恰消失，转入25ml容量瓶中，用蒸馏水洗涤容器，洗液合并于容量瓶中，并稀释至刻度，摇匀，必要时离心，取上清液，即得。同法同时制备试剂空白溶液。

测定法：精密吸取空白溶液与供试品溶液适量，照“标准曲线的制备”项下的方法测定。从标准曲线上读出供试品溶液中汞的含量，计算，即得。

（5）铜的测定（火焰法）　测定条件：检测波长为324.7nm，采用空气-乙炔火焰，必要时选择氘灯或塞曼效应进行背景校正。

铜标准储备液的制备：精密量取适量铜单元素标准溶液，用2%硝酸溶液稀释，制成每毫升含铜10μg的溶液，即得（0～5℃贮存）。

标准曲线的制备：分别精密量取铜标准储备液适量，用2%硝酸溶液制成每毫升分别含铜0μg、0.05μg、0.2μg、0.4μg、0.6μg、0.8μg的溶液。依次喷入火焰，测定吸光度，以吸光度为纵坐标，浓度为横坐标，绘制标准曲线。

供试品溶液的制备：同“铅的测定”项下“供试品溶液的制备”。

测定法：精密吸取空白溶液与供试品溶液适量，照“标准曲线的制备”项下的方法测定。从标准曲线上读出供试品溶液中铜的含量，计算，即得。

王晓梅等采用表面活性剂十六烷基三甲基溴铵（CTAB）建立碲化镉（CdTe）量子点和罗丹明B（RhB）的荧光共振能量转移体系（FRET），利用FRET探针测定金银花中的微量铜含量，该法灵敏度高，操作简便，测定结果令人满意。

2．电感耦合等离子体质谱法

该法是采用电感耦合等离子体质谱仪测定中药材中的铅、砷、镉、汞、铜。

仪器由等离子体电离部分和四极质谱仪组成。等离子体电离部分由进样系统、雾化器、雾化室、石英炬管、进样堆等组成，质谱仪部分由四极分析器和检测器等部件组成。

标准品储备液的制备：分别精密量取铅、砷、镉、汞、铜单元素标准溶液适量，用10%硝酸溶液稀释制成每毫升分别含铅、砷、镉、汞、铜1μg、0.5μg、1μg、1μg、10μg的溶液，即得。

标准品溶液的制备：精密量取适量铅、砷、镉、铜标准品储备液，用10%硝酸溶液稀释制成每毫升含铅、砷0ng、1ng、5ng、10ng、20ng，含镉0ng、0.5ng、2.5ng、5ng、10ng，含铜0ng、50ng、100ng、200ng、500ng的系列浓度混合溶液。另精密量取汞标准品储备液适量，用10%硝酸溶液稀释制成每毫升分别含汞0ng、0.2ng、0.5ng、1ng、2ng、5ng的溶液，本液应临用配制。

内标溶液的制备：精密量取锗（Ge）、铟（In）、铋（Bi）单元素标准溶液适量，用水稀释制成每毫升含1μg的混合溶液，即得。

供试品溶液的制备：取供试品于60℃干燥2h，粉碎成粗粉，取约0.5g，精密称定，置耐压耐高温微波消解罐中，加硝酸5～10ml（如果反应剧烈，放置至反应停止）。密闭并按各微波消解仪的相应要求及一定的消解程序进行消解。消解完全后，冷却消解液低于60℃，取出消解罐，放冷，将消解液转入50ml容量瓶中，用少量水洗涤消解罐3次，洗液合并于容量瓶中，加入金单元素标准溶液（1μg/ml）200μl，用水稀释至刻度，摇匀，即得（如有少量沉淀，必要时可离心分取上清液）。除不加金单元素标准溶液外，余同法制备试剂空白溶液。

测定法：测定时选取的同位素为^{63}Cu、^{75}As、^{114}Cd、^{202}Hg和^{208}Pb，其中^{63}Cu、^{75}As以^{72}Ge作为内标，^{114}Cd以^{115}In作为内标，^{202}Hg、^{208}Pb以^{209}Bi作为内标，并根据不同仪器的要求选用适宜校正方程对测定的元素进行校正。

仪器的内标进样管在仪器分析工作过程中始终插入内标溶液中，依次将仪器的样品管插入各个浓度的标准品溶液中进行测定（浓度依次递增），以测量值（3次读数的平均值）为纵坐标，浓度为横坐标，绘制标准曲线。将仪器的样品管插入供试品溶液中，测定，取3次读数的平均值。从标准曲线上计算得相应的浓度，扣除相应的空白溶液的浓度，计算各元素的含量，即得。

3. 重金属及有害元素含量

铅的含量不得过百万分之五；镉的含量不得过千万分之三；砷的含量不得过百万分之二；汞的含量不得过千万分之二；铜的含量不得过百万分之二十。崔永霞等对河南不同产地的金银花重金属及砷盐进行了检测，如表 2-5 所示。

表 2-5　重金属及砷盐检查结果　（单位：mg/kg）

样品	重金属（以铅计）	砷盐
封丘县洗	<10	<2
封丘县未洗	<10	<2
新密市	<10	<2
郑州	<10	<2

砷盐检查结果：将供试品生成的砷斑与标准砷斑相比较，颜色均浅于标准砷斑，且颜色深浅依次为郑州>封丘县未洗>封丘县洗>新密市。

重金属测定结果：将样品管与对照品管同置白纸上，自上向下透视，样品管与对照品管比较，颜色均浅于对照品管，且颜色深浅依次为郑州>封丘县洗>封丘县未洗>新密市。

第三章　金银花优良品种的选育

第一节　金银花的主要种质资源

种质资源是指培育新品种的原材料，又称为遗传资源。

任何一种栽培植物的改良和育种，都需要该植物具有丰富的变异性，变异越广泛、越丰富，培育出新品种的可能性就越大。苏联著名科学家瓦维洛夫说过“谁掌握了资源，谁就掌握了育种的主动权”，他在短时间内组织了大约200次资源调查，研究了65个国家的农业和植物资源，收集了15万种以上的植物种质资源，他的目标是建立一个夺取高产的植物育种体系，可见育种资源对于培育新品种和优良品种的重要性。

研究忍冬（金银花）的同属异种是非常重要的，关系到资源的利用、金银花的品种改良和优良品种的选育。忍冬具有丰富的多样性，其变异的广泛性是令育种者为之振奋的。

《中国植物志》记载，忍冬科忍冬属（*Lonicera* L.）植物约200种，产自北美洲、欧洲、亚洲和非洲北部的温带和亚热带地区。在亚洲分布范围南达菲律宾群岛和马来西亚南部。我国产98种，广布于全国各省区，以西南部种类最多，既有落叶类型，又有常绿类型，可供药用的有47种之多。但2005年版、2010年版和2015年版《中国药典》中只规定了金银花药材来源为忍冬科忍冬属植物忍冬（*Lonicera japonica* Thunb.）的干燥花蕾或带初开的花。

众多的忍冬科忍冬属植物种类分布广泛，根据各个地方的调查，各种类之间的差别很大。许多种类目前还处于野生状态，有待进一步开发。大体可分为两类开发应用，第一类是具有药用价值的种类，第二类是具有观赏价值的种类。忍冬属植物丰富的资源给我们提供了很好的良种选育的原始材料，奠定了雄厚的物质基础。

山东平邑、河南新密为金银花的道地产区，河南封丘、河北巨鹿为金银花的新产区。有无野生忍冬分布、农家品种是否丰富等是划分金银花新、老产区的重要宏观标志。山东平邑、河南新密野生和栽培金银花均有，农家品种丰富，是著名的老产区。河南封丘和河北巨鹿的鲜明特点是，无野生忍冬分布，种质单一，属于金银花的新产区。

封丘金银花有1500多年的种植历史，独特的地理环境和管理方式，成功驯化了封丘金银花独特的直立性能，而有利于通风透光、吸收养分，使得封丘金银花个大花肥，色鲜货绿，药用成分高，其质量位于全国同类产品之冠。

忍冬具有显著的遗传多样性，野生忍冬广布于我国中部和东部省区。经过长期的人工栽培、选择与驯化，忍冬已发生显著的种内变异，形成了许多农家品种。仅据不完全调查结果显示，山东平邑的农家品种达13个以上，河南新密有‘毛花’‘线花’‘长线花’‘青毛花’等多个种质。忍冬的遗传多样性为优良种质的选育积累了珍贵的基因基础。

一、金银花的传统农家品种

1.‘大毛花’

主产于平邑县郑城镇西至流峪镇，约占金银花总面积的20%。成墩，全株浓绿或黄绿；枝条蔓生而长，节间长，中下部以上极度缠绕，毛密集。叶片长椭圆形至狭长椭圆形，质厚，毛浓密，手感绵软。花蕾长大，微内弯，疏生于枝条中上部叶腋，大白期中部以上空泡，毛密。苞片卵形，密被毛。二茬花较少。

2.‘小毛花’

平邑县郑城镇有少量生长。成墩，全株深绿；枝条斜蔓生而短，节间短，上部略缠绕，密被毛。叶片卵形至卵状长方形，毛密集。花蕾较短，生于枝条中上部叶腋，大白期中部以上膨大。苞片狭卵形。有二茬花。

3.‘小鸡爪’

产于平邑县郑城镇和流峪镇，占金银花总面积的40%以上。成墩，有主干，全株黄绿；枝条短，直立或斜生，节间短。叶片宽披针形或卵状披针形。花蕾内弯，集中茎端形似鸡爪。苞片狭卵形。有多茬花。

4.‘大鸡爪’

产于平邑县郑城镇西北。松散成墩，全株绿色。枝条直立或斜生，长短不一，长枝上部略缠绕，密被毛。叶片椭圆状心形，质略厚，疏毛。花蕾长，集于枝端似鸡爪，二白期中上部微内折。苞片斜卵形。有二茬花。

5.‘细毛针’

平邑县郑城镇有少量生长。成墩，全株黄绿；枝条斜蔓生，上部缠绕，被毛。叶片椭圆形至卵状椭圆形，质薄，被毛。花蕾细长，微弯或略平直，大白期上部空泡。苞片披针形或卵形。

6.‘红裤腿’

产于平邑县郑城镇，与‘小鸡爪’混种。成墩或单株，有主干，株型小，黄绿色。枝条短而直立。叶片狭卵形至狭椭圆状披针形，质较厚，毛密集。花蕾集于茎端形似鸡爪，花冠筒中部以下淡红色。苞片卵状狭披针形。有多茬花。

7.‘大麻叶’

产于平邑县郑城镇。成墩，全株绿色。枝条粗壮，直立或斜蔓生，长枝上部缠绕。叶片卵形、长椭圆状卵形至狭卵形，质厚，毛较稀疏。花蕾长，于上部1/3处弯曲。苞片狭卵形。有多茬花。

8.‘麻针’（‘小麻叶’）

产于平邑县郑城镇。成墩，全株黄绿。枝条斜蔓生，上部缠绕，被毛。叶片椭圆形至椭圆状卵形，质略厚，被毛。花蕾细长平直，集于茎端。苞片卵形。有二茬花。

9.‘牤牛儿腿’（‘火柴头’）

产于平邑县郑城镇。成墩或单株，主干明显，全株浓绿。枝条直立或斜生，稀缠绕，密被毛。叶片长椭圆形或卵形，质厚，被毛。花蕾集中于茎端似鸡爪，二白期微内弯，先端膨大，毛密。苞片斜卵形。有多茬花。

10.‘红梗子’

产于平邑县郑城镇。成墩，枝条蔓生，微缠绕，有多数红色蔓生的营养枝。叶片长卵状椭圆形至狭卵形，疏被毛。花蕾细长，生于枝条中部以上叶腋，二白期两对花蕾由两侧向茎上方集中，大白期上端膨大，向外膨出。苞片狭卵形。无二茬花。

11.‘米花子’（‘圆叶’）

产于平邑县郑城镇。成墩，全株绿色；枝条斜生。叶片椭圆形或卵状椭圆形。花蕾短而直立，生于枝条中上部叶腋或集中于茎端，密被毛，呈羊角状伸展。苞片卵形。有二茬花。

12.‘毛花’

产于新密市尖山乡、牛店镇。成墩，全株黄绿。枝条短，斜生，上部缠绕，毛密。叶片长卵形、卵状椭圆形至狭长椭圆形，质厚，毛浓密，手感绵软。花蕾粗短，三青期先端微膨大，二白至大白期中部以上显著膨大，密被毛。苞片卵形，毛密。二茬花少。

13.‘线花’

主产于新密市尖山乡、牛店镇。成墩，全株黄绿。枝条细短，斜生。革质而厚；疏被毛。花蕾细长线形，三青期上端球状膨大，二白至大白期上部约 1/3 处显著膨大，毛较疏。苞片狭披针形，被毛。有三、四茬花。

二、种质优选

‘豫封一号’是在封丘金银花‘大毛花’基础上经优选，复壮改良的新品种。‘豫封一号’的特点：直立树形，层次分明，从上至下可分 4 或 5 层，易采摘，产量高（120 ~ 150kg），花期长达 5 个月，花期不间断，盛花期 4 或 5 茬。

新密市是河南省金银花之乡，种植历史悠久，源远流长。其金银花因素有“色泽好，质纯净、骨茬硬”的特点而久负盛名。用密银花泡茶，花蕾多呈现直立状，含苞待放，清香味浓，与外地相比，别具特色。

第二节　金银花指标成分绿原酸和木犀草苷含量的测定

一、不同种质金银花绿原酸和木犀草苷含量的比较

在拟定色谱条件下，取对照品溶液和金银花样品溶液进行测定，分别得到绿原酸和木犀草苷对照品与样品的高效液相色谱图，见图 3-1 和图 3-2。

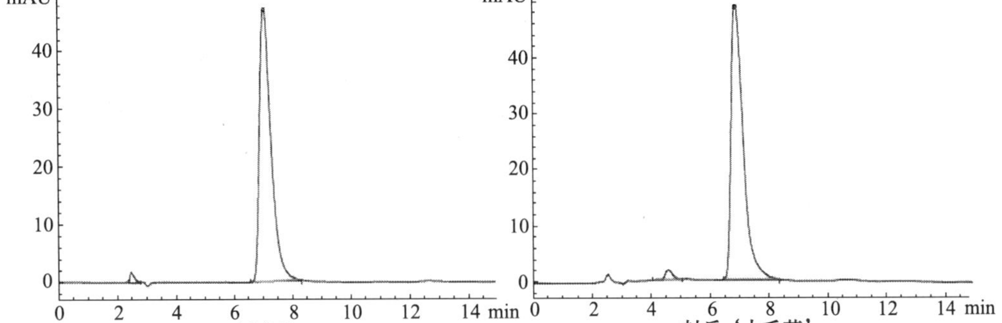

标准品　　封丘‘大毛花’

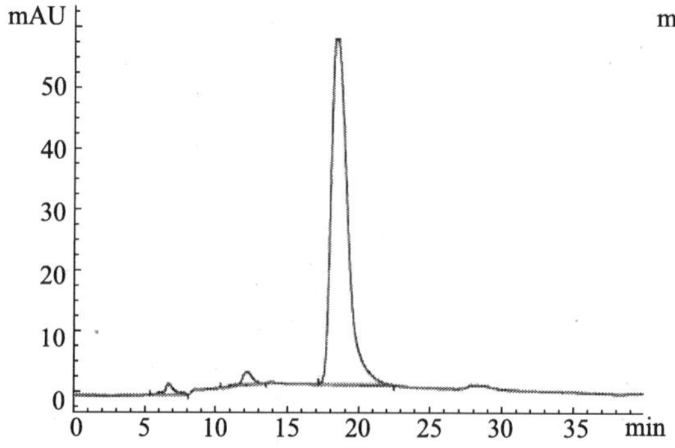

'鲁峰王'

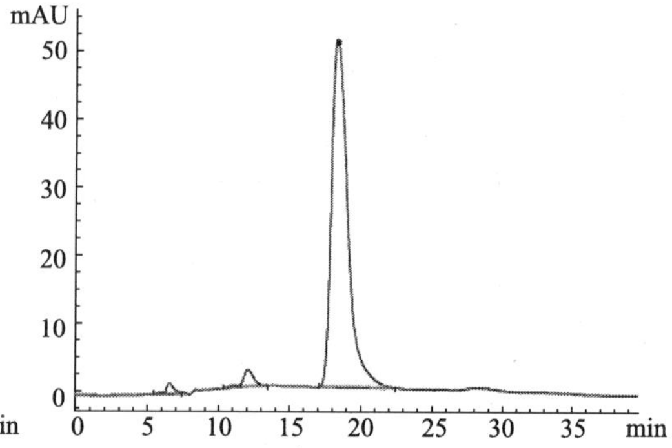

'九丰一号'

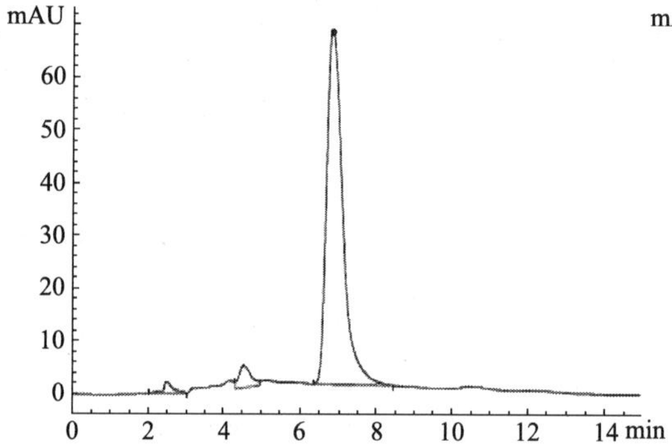

'大毛针'

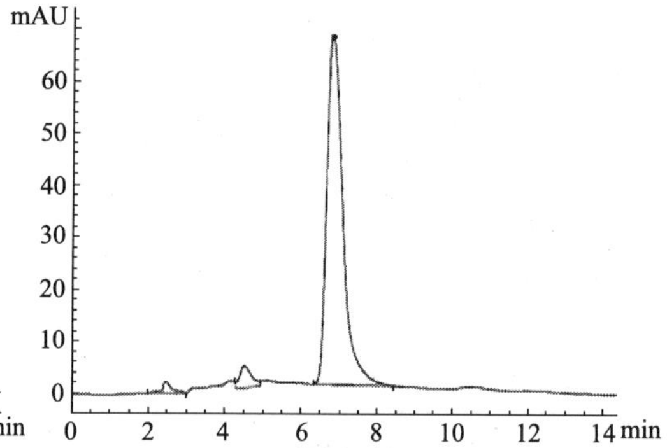

'羊角花'

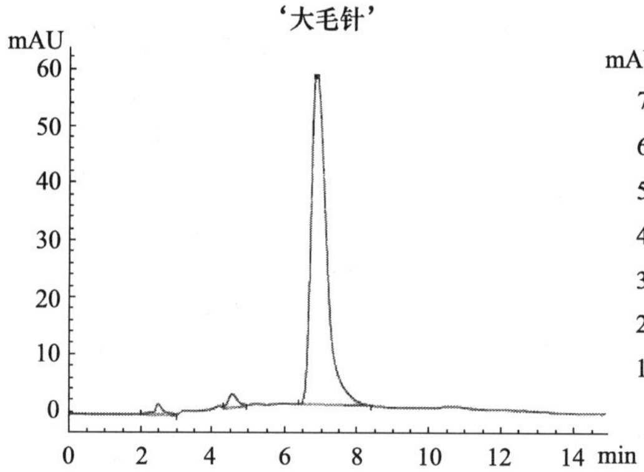

'鸡爪花'

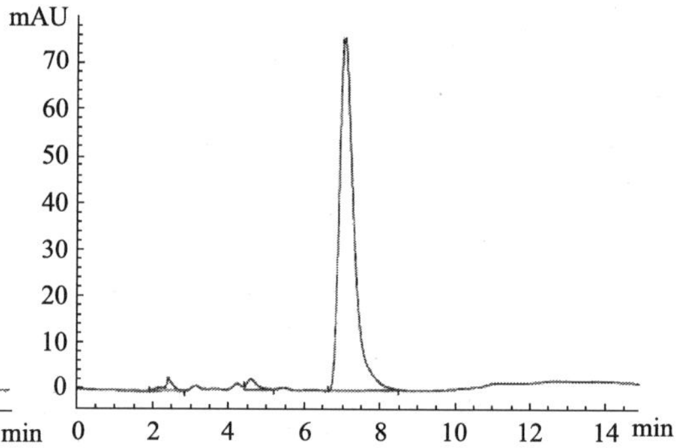

封丘'红银花'

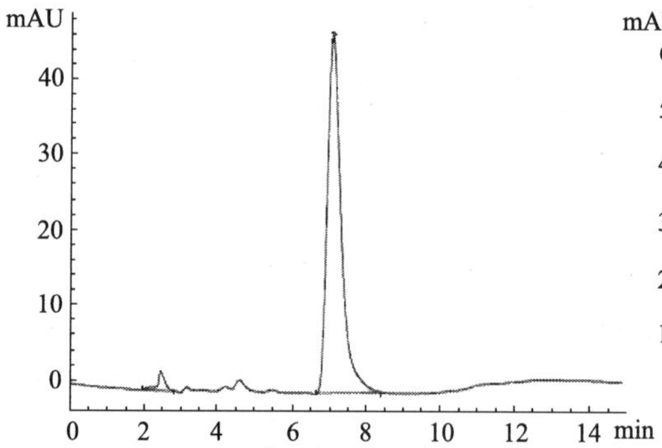

'亚特红蕾1号'

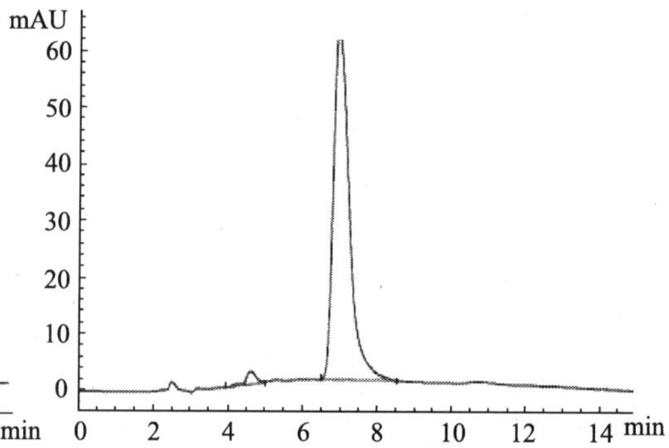

'亚特金银花'

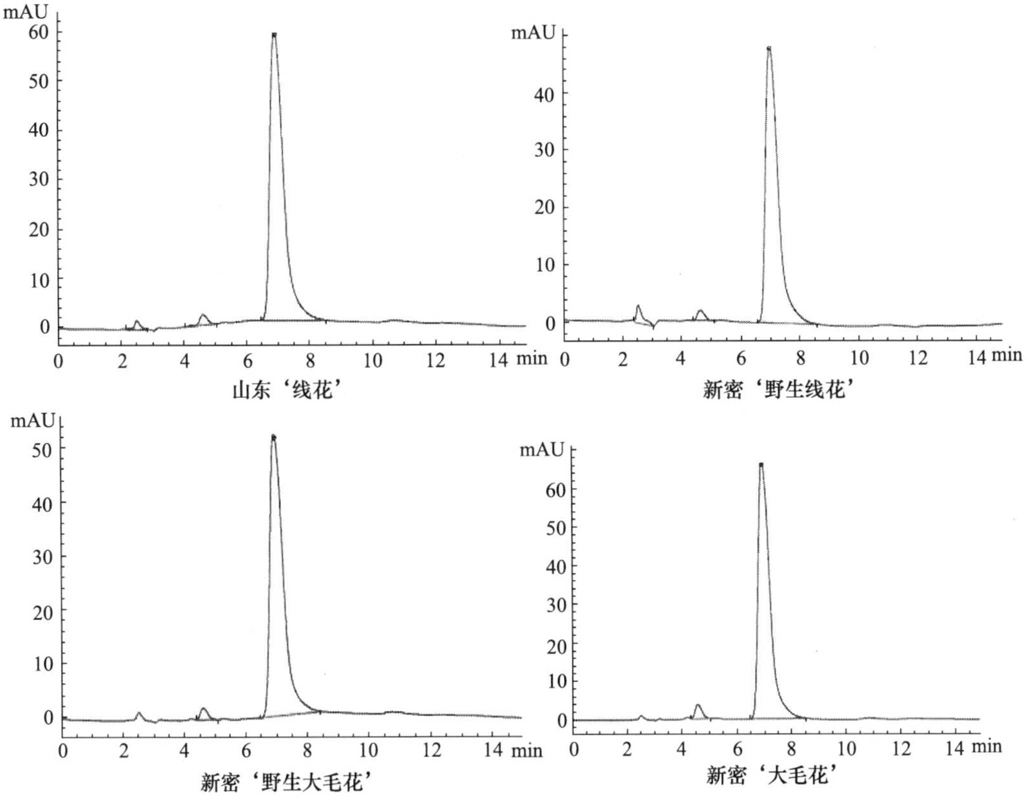

图 3-1　不同种质金银花绿原酸含量 HPLC 图

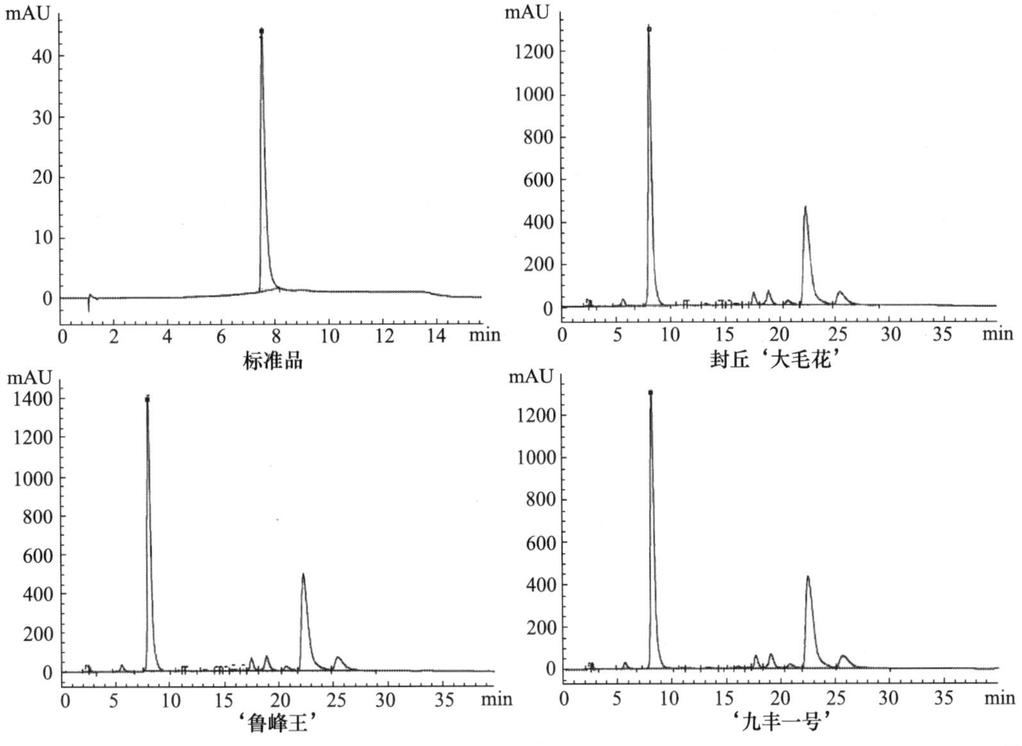

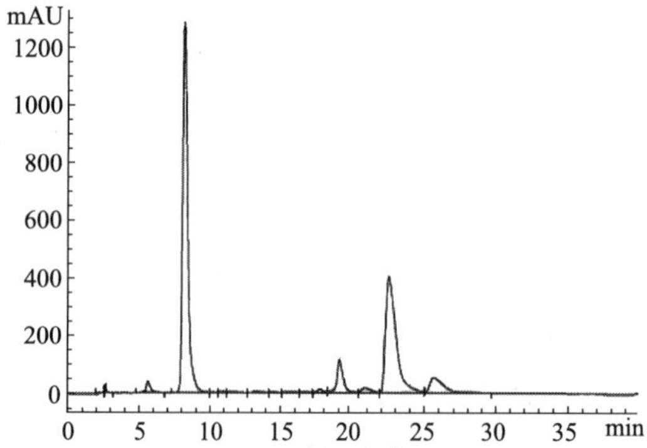

‘大毛针’

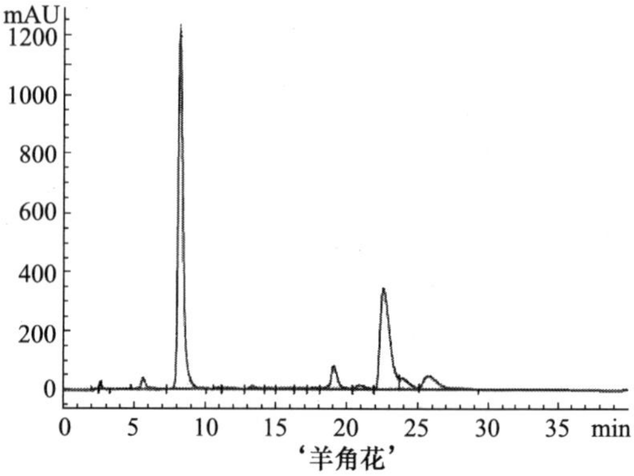

‘羊角花’

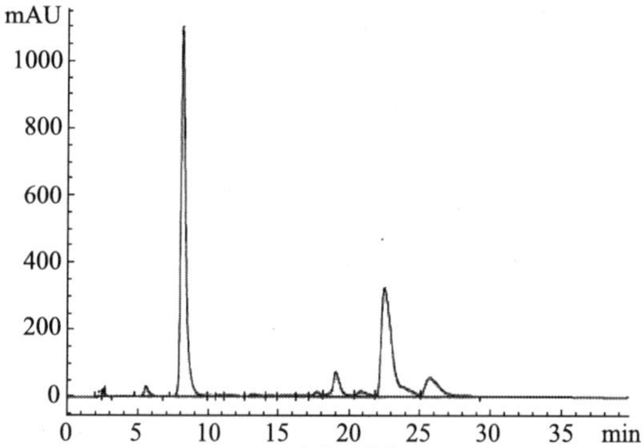

‘鸡爪花’

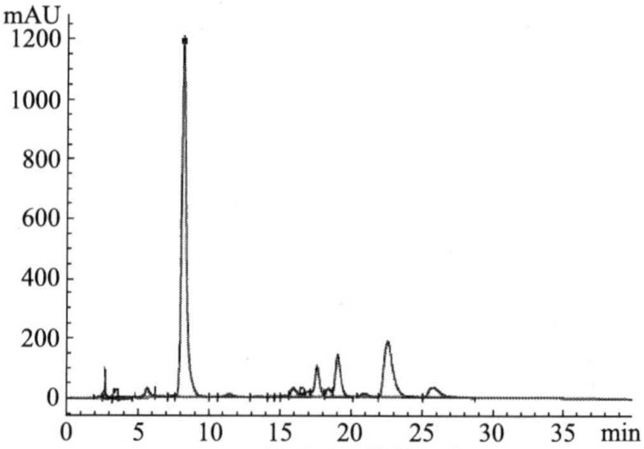

封丘‘红银花’

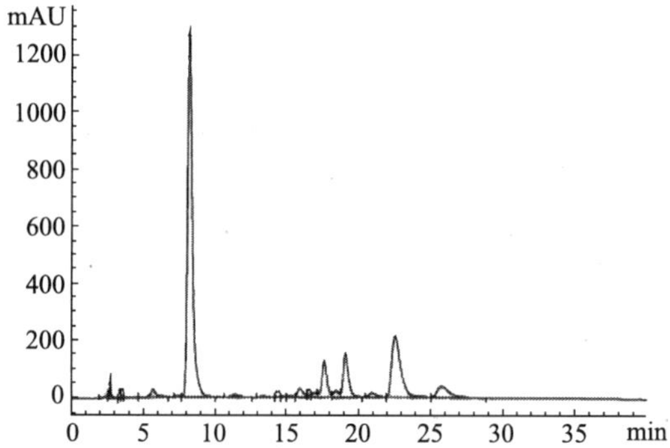

‘亚特红蕾1号’

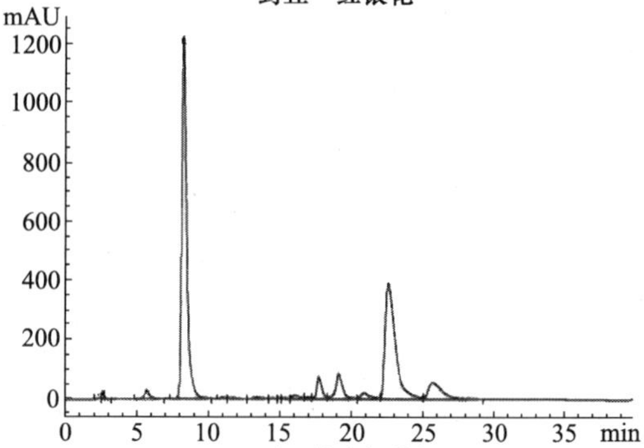

‘亚特金银花’

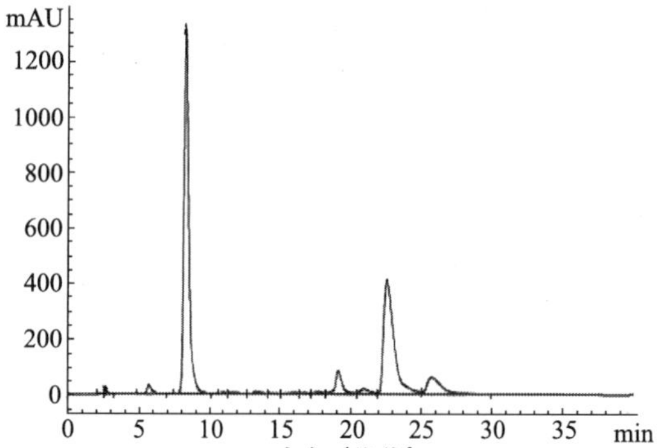

山东‘线花’

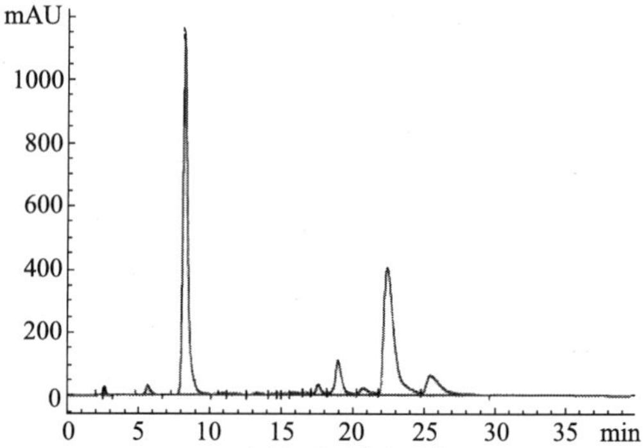

新密‘野生线花’

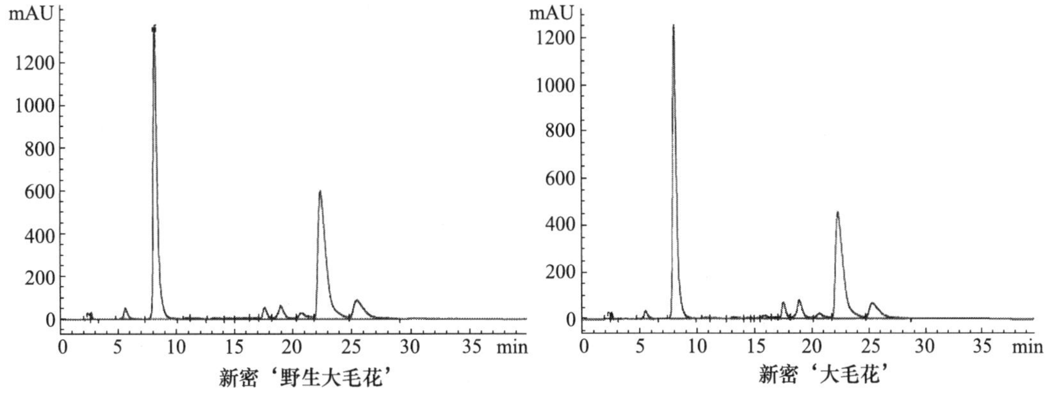

图 3-2　不同种质金银花木犀草苷含量 HPLC 图

根据峰面积值计算 13 种忍冬花蕾样品中绿原酸、木犀草苷的含量，并做 SPSS 差异分析，结果如表 3-1 所示。

表 3-1　不同种质金银花花蕾指标性成分含量

编号	不同种质	绿原酸含量/%	木犀草苷含量/%
1	封丘大毛花	2. 546±0. 470abA	0. 218±0. 004bcdCD
2	鲁峰王	2. 506±1. 648abcAB	0. 235±0. 012bcBC
3	九丰一号	2. 093±0. 137cdeABC	0. 243±0. 003bBC
4	大毛针	2. 256±0. 149bcdeAB	0. 200±0. 018cdeCDE
5	羊角花	2. 105±0. 002cdeABC	0. 152±0. 003fgEFG
6	鸡爪花	1. 563±0. 000fC	0. 138±0. 002ghFG
7	封丘红银花	2. 704±0. 117aA	0. 293±0. 007aAB
8	亚特红蕾 1 号	2. 552±0. 007abA	0. 320±0. 000aA
9	亚特金银花	1. 514±0. 414fC	0. 203±0. 003cdeCDE
10	山东线花	2. 335±0. 149abcdAB	0. 193±0. 058deCDE
11	新密野生线花	1. 920±0. 098defBC	0. 178±0. 011efDEF
12	新密野生大毛花	2. 090±0. 053cdeABC	0. 114±0. 002hG
13	新密大毛花	1. 889±0. 00efBC	0. 192±0. 001deCDE

注：不同大小写字母分别表示差异达 0. 01 和 0. 05 显著水平

由表 3-1 可知，不同种质金银花的指标性成分，绿原酸含量为 1. 514%～2. 704%，木犀草苷含量为 0. 114%～0. 320%。采用 SPSS 分析方法可知，绿原酸含量中，封丘‘红银花’的最高，为 2. 704%，‘亚特金银花’的最低，为 1. 514%，封丘‘红银花’与‘亚特红蕾 1 号’、封丘‘大毛花’‘鲁峰王’‘山东线花’差异不显著，与‘大毛针’‘羊角花’‘九丰一号’、新密‘野生大毛花’差异显著，与其他差异极显著；木犀草苷含量中，‘亚特红蕾 1 号’的最高，为 0. 320%，新密‘野生大毛花’的最低，为 0. 114%，‘亚特红蕾 1 号’与‘封丘红银花’差异不显著，与其他差异极显著，新密‘野生大毛花’与‘鸡爪花’差异不显著，与‘羊角花’差异显著，与其他差异极显著。

根据绿原酸含量高低并参考木犀草苷含量可把 13 个种质资源划分为高、中和低三类：

高含量包括封丘‘红银花’‘亚特红蕾 1 号’、封丘‘大毛花’‘鲁峰王’和山东‘线花’，中含量包括‘大毛针’‘羊角花’‘九丰一号’和新密‘野生大毛花’，低含量包括‘亚特金银花’‘鸡爪花’、新密‘野生线花’和新密‘大毛花’。

综合考虑干花千蕾重和指标成分含量，‘九丰一号’、封丘‘大毛花’、新密‘大毛花’‘鲁峰王’‘亚特红蕾 1 号’和‘亚特金银花’这几个种质较好，且生长势较好、病虫害少，可以用于推广种植。

二、封丘‘大毛花’7 个不同花期绿原酸和木犀草苷的含量比较

在拟定的色谱条件下，测定对照品溶液和金银花样品溶液，分别得到绿原酸和木犀草苷对照品与样品的高效液相色谱图，见图 3-3 和图 3-4。

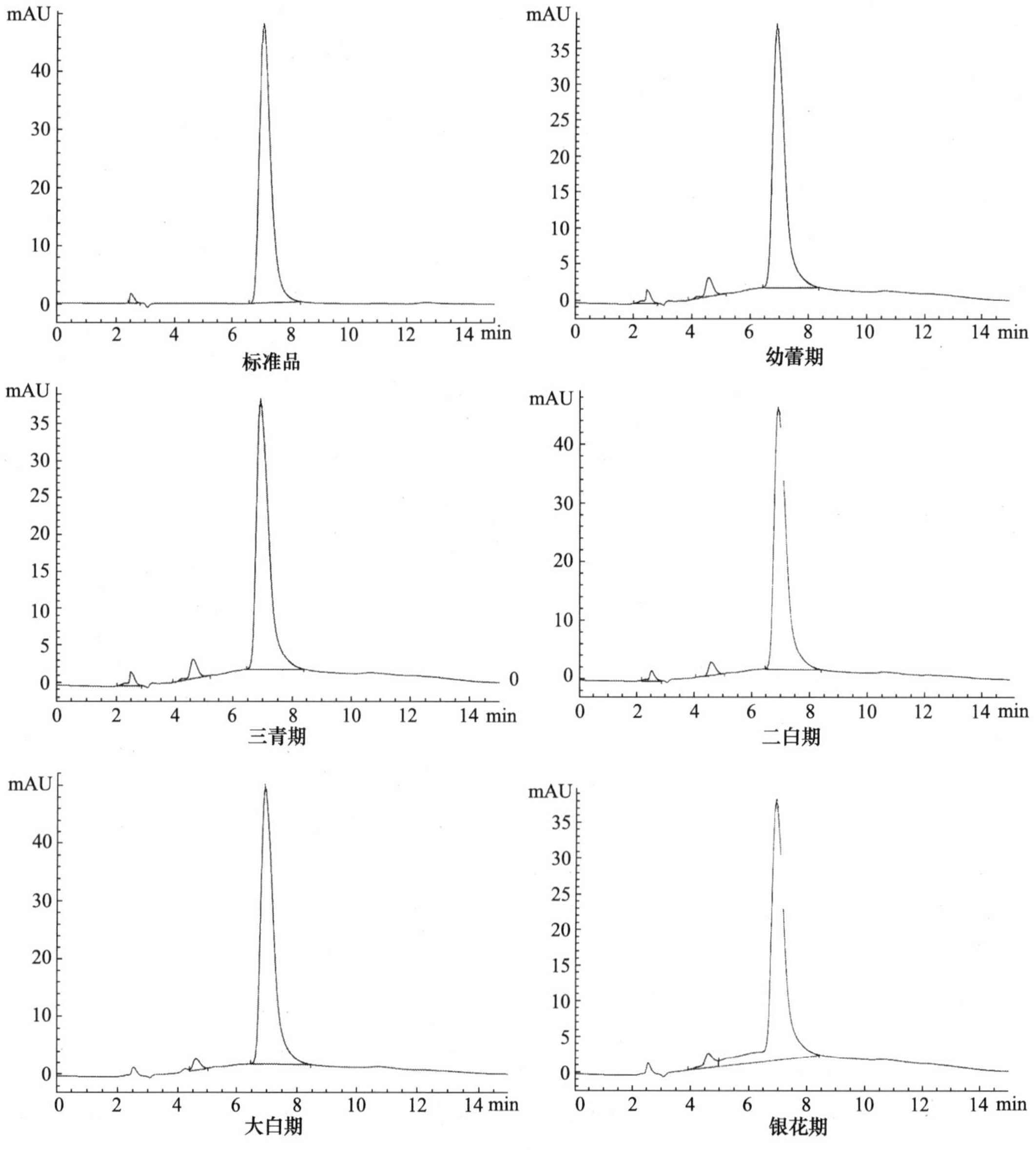

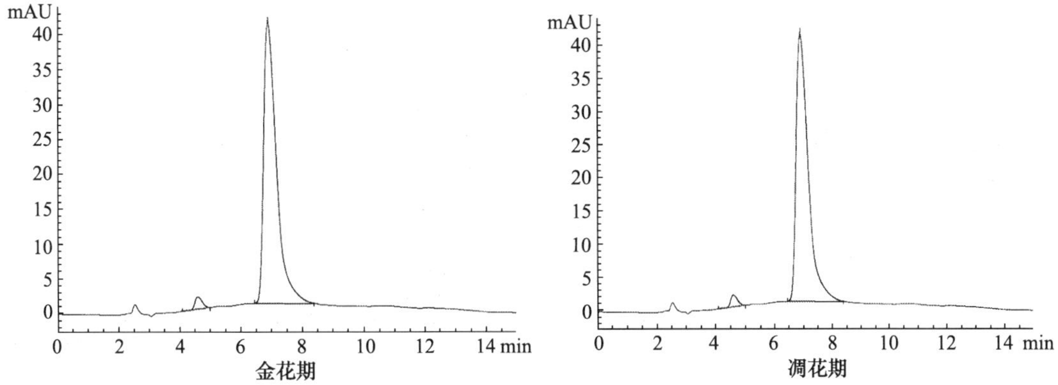

图 3-3　不同花期绿原酸的 HPLC 图谱

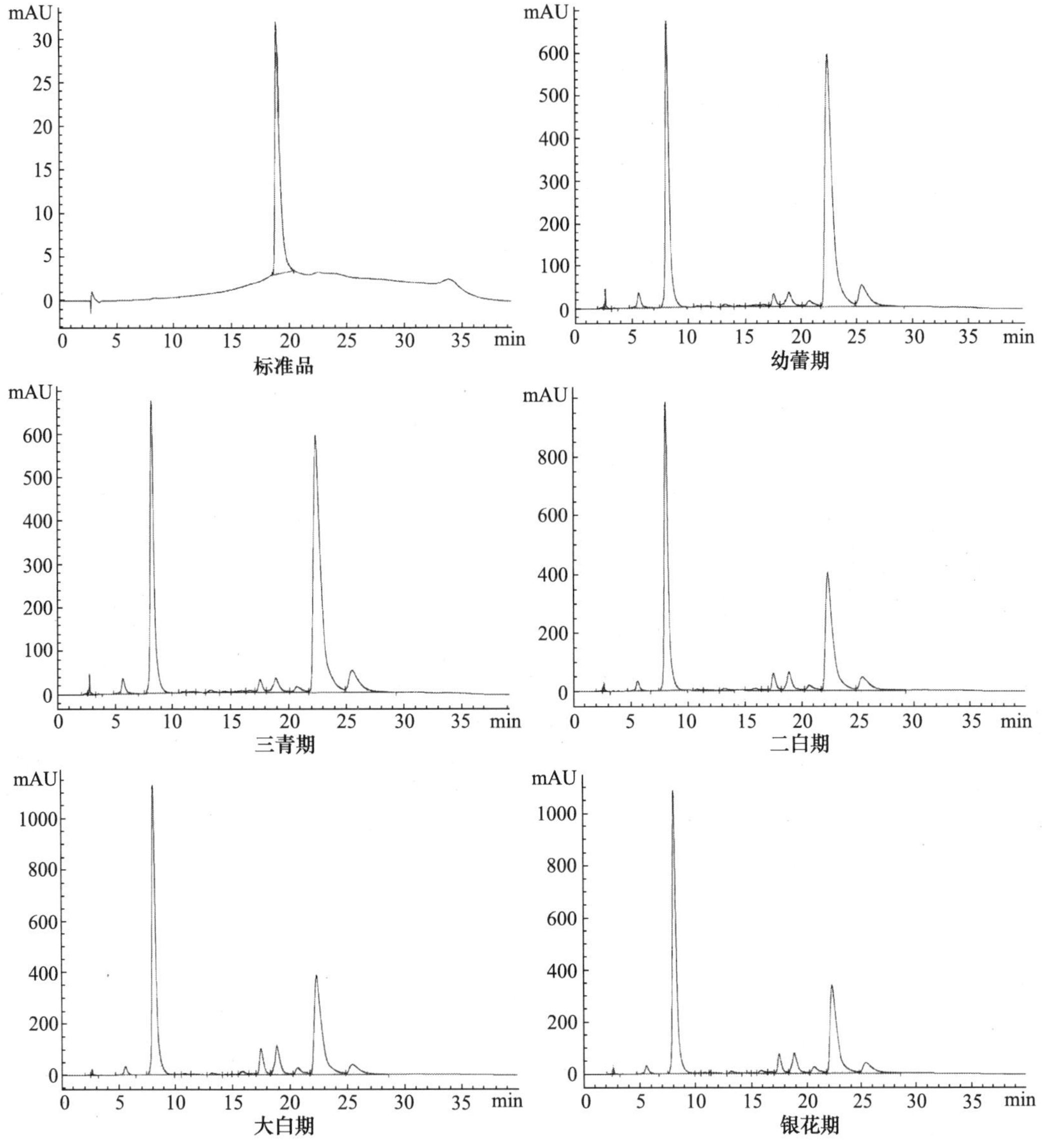

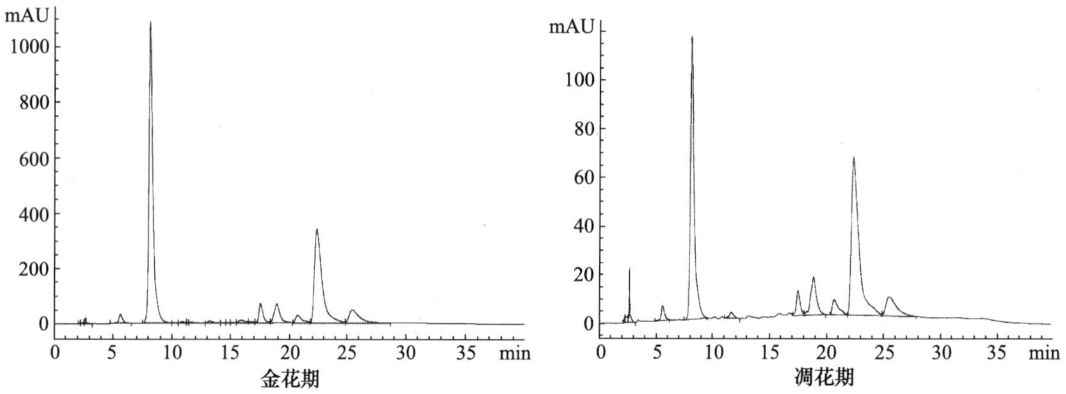

图 3-4 不同花期木犀草苷的 HPLC 图谱

根据峰面积值计算出封丘‘大毛花’7 个不同花期绿原酸和木犀草苷的含量，并采用 SPSS 分析，结果见表 3-2。

表 3-2 封丘‘大毛花’不同花期绿原酸和木犀草苷含量

编号	花期	绿原酸含量/%	木犀草苷含量/%
1	幼蕾期	1.932±0.061eE	0.085±0.005eD
2	三青期	2.290±0.004bB	0.132±0.001dC
3	二白期	2.501±0.006aA	0.172±0.002bB
4	大白期	2.210±0.053cBC	0.207±0.026aA
5	银花期	2.155±0.005cCD	0.158±0.003bcBC
6	金花期	2.057±0.061dD	0.145±0.004cdBC
7	凋花期	0.350±0.002fF	0.036±0.000fE

注：不同大小写字母分别表示差异达 0.01 和 0.05 显著水平

由图 3-3、图 3-4 和表 3-2 可知，不同花期绿原酸含量为 0.350%～2.501%，二白期最高，其次为三青期和大白期，凋花期最低；木犀草苷含量为 0.036%～0.207%，大白期最高，其次为二白期，凋花期最低。采用 SPSS 分析方法对不同花期金银花的指标成分进行差异性分析可知：二白期绿原酸含量与其他花期差异均极显著，凋花期与其他花期差异也均极显著；大白期木犀草苷含量与其他花期差异均极显著，凋花期与其他花期差异也均极显著。按绿原酸含量高低确定采收期，二白期、三青期和大白期最佳；按木犀草苷含量高低确定采收期，大白期和二白期最佳。

从花蕾的千蕾质量和指标成分含量综合分析，二白期和大白期的千蕾质量较高，而且绿原酸和木犀草苷含量也较高，可作为金银花采收的最佳时期，其次为银花期和金花期。

三、封丘‘红银花’7 个不同花期绿原酸和木犀草苷的含量比较

取对照品溶液和金银花样品溶液进行测定，获得绿原酸和木犀草苷对照品与样品的高

效液相色谱图，并根据高效液相色谱图峰面积值计算封丘‘红银花’7个不同花期的绿原酸、木犀草苷含量，通过SPSS分析，结果见表3-3。

表3-3 封丘‘红银花’不同花期的绿原酸和木犀草苷含量

编号	花期	绿原酸含量/%	木犀草苷含量/%
1	幼蕾期	3.648±0.006aAB	0.137±0.001cC
2	三青期	3.910±0.039aA	0.167±0.008bB
3	二白期	2.945±0.067bABC	0.178±0.000aA
4	大白期	2.880±0.006bBC	0.135±0.001cC
5	银花期	3.495±0.069abAB	0.099±0.000dD
6	金花期	2.164±0.039cC	0.083±0.003eE
7	凋花期	1.025±0.024dD	0.078±0.001eE

注：不同大小写字母分别表示差异达0.01和0.05显著水平

由表3-3可知，不同花期绿原酸含量为1.025%～3.910%，三青期最高，为3.910%，其次为幼蕾期和银花期，凋花期最低，为1.025%；木犀草苷含量为0.078%～0.178%，二白期最高，为0.178%，其次为三青期，凋花期最低，为0.078%。差异性分析可知，绿原酸含量三青期与幼蕾期和银花期差异不显著，银花期与大白和二白期差异不显著，与金花期差异极显著，而凋花期与其他花期差异均极显著；木犀草苷含量二白期与其他花期差异均极显著，银花期与大白期和金花期差异极显著，凋花期与金花期差异不显著，与其他花期差异极显著。按绿原酸含量高低判定采收期，三青期、幼蕾期、银花期、二白期、大白期和金花期最佳；按木犀草苷含量高低判定采收期，二白期、三青期、幼蕾期和大白期最佳。

根据其千蕾质量、绿原酸和木犀草苷含量综合分析，确定大白期和银花期为封丘‘红银花’最佳采收期。

四、‘大毛花’不同产地绿原酸和木犀草苷的含量比较

试验地不同地区地质背景系统（GBS）的比较见表3-4。

表3-4 试验地不同地区地质背景系统（GBS）比较

试验区域	东经	北纬	平均海拔/m	年平均气温/℃	年平均降雨量/mm	年平均日照时数/h	年平均无霜期/d	土壤类型	pH	气候特点
云南嵩明	103.0°	25.0°	2023	14	1100	2073	232	山原红壤	5.8	北亚热带气候，四季如春
河南封丘	114.4°	35.1°	71	13.5～14.5	615.1	2310.4	214	黄潮土	8.4	暖温带大陆性季风气候、四季分明
青海西宁	101.7°	36.6°	2300	5.2	425	2413	164	栗钙土	8.0～10.0	属高原高山半干旱气候

对不同产地‘大毛花’指标成分绿原酸和木犀草苷含量进行测定，结果见表3-5。

表3-5 不同产地‘大毛花’指标成分含量的比较

不同产地	绿原酸含量/%	木犀草苷含量/%
云南嵩明	4.760±0.082aA	0.078±0.001cC
河南封丘	3.593±0.005bB	0.171±0.002bB
青海西宁	2.459±0.009cC	0.248±0.001aA

注：不同大小写字母表示不同产地间差异显著（$P<0.01$，$P<0.05$）

由表3-5可知，关于绿原酸含量，云南嵩明最高，为4.760%，青海西宁最低，为2.459%，经检验不同产地绿原酸含量差异达到极显著（$P<0.01$）；关于木犀草苷含量，青海西宁最高，为0.248%，云南嵩明最低，为0.078%，经检验不同产地木犀草苷含量差异也达到极显著（$P<0.01$）。

结合表3-4和表3-5，年日照时数、年均温、年降雨量、无霜期和土壤酸碱度等因素可能对金银花指标成分含量的影响较大。云南嵩明属北亚热带季风气候，夏无酷暑，冬无严寒，四季如春，年平均气温在14℃左右，年平均无霜期232d，年平均降雨量1100mm，土壤酸性，此地采收的金银花中绿原酸含量相对较高，而木犀草苷含量相对较低；河南封丘地处豫北平原黄河滩区，处于暖温带大陆性季风气候，四季分明，年平均无霜期214d，年平均降雨量615.1mm，年平均气温在13.5～14.5℃，年平均日照时数为2310.4h，土壤碱性，此地金银花中绿原酸和木犀草苷含量介于云南和青海之间；青海西宁属高原半干旱气候，年平均无霜期164d，年平均降雨量425mm，年平均气温在5.2℃，年平均日照时数为2413h，土壤碱性，此地采收的金银花中绿原酸含量相对较低，而木犀草苷含量相对较高。由于海拔、光照、温度、湿度、pH等环境条件影响了金银花的次生代谢物的合成途径，从而影响了次生代谢物的含量。结果表明，光照充足的温凉条件有利于次生代谢产物的合成，因此可以用于指导金银花的生产，提高金银花的质量；也可指导我们合理利用金银花，需要绿原酸时可选择云南产的金银花，需要木犀草苷时可选择青海产的金银花，需要绿原酸和木犀草苷时可以选择河南的，也可把云南和青海产的金银花混合利用。

五、封丘‘大毛花’一天不同时间绿原酸和木犀草苷的含量比较

对一天不同时间封丘‘大毛花’指标成分绿原酸和木犀草苷含量进行测定，结果见图3-5。

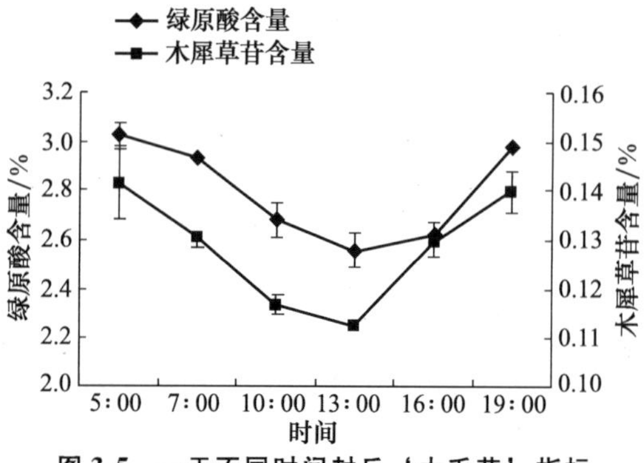

图3-5 一天不同时间封丘‘大毛花’指标成分含量的变化

由图3-5可知，绿原酸含量为2.558%～3.028%，木犀草苷含量为0.112%～0.141%，5：00绿原酸和木犀草苷含量最高，随着时间的推移，逐渐降低，13：00时达到最低，随后又逐渐升高；5：00、7：00和19：00采收的金银花绿原酸和木犀草苷含量均较高，说明温凉环

境有利于次生代谢产物的积累；随着时间推移，指标成分含量降低，说明光照增强、温度升高不利于次生代谢产物的合成和积累。结果说明一天中早上太阳升起露水落前及傍晚太阳落山前后采收的金银花指标成分较高，质量也较好。

六、封丘‘大毛花’一年不同茬次绿原酸和木犀草苷的含量比较

对一年不同茬次封丘‘大毛花’指标成分绿原酸和木犀草苷含量进行测定，结果见表3-6和图3-6。

表3-6　一年不同茬次封丘‘大毛花’指标成分含量的差异

不同茬次	采收时期	绿原酸含量/%	木犀草苷含量/%
一茬	5月	3.593±0.005aA	0.171±0.002HaA
二茬	6月	2.769±0.135bcB	0.130±0.002HcC
三茬	7月	2.662±0.106bcB	0.114±0.001eDE
四茬	8月	2.487±0.089cBC	0.110±0.001fE
五茬	9月	2.059±0.287dC	0.119±0.001dD
六茬	10月	2.991±0.096bB	0.165±0.002HbB

注：不同大小写字母表示不同茬次间差异显著（$P<0.01$，$P<0.05$）

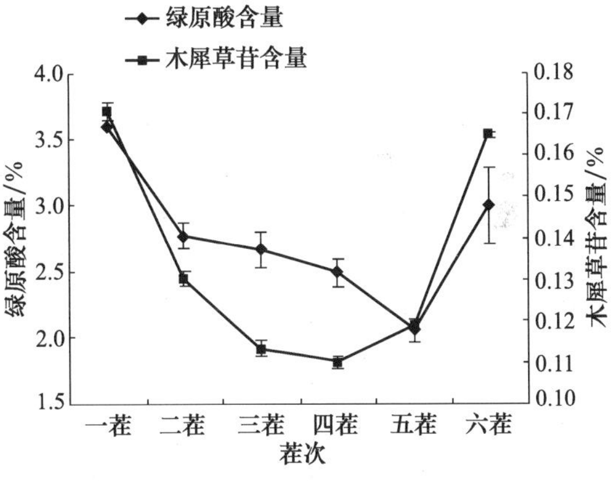

图3-6　一年不同茬次封丘‘大毛花’指标成分含量的变化

由表3-6和图3-6可知，绿原酸含量为2.059%~3.593%，一茬绿原酸含量最高，与其他差异极显著，五茬绿原酸含量最低，与四茬差异显著，与其他差异极显著；木犀草苷含量为0.110%~0.171%，一茬含量最高，与其他差异极显著，四茬最低，与三茬和五茬差异显著，与其他差异极显著。因此从指标成分含量考虑，5月第一茬采收的金银花绿原酸含量最高，6~9月采收的绿原酸含量逐步下降，10月第六茬绿原酸含量又有所回升。5月第一茬花发育期间，气温逐渐回升，但日均气温不超过20℃，较适宜新梢的生长和花芽分化，此时降水量很小，气候较干燥，而日照时数逐渐增加，有利于金银花的绿原酸积累；6~9月第二至五茬花发育期处于夏季高温多雨季节，不利于枝叶组织充实和花芽分化，而且降雨量大，也不利于绿原酸的积累；10月第六茬花发育期处于秋季，气温回落，降雨减少，有利于花芽发育，也利于绿原酸的积累，因此，第六茬花的绿原酸含量有所回升。5月第一茬采收的金银花木犀草苷含量最高，10月第六茬采收的木犀草苷含量次之，其他月份采收的木犀草苷含量较低，这也是光照、温度、水分等因素共同影响的结果。由此说明一年中春花和秋花指标成分较高，质量也较好，夏花次之。

七、封丘‘大毛花’不同树龄绿原酸和木犀草苷的含量比较

由表3-7和图3-7可知：不同树龄封丘‘大毛花’绿原酸含量为2.8182%~3.6549%，4年生的绿原酸含量最高，为3.6549%，3年生的绿原酸含量最低，为2.8182%。不同树龄封丘‘大毛花’木犀草苷含量为0.1215%~0.1490%，1年生的木犀草苷含量最高，为0.1490%，15年生的木犀草苷含量最低，为0.1215%。采用SPSS分析方法对不同树龄金银花的指标成分进行差异性分析可知：4年生的绿原酸含量与其他差异极显著，3年生的绿原酸含量与1年生的差异显著，与其他差异极显著。结合栽培管理措施及水肥分条件的差异综合分析，采摘时1年生样地水肥充足，4年生和15年生样地处于干旱条件，因此造成次生代谢差异有可能与水肥条件差异有关。

表3-7 不同树龄封丘‘大毛花’绿原酸和木犀草苷含量

编号	树龄	绿原酸含量/%	木犀草苷含量/%
1	1年生	2.9363±0.0075dDE	0.1490±0.0008aA
2	2年生	3.1826±0.0028cC	0.1334±0.0000abA
3	3年生	2.8182±0.0073eE	0.1279±0.0024abA
4	4年生	3.6549±0.0039aA	0.1278±0.0175abA
5	5年生	3.4327±0.0059bB	0.1282±0.0238abA
6	10年生	2.9773±0.1110dD	0.1303±0.0017abA
7	15年生	3.4707±0.0071bB	0.1215±0.0076abA
8	20年生	3.1862±0.0011cC	0.1254±0.0005abA

注：不同大小写字母表示不同年份差异显著（$P<0.01$，$P<0.05$）

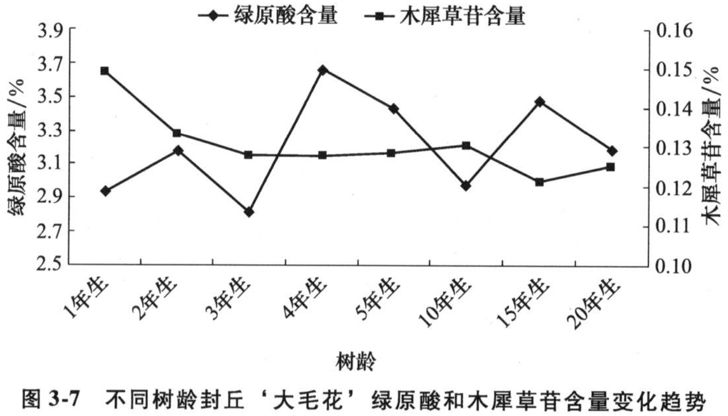

图3-7 不同树龄封丘‘大毛花’绿原酸和木犀草苷含量变化趋势

八、封丘‘大毛花’不同加工方法绿原酸和木犀草苷的含量比较

由表3-8可知：不同加工方法的封丘‘大毛花’绿原酸含量为2.8559%~3.3779%，电烘干的绿原酸含量最高，为3.3779%，煤烘干的次之，晒干的最低，为2.8559%；不同加工方法的封丘‘大毛花’木犀草苷含量为0.1113%~0.2483%，电烘干的木犀草苷含量最

高，为0.2483%，晒干的次之，煤烘干的最低，为0.1113%。采用SPSS分析方法对不同加工方法金银花的指标成分进行差异性分析可知：不同加工方法的封丘‘大毛花’中绿原酸含量和木犀草苷含量差异均极显著。结果表明，电烘干的金银花颜色和质量都较好，其次晒干的颜色不好，煤烘干有煤尘和硫污染，都不理想。

表3-8　不同加工方法封丘‘大毛花’指标成分含量

编号	不同加工方法	绿原酸含量/%	木犀草苷含量/%
1	电烘干	3.3779±0.7269aA	0.2483±0.0036aA
2	晒干	2.8559±0.5382bB	0.1751±0.0062bB
3	煤烘干	2.9940±0.3990bB	0.1113±0.0006cC

注：不同大小写字母表示不同加工方法间差异显著（$P<0.01$，$P<0.05$）

九、封丘‘大毛花’不同干燥方法绿原酸和木犀草苷的含量比较

对不同干燥方法的封丘‘大毛花’指标成分绿原酸和木犀草苷含量进行测定，结果见表3-9和图3-8。

表3-9　不同干燥方法封丘‘大毛花’指标成分含量的差异

干燥方法	绿原酸含量/%	木犀草苷含量/%
低温阶梯烘干	1.483±0.013bcB	0.174±0.006aA
加提香技术	1.546±0.026bB	0.182±0.008aA
轻炒	2.215±0.200aA	0.168±0.000abA
中炒	2.206±0.247aA	0.181±0.022aA
重炒	1.095±0.143cB	0.113±0.043bA

注：不同大小写字母表示不同干燥方法间差异显著（$P<0.01$，$P<0.05$）

由表3-9和图3-8可知：绿原酸含量轻炒时最高，其次为中炒和加提香技术，低温阶梯烘干和重炒的较低。木犀草苷含量在采用加提香技术时最高，其次为中炒和低温阶梯烘干，轻炒和重炒的较低。关于绿原酸含量，加提香技术与低温阶梯烘干差异不显著，与轻炒和中炒差异显著，与重炒差异极显著；关于木犀草苷含量，加提香技术与低温阶梯烘干、轻炒和中炒的差异不显著，与重炒差异极显著。因此，说明指标成分含量与烘干温度也有关，重炒的绿原酸和木犀草苷含量均较低的原因可能是温度太高，金银花花蕾炒焦，发生了炭化，

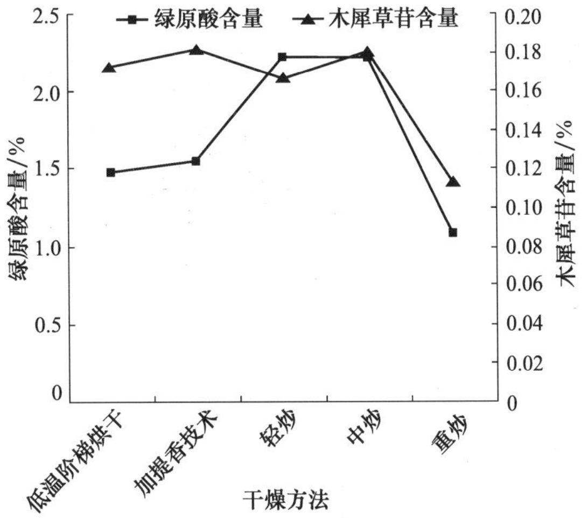

图3-8　不同干燥方法封丘‘大毛花’指标成分含量的变化

这与徐苹研究发现栀子炒焦后绿原酸含量降低是相符的。上述研究为金银花药用分为生药、炒药和炭药3种，炮制不同、功效不同提供了理论支撑。

十、封丘‘大毛花’4个不同等级绿原酸和木犀草苷的含量比较

由表3-10和图3-9可知：不同等级封丘‘大毛花’绿原酸含量为2.2511%~3.5193%，一级的绿原酸含量最高，二级、三级逐渐下降，四级又上升；不同等级封丘‘大毛花’木犀草苷含量为0.1236%~0.1839%，四级的木犀草苷含量最高，其次为一级、三级，二级的最低。采用SPSS分析方法对不同等级金银花的指标成分进行差异性分析可知：封丘‘大毛花’中绿原酸含量一级与其他差异极显著；而木犀草苷含量四级与二级差异极显著，与其他差异不显著。木犀草苷含量四级较高的原因可能是花蕾中含的叶片较多，而叶片中木犀草苷的含量比花蕾中的高，因此四级的比一级、二级和三级的含量要高。

表3-10 不同等级封丘‘大毛花’绿原酸和木犀草苷含量

编号	不同等级	绿原酸含量/%	木犀草苷含量/%
1	一级	3.5193±0.0099aA	0.1799±0.0023aA
2	二级	2.5284±0.2468bB	0.1236±0.0167bB
3	三级	2.2511±0.1225bB	0.1699±0.0017aA
4	四级	2.6272±0.0496bB	0.1839±0.1839aA

注：不同大小写字母分别表示差异达0.01和0.05显著水平

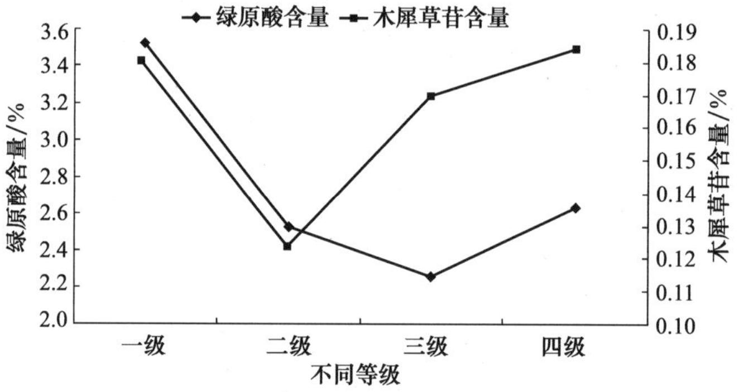

图3-9 不同等级封丘‘大毛花’指标成分含量变化

第三节 金银花叶、花蕾和花粉形态特征比较和指标成分差异分析

一、材料和方法

（一）材料

1. 资源圃材料

通过收集不同来源地的金银花，在封丘建立金银花种质资源圃，采集资源圃中的13个

种质金银花叶、花蕾和花粉研究其形态特征和分析指标成分差异。材料情况如表 3-11 所示。

表 3-11　资源圃金银花概况

编号	种质名称	来源地	备注
1	封丘大毛花	河南封丘县	长期系统选育（主栽品种）
2	鲁峰王	山东平邑县	豫银花 & 平邑大毛花
3	九丰一号	山东	化学诱变大毛花得 4 倍体
4	大毛针	平邑县兴旺庄	野生品种（主栽）
5	羊角花	平邑县流峪镇和尚村	野生品种（主栽）
6	鸡爪花	平邑县流峪镇	野生品种
7	封丘红银花	封丘县	长期系统选育（绿化品种）
8	亚特红蕾 1 号	亚特有限公司	
9	亚特金银花	亚特有限公司	大叶立本金银花 & 美国金银花
10	山东线花	平邑县流峪镇	野生品种
11	新密野生线花	河南新密巩密关村	野生品种
12	新密野生大毛花	河南新密巩密关村	野生品种
13	新密大毛花	河南新密巩密关村	主栽品种

2. 道地金银花材料

材料分别采自河南新密与封丘，其中新密为豫金银花老产区，存有金银花野生品种，封丘金银花则引种于新密。材料情况如表 3-12 所示。

表 3-12　道地金银花概况

编号	产地	颜色	花蕾长/cm	干燥方法
S1	杜庄	黄绿色	2.5～3.3	烘干
S2	齐庄	黄绿色	2.6～3.4	烘干
S3	贾庄	黄绿色	2.7～3.4	烘干
S4	司寨乡	绿色	2.2～3.1	微波烘干
S5	小石桥	黄白色	2.4～3.2	烘干
S6	大石桥	黄绿色	2.4～3.1	烘干
S7	王庄	黄绿色	2.3～3.5	烘干
S8	司庄乡	黄绿色	2.3～3.5	土炕烘干
S9	何庄	黄绿色	2.2～3.3	烘干
S10	新密主栽	黄白色	2.4～3.5	烘干
S11	新密野生	黄白色	2.3～3.4	晒干
S12	登封龙池	黄绿色	2.3～3.3	烘干

3. 其他材料

封丘‘大毛花’与‘红银花’的花蕾、叶、枝和芽尖等不同部位的材料采自封丘县黄德镇贾庄，用于本节下文“三、豫金银花不同部位指标成分的比较”。

（二）主要试剂

戊二醛，乙酸异戊酯，甲醇，乙醇，乙腈，冰醋酸，磷酸，绿原酸标准品，木犀草苷标准品等。

（三）主要仪器设备

KYKY-EM 3200 型数字化扫描电子显微镜，Agilent 1200 高效液相色谱仪，粉碎机，超声仪等。

（四）方法

1. 形态指标的测定方法

（1）叶片的形态指标测定　对于金银花叶片形态指标的测定，每种金银花随机选取 10 株，每株自当年生木质化果枝的最下方往上依次取 5 对成熟叶片，用直尺分别测量叶片的长度和宽度，并计算长宽比，测得的形态数据用 SPSS 进行统计学分析。

（2）花蕾的形态指标测定　在采集金银花时随时称量其千针鲜重，烘干后，观察其颜色并称量千针干重，计算折干率。另外，每种金银花随机选取 30 个干燥花蕾，测定其长度并用 SPSS 进行统计学分析。

2. 扫描电镜观察法

（1）叶片扫描电镜制片　每个样品随机取成熟植物叶片 6 片经清洗后，沿中脉切取中部约 5mm 长的叶片，经 2.5% 戊二醛固定 24h；用 30%、50%、70%、80%、90% 乙醇各脱水 1min；无水乙醇脱水两次，每次 1min；后经乙酸异戊酯处理 1min，快速放入常规临界点干燥，粘托后再将此样品台放入 SCB-2 试样处理机上（7.5×10^{-2} torr①，低真空 30min）真空喷金，最后在 KYKY-EM 3200 型数字化扫描电子显微镜下观察并拍照，随机选取 3 个视野统计气孔的长度、宽度和密度，非腺毛的长度和密度。由于非腺毛在叶脉处分布比较密集，与其他部位的密度有明显差异，故观察计数时尽量避开大叶脉。重复 3 次，所得数据用 SPSS 进行统计分析。

（2）花粉扫描电镜制片　在解剖镜下用解剖针将未经任何处理的花粉挑于粘有导电双面胶的扫描电镜样品台上，吸去表层覆盖的多余花粉后，再将此样品台放入 SCB-2 试样处理机上（7.5×10^{-2} torr，低真空 30min）真空喷金，最后在 AMRAY MODEL1000B 扫描电镜下（1200×，3000×）观察，并拍照。

3. 高效液相色谱法

（1）金银花中绿原酸的含量测定　仪器：Agilent 1200 高效液相色谱仪，粉碎机，超声仪等。

试剂：甲醇、乙腈为色谱纯，冰醋酸、磷酸为分析纯，水为超纯水，绿原酸对照品购于中国药品生物制品检定所。

色谱条件：色谱柱填充剂为十八烷基硅烷键合硅胶，检测波长 327nm，进样量 10μl，

① 1torr = 1mmHg = $1.333\ 22\times10^{2}$ Pa

流动相乙腈-0.4%磷酸溶液（13∶87），流速为1.0ml/min。

标准曲线绘制：精密称取适量绿原酸对照品，置棕色容量瓶中，加50%甲醇制成每毫升含40μg绿原酸的溶液，得到绿原酸对照品溶液。根据色谱条件分别进样2μl、6μl、10μl、18μl、20μl，重复3次，以峰面积为纵坐标，对照品量为横坐标，得到绿原酸标准曲线（图3-10）及线性回归方程：$Y=2424.8X-16.88$，$R^2=1$。

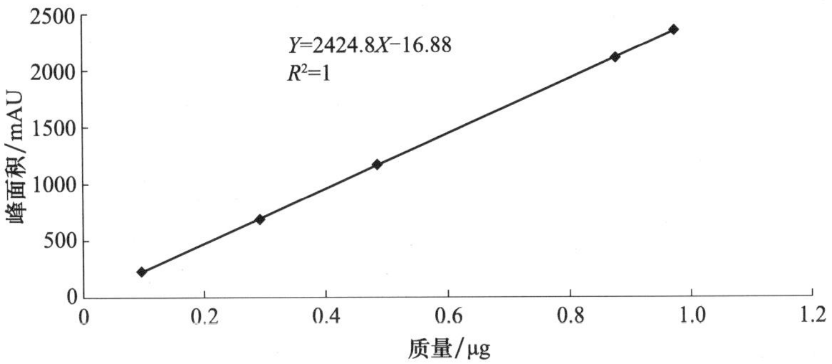

图3-10　绿原酸标准曲线

样品溶液制备：分别取13个不同种质金银花花蕾及不同部位（芽尖、花蕾、叶和枝）的粉末（过4号筛）各0.5g，精密称定，置具塞锥形瓶中，精密加入50%甲醇50ml，称定重量，超声波处理（功率250W，频率35kHz）30min，放冷，再称定重量，用50%甲醇补足减失的重量，摇匀，滤过，精密量取续滤液5ml，置25ml棕色容量瓶中，加50%甲醇至刻度，摇匀，即得。

精密度试验：吸取同一金银花样品溶液，连续进样5次，每次10μl，记录峰面积，计算可得其峰面积的相对标准偏差（RSD）值为0.0371%，说明该方法精密度良好。

稳定性试验：吸取同一金银花样品溶液，分别于制备后0h、2h、4h、6h、8h进样10μl，记录峰面积，计算可得峰面积的相对标准偏差（RSD）值为1.274%，说明该样品溶液8h内稳定性良好。

重复性试验：取同一金银花样品5份，每份0.5g，按照“样品溶液制备”方法制备样品溶液，再按照色谱条件各进样10μl，记录峰面积，计算可得峰面积的相对标准偏差（RSD）值为1.473%，说明该方法的重现性良好。

（2）金银花中木犀草苷的含量测定　　仪器：Agilent 1200高效液相色谱仪，粉碎机，超声仪等。

试剂：乙醇、乙腈为色谱纯，磷酸为分析纯，水为超纯水，木犀草苷对照品购于中国药品生物制品检定所。

色谱条件：色谱柱填充剂为十八烷基硅烷键合硅胶，检测波长350nm，进样量10μl，流动相A为乙腈，流动相B为0.5%的冰醋酸，流速为1.0ml/min，按照表3-13进行梯度洗脱。

标准曲线绘制：精密称取木犀草苷对照品适量，加70%乙醇制成每毫升含40μg的溶液，得到木犀草苷对照品溶液。根据色谱条件分别进样2μl、6μl、10μl、18μl、20μl，重复3次，以峰面积为纵坐标，对照品量为横坐标，得到木犀草苷标准曲线（图3-11）及线性回归方程：$Y=2523.9X+648.1$，$R^2=0.998$。

表 3-13　高效液相测木犀草苷的梯度洗脱表

时间/min	流动相 A/%	流动相 B/%
0 ~ 15	10→20	90→80
15 ~ 30	20	80
30 ~ 35	20→10	80→90
35 ~ 40	10	90

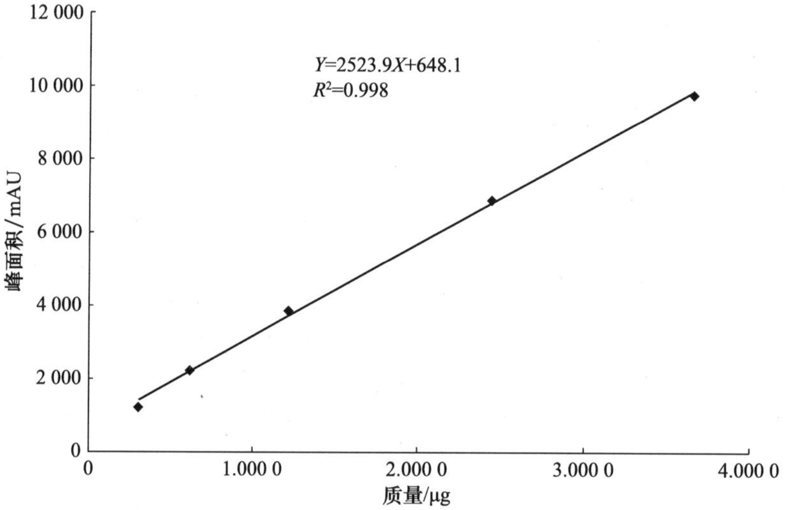

图 3-11　木犀草苷标准曲线

样品溶液制备：分别取 13 个种质金银花花蕾及豫金银花不同部位（芽尖、花蕾、叶和枝）细粉（过 4 号筛）各 2g，精密称定，置具塞锥形瓶中，精密加入 70% 乙醇 50ml，称定重量，超声波处理（功率 250W，频率 35kHz）1h，放冷，再称定重量，用 70% 乙醇补足减失的重量，摇匀，滤过，精密量取滤液 10ml，回收溶液至干，残渣用 70% 乙醇溶解，转移至 5ml 容量瓶中，加 70% 乙醇至刻度，摇匀，即得。

精密度试验：吸取同一金银花样品溶液，连续进样 5 次，每次 10μl，记录峰面积，计算可得其峰面积的相对标准偏差（RSD）值为 0.0298%，说明该方法精密度良好。

稳定性试验：木犀草苷样品溶液避光保存 48h（4 ~ 10℃），重复测定结果无差异，表明该样品溶液 48h 内稳定性良好。

重复性试验：取同一金银花样品 5 份，每份 2g，按照“样品溶液制备”方法制备样品溶液，再按照色谱条件各进样 10μl，记录峰面积，计算可得峰面积的相对标准偏差（RSD）值为 2.035%，说明该方法的重现性良好。

4. 道地化学指纹图谱建立

仪器：Agilent 1200 高效液相色谱仪，粉碎机，超声仪等。

试剂：甲醇、乙腈为色谱纯，乙酸为分析纯。

色谱条件：色谱柱填充剂为十八烷基硅烷键合硅胶，检测波长 265nm，进样量 10μl，流动相 A 为乙腈，流动相 B 为 1% 的乙酸水溶液，流速为 0.8ml/min，按照表 3-14 进行梯度洗脱。

表 3-14　高效液相测定化学指纹图谱梯度洗脱表

时间/min	流动相 A/%	流动相 B/%
0 ~ 10	5→10	95→90
10 ~ 45	10→18	90→82
45 ~ 55	18→28	82→72
55 ~ 70	28→100	72→0

标准品溶液制备：精密称取适量木犀草苷与绿原酸标准品，加入 50% 甲醇溶液 100ml，制成含木犀草苷、绿原酸的混合标准品溶液。

样品溶液制备：分别取 12 个药材粉末各 1g，精密称定后置 100ml 具塞锥形瓶中，精密加入 50% 甲醇 50ml 并称定重量，超声处理 60min，放冷后称重并补足失重，滤过，取续滤液备用。

精密度试验：吸取同一金银花样品溶液，连续进样 5 次，每次 10μl，记录峰面积，计算可得其峰面积的相对标准偏差（RSD）值≤2%，说明该方法精密度良好。

稳定性试验：标准样品溶液避光保存 24h（4 ~ 10℃），重复测定结果无差异，表明该样品溶液 24h 内稳定性良好。

重复性试验：取同一金银花样品 5 份，每份 1g，按照“样品溶液制备”方法制备样品溶液，再按照色谱条件各进样 10μl，记录峰面积，计算可得峰面积的相对标准偏差（RSD）值≤2%，说明该方法的重现性良好。

二、结果分析

（一）金银花叶的形态学特征比较结果

1. 不同种质金银花叶的形态比较

测得 13 个种质金银花叶形、长度、宽度及计算的长宽比见表 3-15。

表 3-15　不同种质金银花叶的形态特征（$\bar{x}\pm s$，$n=100$）

编号	种质名称	叶形	长度/cm	宽度/cm	长宽比
1	封丘大毛花	卵圆形或阔卵形	5. 30±0. 76cdCDE	3. 24±0. 51abAB	1. 60±0. 44deDE
2	鲁峰王	卵圆形或阔卵圆形	4. 60±0. 49fFG	2. 98±0. 50cdBCD	1. 60±0. 31eE
3	九丰一号	椭圆形或卵状椭圆形	5. 11±0. 67deCDEF	2. 76±0. 25eD	1. 87±0. 33bcABCD
4	大毛针	椭圆形或卵状椭圆形	5. 38±0. 68cdCD	2. 79±0. 43deD	1. 98±0. 43bcABC
5	羊角花	卵圆形或阔卵形	5. 07±0. 41deCDEF	3. 02±0. 25cBCD	1. 69±0. 20deDE
6	鸡爪花	卵圆形	4. 85±0. 49efEF	2. 76±0. 28eD	1. 78±0. 26dCDE
7	封丘红银花	狭卵形或披针形	4. 21±0. 40gG	2. 09±0. 27fE	2. 05±0. 33aA
8	亚特红蕾 1 号	狭卵形或披针形	4. 23±0. 35gG	2. 11±0. 25fE	2. 04±0. 28abA
9	亚特金银花	卵圆形	4. 92±0. 39efDEF	2. 91±0. 44cdeCD	1. 72±0. 22deDE
10	山东线花	椭圆形或卵状椭圆形	5. 52±0. 50bcBC	3. 11±0. 36bBC	1. 80±0. 23dBCDE
11	新密野生线花	狭卵形或卵状披针形	6. 02±0. 49aA	2. 99±0. 23cdBCD	2. 02±0. 20abcAB
12	新密野生大毛花	椭圆形或卵状椭圆形	6. 20±1. 36aA	3. 43±0. 56aA	1. 85±0. 44cdABCD
13	新密大毛花	卵圆形	5. 86±0. 42abAB	3. 42±0. 38aA	1. 73±0. 22deDE

注：不同大小写字母分别表示在 0. 01 和 0. 05 水平差异显著

由表 3-15 可知，不同种质金银花叶的大小存在一定的差异，其长度在 4.21 ~ 6.20cm，宽度在 2.09 ~ 3.43cm。其中平均长度以样品 12 最大，与样品 11 和样品 13 差异不显著，与其他样品差异极显著；以样品 7 最小，与样品 8 差异不显著，与其他样品差异极显著。平均宽度以样品 12 最大，与样品 1、样品 11 和样品 13 差异不显著，与其他样品差异极显著；以样品 7 最小，与样品 8 差异不显著，与其他样品差异极显著。综合叶的长度和宽度，可以将这 13 个样品分成 3 种类型：大型叶，包括样品 1、样品 11、样品 12 和样品 13；小型叶，包括样品 7 和样品 8；中型叶，包括剩余的样品。

金银花叶的长宽比可以直接反映出叶片的形状，13 个样品的长宽比为 1.60 ~ 2.05。其中以样品 7 最大，样品 2 最小。其中样品 7 与样品 8、样品 11 差异不显著，与样品 3、样品 4 及样品 12 差异显著，与其他样品差异极显著。可以将 13 个样品的叶形分为 3 种，披针形，包括样品 7、样品 8 和样品 11；椭圆形，包括样品 3、样品 4、样品 10 和样品 12；卵圆形，包括剩余样品。观察叶形可知，样品 7、样品 8 的叶片呈狭卵形或披针形，而样品 2 呈卵圆形，叶的形状与数字化的研究结果一致。

2. 不同种质金银花叶的茸毛比较

由表 3-16 可知，13 个样品叶的上表面中仅样品 12 的非腺毛分布密度较大，与其他未见或偶见非腺毛的样品差异极显著。13 个样品叶的下表面中，非腺毛密度在 0.17 ~ 23.00 个/mm^2，以样品 13 最大，与样品 1、样品 5 差异不显著，与其他样品差异极显著。根据非腺毛的分布密度可将金银花分成密毛类和寡毛类 2 种。密毛类包括样品 1、样品 5 和样品 13，其平均分布密度分别为 21.67 个/mm^2、20.33 个/mm^2、23.00 个/mm^2，远远高于其他样品。寡毛类包括剩余样品，其中，样品 3 和样品 11 的下表面未见非腺毛分布，样品 7 的密度仅为 0.17 个/mm^2。

下表面非腺毛的长度在 0.06 ~ 0.55mm，其中样品 6 最长，为 0.55mm，与其他种质金银花差异极显著，样品 7 最短，为 0.06mm，与其他种质金银花差异极显著。

表 3-16 不同种质金银花叶表面非腺毛的分布特征（$\bar{x}\pm s$，$n=27$）

编号	种质名称	上表面非腺毛		下表面非腺毛	
		密度/(个/mm^2)	长度/μm	密度/(个/mm^2)	长度/mm
1	封丘大毛花	0bB	0bB	21.67±4.93aA	0.26±0.16cdeBCD
2	鲁峰王	0bB	0bB	5.83±0.29cBC	0.31±0.09bcdBC
3	九丰一号	0bB	0bB	0eD	0gE
4	大毛针	0bB	0bB	2.17±1.26deCD	0.40±0.07bAB
5	羊角花	0bB	0bB	20.33±1.26aA	0.27±0.06bcdBCD
6	鸡爪花	0bB	0bB	3.67±1.04cdCD	0.55±0.17aA
7	封丘红银花	0bB	0bB	0.17±0.29eD	0.06±0.12gE
8	亚特红蕾 1 号	0bB	0bB	0.33±0.29eD	0.12±0.17fgDE
9	亚特金银花	0bB	0bB	2.83±0.76deCD	0.31±0.10bcdBC

续表

编号	种质名称	上表面非腺毛		下表面非腺毛	
		密度/(个/mm²)	长度/μm	密度/(个/mm²)	长度/mm
10	山东线花	0bB	0bB	1.17±0.29deD	0.39±0.10bcAB
11	新密野生线花	0bB	0bB	0eD	0gE
12	新密野生大毛花	4.67±0.35aA	0.33±0.12aA	9.33±1.53bB	0.24±0.10defBCD
13	新密大毛花	0bB	0bB	23.00±2.29aA	0.13±0.05efgCDE

注：不同大小写字母分别表示差异达 0.01 和 0.05 显著水平

3. 不同种质金银花叶的气孔比较

气孔是叶片与外界进行气体交换的通道，气孔的数目、分布等因植物种类的不同而不同。研究发现，金银花的气孔仅在下表面分布，其大小、密度见表 3-17。

表 3-17　不同种质金银花叶下表面的气孔分布（$\bar{x}\pm s$，$n=27$）

编号	种质名称	形状	长度/μm	宽度/μm	长宽比	密度/(个/mm²)
1	封丘大毛花	近圆形	22.74±1cBC	19.28±0.45bcdABC	1.18±0.1bcAB	416.67±20.09deDEF
2	鲁峰王	近圆形	19.99±4.68cC	18.99±0.84bcdABC	1.02±0.52cB	283.33±41.61gG
3	九丰一号	近椭圆形	22.19±0.45cBC	18.50±1.03cdBC	1.21±0.1abcAB	439.58±58.07dDE
4	大毛针	椭圆形	30.28±0.79aA	20.95±0.71abcABC	1.45±0.15aA	343.75±75.78fgFG
5	羊角花	近椭圆形	29.09±0.72abAB	22.59±0.42aA	1.29±0.12abAB	368.75±43.75efEFG
6	鸡爪花	近椭圆形	21.95±0.83cBC	17.84±1.42dC	1.26±0.28abcAB	756.25±34.80aA
7	封丘红银花	近椭圆形	22.98±0.59cABC	17.91±0.57dBC	1.28±0.07abAB	754.17±28.18aA
8	亚特红蕾 1 号	椭圆形	24.17±0.72bcABC	18.06±0.44dBC	1.34±0.13abAB	591.67±26.02HbB
9	亚特金银花	近椭圆形	20.07±4.34cC	19.88±0.61abcdABC	1.21±0.05abcAB	543.75±33.07bcBC
10	山东线花	近圆形	22.91±0.94cABC	19.54±0.64bcdABC	1.18±0.09bcAB	543.75±22.53bcBC
11	新密野生线花	近圆形	23.94±1.57bcABC	21.54±2.26abAB	1.16±0.31bcAB	364.58±26.02HefEFG
12	新密野生大毛花	近圆形	22.34±0.41cBC	19.29±0.52bcdABC	1.16±0.08bcAB	479.17±15.73cdCD
13	新密大毛花	近椭圆形	24.97±1.25abcABC	20.40±0.99abcdABC	1.22±0.04abcAB	583.33±37.67bB

注：不同大小写字母分别表示差异达 0.01 和 0.05 显著水平

根据表 3-17 可知，13 个样品下表面的气孔密度在 283.33 ~ 756.25 个/mm²，其中样品 6、样品 7 的气孔密度分布较大，与其他样品差异极显著；而样品 2、样品 4 的气孔密度则较小，分别为 283.33 个/mm² 和 343.75 个/mm²，与其他样品差异极显著。

根据金银花气孔长宽比值的分析，13 个样品叶的下表面气孔的形状可以分为 3 种类型：椭圆形（长、宽比值>1.3），包括样品 4 和样品 8；近椭圆形（长、宽比值 = 1.2 ~ 1.3），包括样品 3、样品 5、样品 6、样品 7、样品 9 和样品 13；近圆形（<1.2），包括剩余的其他样品。

（二）金银花花蕾的形态学特征比较结果

1. 不同种质金银花花蕾的形态比较

测得 13 个种质金银花二白期花蕾长度、千针重及折干率等，见表 3-18。

表 3-18 不同种质金银花花蕾长度、千针重及折干率等的比较（$\bar{x}\pm s$，$n=27$）

编号	种质名称	鲜花				干花			折干率/%
		花蕾颜色、形状	花蕾长度/cm	花蕾直径/cm	千针重/g	花蕾长度/cm	花蕾直径/cm	千针重/g	
1	封丘大毛花	绿色，1/2 处膨大，略弯曲，密被毛	4.65±0.35 ABCabc	0.341±0.013De	112.51	3.00±0.21Aa	0.245±0.005Dcd	20.74	18.43
2	鲁峰王	绿色，1/2 处膨大，较弯曲，被毛	5.02±0.72 Aa	0.387±0.033ABCbc	119.82	2.85±0.18 Aa	0.262±0.003CDc	21.44	17.90
3	九丰一号	绿色，1/2 处膨大，略弯曲，密被毛	4.09±0.26 BCDd	0.421±0.017Aa	141.45	2.79±0.18 Aa	0.333±0.006Aa	25.34	17.91
4	大毛针	绿色，1/2 处膨大，略弯曲，被毛	4.89±0.30 ABab	0.364±0.020 BCDcde	114.51	3.00±0.17 Aa	0.228±0.005Ee	19.72	17.22
5	羊角花	绿色，1/2 处膨大，较弯曲，被毛	4.41±0.45 ABCbcd	0.396±0.024ABab	145.35	2.87±0.15 Aa	0.279±0.017BCDbc	24.20	16.65
6	鸡爪花	绿色，1/2 处较膨大，略弯曲，密被毛	4.37±0.13 BCDcd	0.414±0.011Aab	142.63	2.54±0.22 Bb	0.258±0.004CDc	25.02	17.54
7	封丘红银花	红色，1/2 处膨大，略弯曲，被毛	4.67±0.33 ABCabc	0.356±0.027CDde	117.42	2.25±0.16 Cc	0.256±0.004CDc	19.26	16.41
8	亚特红蕾1号	红色，1/2 处膨大，略弯曲，被毛	4.78±0.21 ABabc	0.353±0.030CDde	121.08	2.29±0.19 Cc	0.254±0.005CDc	20.59	17.00
9	亚特金银花	绿色，1/2 处膨大，较弯曲，被毛	4.33±0.36 BCDcd	0.346±0.013De	108.95	2.84±0.14 Aa	0.293±0.006ABb	20.05	18.40
10	山东线花	绿色，2/3 处膨大，略弯曲，被毛	3.96±0.46 Dd	0.370±0.028 ABbcdeC	90.14	2.42±0.15 BCbc	0.239±0.005Ee	16.55	18.36
11	新密野生线花	绿色，2/3 处膨大，略弯曲，被毛	4.38±0.29 BCDcd	0.340±0.030 Ee	97.65	2.49±0.22 BCb	0.252±0.007CDc	17.42	17.84
12	新密野生大毛花	绿色，1/2 处膨大，较弯曲，密被毛	4.65±0.38 ABCabc	0.371±0.022 BCDbcd	114.75	2.82±0.14Aa	0.255±0.006 BCc	20.43	17.80
13	新密大毛花	绿色，1/2 处膨大，较弯曲，密被毛	4.31±0.25 BCDcd	0.382±0.029 ABbcd	109.52	2.84±0.14 Aa	0.261±0.004 BCc	20.90	19.09

注：不同大小写字母分别表示差异达 0.01 和 0.05 显著水平

由表 3-18 可知，2 号鲜花蕾最长，为 5.02cm，10 号最短，为 3.96cm；2 号与 1 号、4 号、5 号、7 号、8 号、12 号差异不显著，与其他样品差异极显著。3 号鲜花蕾最粗处直径最大，为 0.421cm，11 号最小，为 0.340cm；3 号与 2 号、5 号、6 号、10 号、13 号差异不显著，与其他样品差异极显著。1 号和 4 号干花蕾最长，为 3.00cm，7 号最短，为 2.25cm；1 号与 2 号、3 号、4 号、5 号、9 号、12 号、13 号差异不显著，与其他样品差异极显著。3 号干花蕾最粗处直径最大，为 0.333cm，4 号最小，为 0.228cm；3 号与 9 号差异不显著，与其他样品差异极显著。5 号鲜花蕾千针重最大，为 145.35g，10 号的千针重最小，为 90.14g；3 号干花蕾千针重最大，为 25.34g，10 号的千针重最小，为 16.55g；13 号折干率最大，为 19.09%，7 号最小，为 16.41%。

2. 不同种质金银花花粉粒表面特征比较

不同种质金银花花粉表面特征见表 3-19。

表 3-19 不同种质金银花花粉表面特征

编号	种质名称	形状		刺突形态	萌发孔数
		极面观	赤道面观		
1	封丘大毛花	三角形	近圆形	短，大小不一，基部较宽、尖端较钝	3
2	鲁峰王	三角形	近圆形	短，大小不一，基部较窄、尖端较钝	3
3	九丰一号	三角形	近圆形	短，大小不一，基部较宽、尖端较尖	3
4	大毛针	三角形	近圆形	短，大小不一，基部较窄、尖端较尖	3
5	羊角花	三角形	近圆形	长，大小不一，基部较窄、尖端较尖	3
6	鸡爪花	三角形	近圆形	短，大小不一，基部较宽、尖端较尖	3
7	封丘红银花	三角形	近圆形	长，大小不一，基部较宽、尖端较尖	3
8	亚特红蕾 1 号	三角形	近圆形	长，大小不一，基部较宽、尖端较尖	3
9	亚特金银花	三角形	近圆形	长，大小不一，基部较窄、尖端较尖	3
10	山东线花	三角形	近圆形	短，大小不一，基部较宽、尖端较尖	3
11	新密野生线花	三角形	近圆形	长，大小不一，基部较窄，尖端较尖	3
12	新密野生大毛花	三角形	近圆形	长，大小不一，基部较窄，尖端较尖	3
13	新密大毛花	三角形	近圆形	长，大小不一，基部较窄，尖端较尖	3

13 个不同种质金银花花粉粒的极面观均为三角形，赤道面观为近圆形，外壁雕纹为刺状突起，萌发孔为 3 个。但是其花粉粒的大小、表面刺突的长短、疏密、刺突的尖端和基部等方面存在差异。

3. 不同种质金银花花粉粒表面刺突密度比较

金银花花粉粒存在刺状突起的雕纹，在花粉传播过程中可起到一定的黏附作用。为了比较 13 个种质刺突密度的差异，笔者测量了 10μm×10μm 面积上的刺突数目，结果记录于表 3-20。

表 3-20 不同种质金银花花粉粒表面刺突密度（$\bar{x}\pm s$，$n=30$）

编号	种质名称	刺突密度/(个/100μm²)
1	封丘大毛花	8.0±1ABb
2	鲁峰王	9.1±1Aa
3	九丰一号	7.1±1BCDEbc

续表

编号	种质名称	刺突密度/(个/100μm²)
4	大毛针	7.6±0.58BCb
5	羊角花	6.2±1.73CDEcdef
6	鸡爪花	5.7±1.53DEef
7	封丘红银花	7±1BCDEbcd
8	亚特红蕾 1 号	6.9±1BCDEbcde
9	亚特金银花	8.2±1.53ABb
10	山东线花	5.6±0.58Ef
11	新密野生线花	7.3±1.53BCDbc
12	新密野生大毛花	6.3±0.58CDEcdef
13	新密大毛花	5.8±1.15DEdef

注：不同大小写字母分别表示差异达 0.01 和 0.05 显著水平

根据表 3-20 可知，2 号的刺突数目最多，为 9.1 个/100μm²，10 号最小，仅为 5.6 个/100μm²，2 号与 1 号、9 号差异不显著，与其他样品差异极显著。

4. 不同种质金银花花粉粒大小比较

13 个样品花蕾的极轴长、赤道轴长及萌发孔长见表 3-21。

表 3-21　不同种质金银花花粉粒大小（$\bar{x}\pm s$，$n=30$）

编号	种质名称	极轴长/μm	赤道轴长/μm	萌发孔长/μm
1	封丘大毛花	60.62±4.63ABabc	59.87±4.01ABabc	16.76±1.54Abc
2	鲁峰王	59.20±4.82ABabc	58.81±3.57ABabc	16.49±1.63Ac
3	九丰一号	64.56±2.78Aa	64.24±3.04Aa	17.53±1.15Aa
4	大毛针	55.56±2.78Bc	55.49±3.95Bc	16.53±1.09Abc
5	羊角花	60.41±4.09ABabc	59.37±5.28abcAB	16.78±1.73Abc
6	鸡爪花	58.99±4.20ABabc	58.29±4.67ABabc	16.84±1.65Aab
7	封丘红银花	57.13±5.02HBbc	57.02H±3.5Bbc	16.95±1.49Aab
8	亚特红蕾 1 号	56.83±4.75Bbc	56.55±3.51Bbc	17.08±1.43Aab
9	亚特金银花	60.75±5.1ABabc	60.18±3.8ABabc	16.71±1.94Aab
10	山东线花	60.15±4.46ABabc	59.37±4.92ABabc	16.59±1.47Abc
11	新密野生线花	61.87±3.71ABab	61.32±3.22ABabc	16.81±1.35Aab
12	新密野生大毛花	62.01±4.27ABab	61.94±3.79ABabc	17.03±1.48Aab
13	新密大毛花	60.51±3.47ABabc	59.79±5.54ABabc	16.96±1.97Aab

注：不同大小写字母分别表示差异达 0.01 和 0.05 显著水平

根据表 3-21 可知，3 号极轴长最大，为 64.56μm，4 号最小，为 55.56μm，3 号与 4 号、7 号、8 号差异极显著，与其他样品差异不显著；3 号赤道轴长最大，为 64.24μm，4 号最小，为 55.49μm，3 号与 4 号、7 号、8 号差异极显著，与其他样品差异不显著；3 号萌发孔最长，为 17.53μm，2 号最小，为 16.49μm，各个样品之间无显著性差异。

三、豫金银花不同部位指标成分的比较

在拟定的色谱条件下，分别取对照品溶液和样品溶液进行测定，做出绿原酸和木犀草苷对照品与样品的高效液相色谱图，得到特征峰，通过计算分别得到两种金银花样品中不同部位的绿原酸、木犀草苷含量，做柱状图记录，结果如图 3-12 和图 3-13 所示。

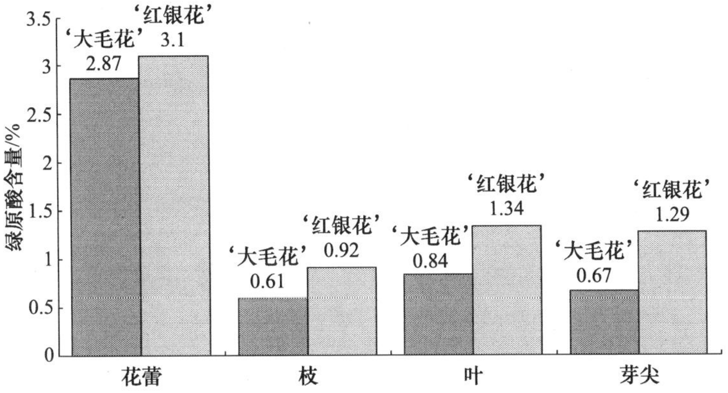

图 3-12　封丘‘大毛花’与封丘‘红银花’不同部位绿原酸含量比较

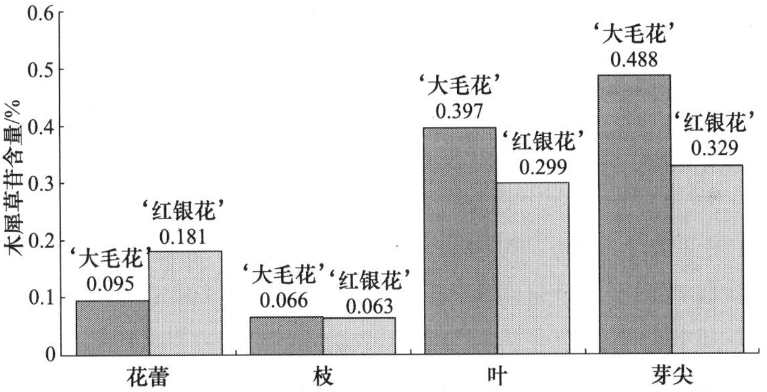

图 3-13　封丘‘大毛花’与封丘‘红银花’不同部位木犀草苷含量比较

根据图 3-12 可知，不同部位绿原酸含量由高到低依次是花蕾>叶>芽尖>枝；由图 3-13 可知，不同部位木犀草苷含量由高到低依次是芽尖>叶>花蕾>枝。

金银花许多部位均含有绿原酸和木犀草苷，但含量差异较大。其中，枝中的绿原酸、木犀草苷含量均较低，药用价值不大；而花蕾、叶、芽尖中两种成分的含量不能统一，使用过程中可根据对绿原酸或木犀草苷的需求不同进行取舍；另外，叶中的绿原酸、木犀草苷含量较一致，在花蕾来源不足、金银花需求量大的情况下可替代花蕾。

四、豫金银花化学道地指纹图谱

1. HPLC 指纹图谱的建立

将标准品的混合溶液按照本节一、（四）中“道地化学指纹图谱建立”中的色谱条件分析，确定绿原酸与木犀草苷的位置，见图 3-14。

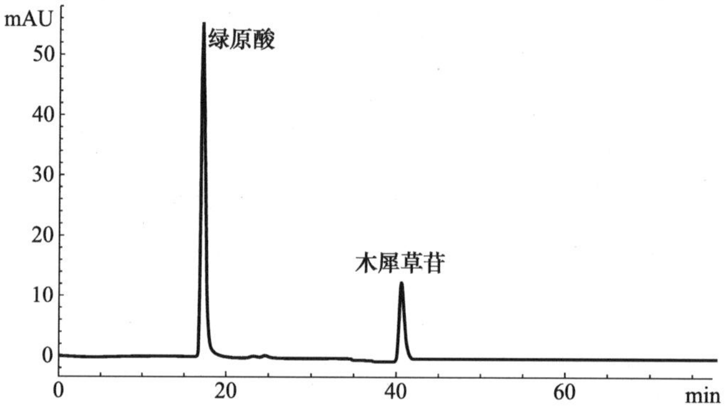

图 3-14　混合标准品溶液

并将 13 个样品（12 个道地金银花材料和对照）溶液按照相同的色谱条件进行分析，得到 HPLC 图谱，采用“中药色谱指纹图谱相似度评价系统 2004A 版”软件进行匹配分析和相似度分析，得到豫金银花的 HPLC 匹配图谱，见图 3-15。

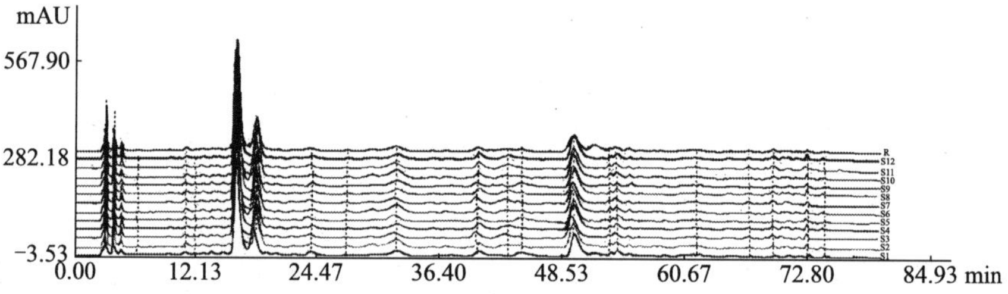

图 3-15　豫金银花 HPLC 匹配图谱

从 12 个金银花（图 3-15 剔除对照后的 12 个样品）样品的指纹图谱匹配分析图可以看出各样品间的指纹峰相似度较好，但有些指纹峰只有少数几个样品具有。36 ~ 48min 的指纹峰较多且小，各样品间差异较大。

标定的河南道地金银花标准化学指纹图谱中含有 15 个共有指纹峰，且各指纹峰之间相似度较高、分离程度较好，见图 3-16。其中 7 号峰为绿原酸，11 号峰为木犀草苷。所得金银花标准化学指纹图谱可作为河南道地金银花的质量判定标准。

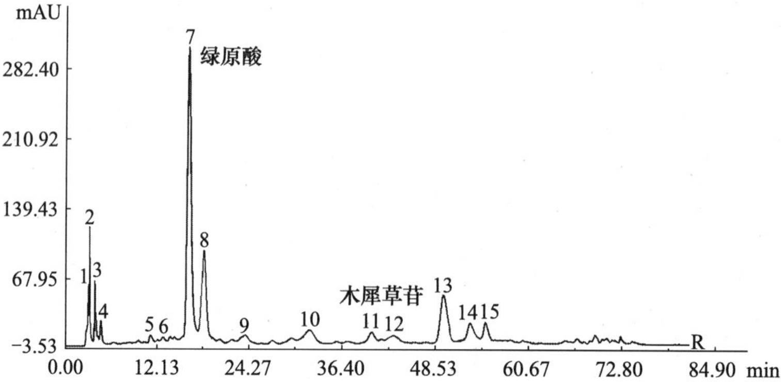

图 3-16　豫道地金银花共有特征指纹峰标定图

2. 相似度的计算结果

根据中药色谱指纹图谱相似度评价系统（2004A 版科研类），对河南主产区的金银花样品进行分析比较并进行了色谱相似度的计算，结果见表 3-22。

表 3-22　豫金银花相似度评价

编号	S1	S2	S3	S4	S5	S6	S7	S8	S9	S10	S11	S12	R
S1	1	0.998	0.996	0.987	0.995	0.993	0.994	0.989	0.992	0.958	0.949	0.943	0.997
S2	0.998	1	0.995	0.982	0.997	0.991	0.987	0.992	0.993	0.956	0.951	0.959	0.994
S3	0.996	0.995	1	0.99	0.998	0.989	0.991	0.986	0.994	0.959	0.948	0.939	0.999
S4	0.987	0.982	0.99	1	0.992	0.985	0.991	0.979	0.986	0.945	0.944	0.928	0.993
S5	0.995	0.997	0.998	0.992	1	0.995	0.998	0.988	0.993	0.952	0.955	0.937	0.995
S6	0.993	0.991	0.989	0.985	0.995	1	0.996	0.995	0.997	0.947	0.949	0.951	0.998
S7	0.994	0.987	0.991	0.991	0.998	0.996	1	0.994	0.988	0.955	0.943	0.947	0.997
S8	0.989	0.992	0.986	0.979	0.988	0.995	0.994	1	0.985	0.956	0.955	0.95	0.99
S9	0.992	0.993	0.994	0.986	0.993	0.997	0.988	0.985	1	0.943	0.954	0.938	0.989
S10	0.958	0.956	0.959	0.945	0.952	0.947	0.955	0.956	0.943	1	0.988	0.992	0.978
S11	0.949	0.951	0.948	0.944	0.955	0.949	0.943	0.955	0.954	0.988	1	0.985	0.969
S12	0.943	0.959	0.939	0.928	0.937	0.951	0.947	0.95	0.938	0.992	0.985	1	0.981
R	0.997	0.994	0.999	0.993	0.995	0.998	0.997	0.99	0.989	0.978	0.969	0.981	1

S1 ~ S9 为封丘产区金银花样品，S10、S11 为新密产区金银花样品，S12 为登封产区金银花样品。由表 3-22 可以看出，前 9 个样品之间的相似度很高，而 S10、S11、S12 和封丘产区的金银花相似度明显较低。地理位置较近的样品之间的相似度更高，这说明金银花的成分与其生理环境有关，虽然具有共有的指纹峰，但不同产区样品之间还存在一定的差异。

五、讨论

1. 金银花叶的分类学意义

叶是维管植物进行光合作用和蒸腾作用的营养器官，由植株顶芽或侧芽茎尖的顶端分生组织周缘区发生的叶原基生长和分化形成，其大小和形状在不同种类的植物中有很大的不同，但对同一种植物而言是比较稳定的特征，可以作为鉴别植物的依据。不同种质金银花的叶片可以分为大型叶（包括样品 1、样品 11、样品 12 和样品 13）、小型叶（包括样品 7 和样品 8）及中型叶（包括其他 8 个样品）3 个类型。不同种质金银花叶的长宽比直接反映了金银花叶片的形状，具有明显差异。因此，叶片的类型、长度、宽度和长宽比可以作为划分不同种质金银花的依据。

双子叶植物的叶片由表皮、叶肉和叶脉 3 部分构成，其中表皮上还生有表皮毛，它的多少与形态因植物种类不同而有所差别，非腺毛是不具有分泌功能的表皮毛，在金银花的叶片上多有着生。根据不同种质金银花叶表的毛被疏密情况可以将其明显地划分为密毛类（包括样品 1、样品 5 和样品 13）和寡毛类（包括其他 10 个样品），密毛类叶表面茸毛的密度远远高于寡毛类。因此，叶片表面非腺毛的密度可以作为划分不同种质金银花的依据，而其长度可以作为辅助特征。

气孔分布在叶片上，是叶片与外界进行气体交换的通道，它的类型、数目与分布因植物种类的不同而不同。不同种质的金银花，其叶的下表面的气孔分布密度不同，根据是否具有显著性差异可以划分出不同的金银花种质；同时，根据叶的下表面气孔的长宽比，可以将气孔分为近圆形、椭圆形和近椭圆形 3 类，不同种质金银花的气孔形状存在差异。因此，气孔在金银花叶下表面的分布密度及形状可以作为划分不同种质金银花的依据。

2. 金银花花蕾的质量性状

金银花药材的质量，可以从花蕾的外观色泽、花蕾大小、折干率及指标成分（绿原酸、木犀草苷）含量等性状上辨别。

不同种质金银花二白期花蕾的形态不同。依据花蕾形态和色泽，可以将 7 号、8 号与其他样品区分开来；10 号与 11 号花蕾 2/3 处弯曲，可以与其他 11 个样品区分开来。鲜花蕾 2 号最长，为 5.02cm，10 号最短，为 3.96cm；干花蕾 1 号和 4 号最长，为 3.00cm，7 号最短，为 2.25cm；无论是鲜花蕾还是干花蕾，最粗的均是 3 号，最细的为 4 号。可见花蕾的大小、粗细可以用于不同种质金银花的鉴别。

鲜花蕾的千针重最大是 5 号，最小是 10 号；干花蕾的千针重最大是 3 号，最小是 10 号；折干率最大是 13 号，最小是 7 号。结合花蕾的大小和粗细可知，鲜花蕾最大、最粗或千针重最重的样品，干花蕾不一定是最大、最粗、最重的，这还与样品的折干率有关。

3. 金银花花粉的分类学意义

花粉是种子植物特有的结构，是雄配子体。它在植物系统发育中是较为保守的器官，其结构由物种的基因决定，受环境影响很小，所以植物的进化程度与花粉的形态密切相关，不同的植物，其花粉的形状大小、对称性和极性、萌发孔的数目结构和位置、壁的结构及表面雕纹等形态指标往往不同，对植物分类具有重要价值。

不同种质金银花花粉粒的大小、萌发孔的长度及表面刺突的疏密存在一定的差异。通过测量花粉粒的极轴长、赤道轴长，比较花粉粒的大小，可将 13 个种质的金银花分成小花粉粒类（包括样品 4、样品 7 和样品 8）和大花粉粒类（包括其他 10 个样品）；通过测量花粉粒表面刺突的密度，可将 13 个种质金银花分成高密度类（包括样品 1、样品 2 和样品 9）、中密度类（包括样品 3、样品 4、样品 7、样品 8 和样品 11）和低密度类（包括其他 5 个样品）；13 个金银花样品的萌发孔长度无显著性差异。因此花粉粒的大小及表面刺突的密度可以作为划分不同种质金银花的依据。

4. 金银花的指标成分

金银花许多部位均含有绿原酸和木犀草苷，但含量差异较大。其中，枝中的绿原酸、木犀草苷含量均较低，药用价值不大；而花蕾、叶、芽尖中两种成分的含量不能统一，使用过程中可根据对绿原酸或木犀草苷的需求不同进行取舍；另外，叶中的绿原酸、木犀草苷含量较一致，在花蕾来源不足、金银花需求量大的情况下可替代花蕾。

5. 豫金银花化学道地指纹图谱的意义

中药指纹图谱是一种综合的、宏观的和可量化的鉴别手段，可用于鉴别中药材真伪、评价中药材质量。中药材经过适当处理并采用一定手段分析后，可得到能够标示这种中药材特性的共有峰图谱，该图谱专属性强，是该药材独有的，可区别于其他药材；稳定性好，经过多批次的归纳，共有峰或特征峰相对稳定；重现性好，在规定条件下，共有峰的数目、大小和位置等特征能够再现。

目前中药指纹图谱的测定运用了许多现代色谱、光谱分析技术，如紫外色谱（UV）、红外色谱（IR）、薄层色谱（TLC）、高效液相色谱（HPLC）、核磁共振（NMR）、质谱（MS）、X 射线衍射及光色谱联用技术等，由于 HPLC 图谱的分辨率高、重现性好、稳定性较好、操作较简单，因此不仅《中国药典》上许多药材的鉴别用到了这种方法，关于中药材 HPLC 指纹图谱的研究也比较多。

朱婕等采用 HPLC 方法，检测了 12 批不同来源的紫花地丁药材，确立了 18 个共有峰，建立了紫花地丁对照指纹图。张晨等采用 HPLC 方法，以黄芩苷峰为参照峰，确定了 11 个共有峰，建立了黄芩的 HPLC 指纹图谱。杨牧等采用 HPLC 技术对不同产地、商品地耳草进行分析，初步建立了以 10 个共有峰为特征指纹信息的 HPLC 指纹图谱，发现少数产地、商品地耳草 HPLC 指纹图谱有一定差异。吴志军等采用 HPLC 法建立了丹参药材 HPLC 指纹图谱，标定了 8 个共有指纹峰。冯维希等采用 HPLC 法确定了不同产地茅苍术的 11 个共有峰。王学军等采用 HPLC 法对 11 批贵州不同产地的半夏药材进行指纹图谱研究，测定出 18 个共有峰。宋健等采用反相高效液相色谱（RP-HPLC）对桔梗指纹图谱进行方法学研究，建立桔梗药材 HPLC 指纹图谱，在选定色谱条件下，对 10 批药材标定出 16 个峰为桔梗指纹图谱的共有峰。石俊英等研究了山东道地药材金银花 HPLC 指纹图谱的次年测定方法，建立了山东金银花药材 HPLC 标准指纹图谱，获得了 19 个共有指纹峰。熊艳等通过建立金银花与山银花的 HPLC 指纹图谱，发现它们化学成分的相对含量有明显差异，说明 HPLC 指纹图谱可较全面地反映金银花与山银花间的差异。

本书采用高效液相色谱法建立豫金银花的道地化学指纹图谱，确立的 15 个共有指纹峰，获得了豫道地金银花共有指纹峰的标定图，可以对河南产区的金银花药材进行真伪辨别和质量控制。

六、结论

本书从金银花叶、花的外部形态、内部结构及花蕾的指标性成分含量等方面比较了 13 个不同种质金银花的区别，探讨了金银花种质资源评价的方法；通过对比不同部位指标性成分的含量，为金银花的综合开发利用提供理论依据；并通过建立道地金银花化学指纹图谱，初步建立多元多息的金银花质量标准体系。主要结论如下。

1）叶片的长、宽及长宽比，非腺毛的长、密度和气孔器的大小及密度等，可以作为金银花划分种质的依据。

2）不同种质金银花花蕾的长短及粗细、花粉粒的大小、花粉粒表面刺突的密度等存在差异，可以作为金银花种质划分的依据。

3）不同种质金银花花蕾中绿原酸与木犀草苷的含量不同且差异显著，绿原酸与木犀草苷含量不存在对应关系，在鉴别金银花质量时不能根据其中一个指标来判断两种成分的含量。

4）金银花不同部位均含有绿原酸和木犀草苷，但含量差异较大；封丘‘大毛花’与封丘‘红银花’不同部位绿原酸含量由高到低均是花蕾>叶>芽尖>枝，木犀草苷含量由高到低均是芽尖>叶>花蕾>枝。其中，枝中的绿原酸、木犀草苷含量均较低，药用价值不大；而花蕾、叶、芽尖中两种成分的含量不能统一，使用过程中可根据对绿原酸或木犀草苷的需求不同进行取舍；另外，叶中的绿原酸、木犀草苷含量较一致，在花蕾来源不足、金银花需求量大的情况下可替代花蕾。

5）本书建立了河南金银花的道地化学指纹图谱，标定了15个共有特征峰，可以对河南产区的金银花进行真伪辨别和质量控制。

6）封丘‘大毛花’、新密‘野生大毛花’和新密‘大毛花’均属于大型叶片，叶的形状为卵圆形或椭圆形，气孔形状均为近圆形或近椭圆形，气孔密度接近为中密度类型、大小相近，非腺毛较密，均为密毛类型，花蕾及花粉粒均较大，从形态上可以划分为同一生态类型。据文献记载，新密‘大毛花’是由‘野生大毛花’驯化而来，封丘‘大毛花’是引种新密‘大毛花’并经过长期栽培选育而来的。根据叶、花蕾的形态特征比较进一步证明了3个样品之间的一致性，是否为同一品种还有待在内部结构、化学指纹图谱和DNA指纹图谱方面进一步研究。

7）封丘‘红银花’和‘亚特红蕾1号’均属于小型披针形叶片，叶表面寡毛，气孔为椭圆形或近椭圆形，在叶的大小、形状、毛被的疏密及气孔的形状上，具有一致性，它们的花蕾及花粉粒均较小，刺突密度也近似，从形态上可划分为同一生态类型；其药用成分绿原酸和木犀草苷含量均高。其中封丘‘红银花’经鉴定为‘红白忍冬’，是忍冬的一个变种，幼枝紫黑色，幼叶带紫红色，小苞片比萼筒狭，花冠外面紫红色，内面白色。是否与‘亚特红蕾1号’为同一品种还有待对其内部结构、化学成分和DNA指纹图谱做进一步研究。

第四节 ‘豫金1号’优良品种选育

一、品种亲本

2011年，在封丘‘大毛花’的大田中发现生长势好、花蕾大、叶大毛多、抗病性强的植株，经过扩繁对比试验和丰产试验，筛选出综合性状优良的新品系‘豫金1号’，如图3-17所示。

二、来源系谱

2011年春：封丘3年‘大毛花’栽培田中的自然变异植株。

变异植株　　(2011年)

↓

温室育种苗200根(变异植株、正常植株)　　(2011年秋)

↓

驯化后移入苗圃，进行株系对比试验　　(2012年)

↓

株系分栽，进行对比试验　　(2013~2014年)

↓

株系分栽，丰产示范及抗性试验　　(2015年)

图 3-17　‘豫金 1 号’品系选育过程

2011 年秋：从芽变植株和正常植株各剪 200 根入温室苗床育苗。

2012 年春：将温室育种苗筛选驯化后移入苗圃，进行株系对比试验。

2013 年春：将株系分栽进行株系对比试验。

2014 年春：将株系分栽继续进行株系对比试验。

2015 年春：将株系分栽进行丰产示范和抗性试验。

三、选育方法

在封丘贾庄金银花 3 年树龄大田中发现自然变异植株，通过系统选育而成。

2011 年在封丘‘大毛花’的大田中发现生长势好、花蕾大、叶大毛多、抗病性强的植株，经过扩繁对比试验和丰产试验，筛选出综合性状优良的新品系‘豫金 1 号’。

2011 年 11 月对变异植株和正常植株进行扦插繁育，从 3 年树龄变异株和正常株分别剪 200 根移入温室苗床培育。2012 年春季移入大田苗圃（株行距 10cm×30cm），按照株系进行对比试验，测定成活率，观察生长势和外部形态特征。

2013 年春进行分栽（株行距 22.5cm×45cm），进一步进行株系对比试验，其中变异株系，直立性强，茎枝粗壮，长势好，花蕾大，花期长，测定叶、花蕾形态和千蕾质量，结果变异植株叶、花蕾大于正常植株，千蕾质量高于对照正常植株；2013 年 11 月从母株剪枝 200 株继续扦插繁育。

2014 年春进行分栽（株行距 45cm×90cm），继续进行株系对比试验，测定单株产量和指标成分，结果变异植株单株产量和指标成分均高于正常植株。2014 年 11 月从变异株系剪枝 3000 棵扦插繁育形成系谱，从母株剪枝 200 棵扦插繁育形成株系。

2015 年进行丰产示范试验，2015 年 3 月将 3 年株系进一步分栽（株行距 90cm×180cm），进行稳产和抗性试验。发现变异株比对照发芽早，生长势好，光合速率高，产量高，抗性强。

四、特征特性

该品种在形态上，具有直立性强、茎枝粗壮、长势好、叶大、花蕾大、毛密又长等特点；在产量上，千蕾质量、单株产量显著高于对照，具有花期长、花蕾大等优势；在生理特征上具有适应性强、叶绿素含量高、花青素含量较对照低、光合速率高、生长快、抗病虫害强、耐寒耐旱等特性。经河南省生物工程研究应用中心检测，绿原酸含量为2.837%，木犀草苷含量为0.128%，均高于2010版《中国药典》规定，如表3-23所示。

表3-23 ‘豫金1号’品种性状描述表

性状	特征特性
地上部	该品种在形态上，具有直立性强、茎枝粗壮、长势好、叶大、花蕾大、毛密又长等特点；在产量上，千蕾质量、单株产量高于对照，具有花期长、花蕾大等优势；在生理特征上具有适应性强、叶绿素含量高、花青素含量较对照低、光合速率高、生长快、抗病虫害强、耐寒耐旱等特性
产量	通过3年的对比试验及1年的丰产示范试验得出：110棵‘豫金1号’六茬总产量为11.79kg，较对照封丘‘大毛花’(9.86kg) 增产19.57%
品质	2014年5月经河南省生物工程研究应用中心测定，绿原酸含量为2.837%（标准规定为不得少于1.5%），木犀草苷含量为0.128%（标准规定为不得少于0.050%），均高于2010版《中国药典》规定；特级和一级品率高
抗病性	对金银花白粉病中抗、褐斑病高抗
适应性	适应性广，耐水渍强，喜肥，抗寒

五、产量表现

1. 小区试验产量结果

结果如下。

2012～2014年‘豫金1号’与对照品比试验总结

通过2012年对比试验，‘豫金1号’苗床成活率为83.5%，高于对照封丘‘大毛花’，大田成活率为68.3%，高于对照封丘‘大毛花’。

通过2013年对比试验，调查叶部性状，其中‘豫金1号’叶形为阔形或卵圆形，叶色浅绿，叶长宽比为1.8∶1，高于对照封丘‘大毛花’；‘豫金1号’鲜花蕾长、直径均高于对照封丘‘大毛花’，花蕾折干率为22.7%，千蕾质量为23.95g，对照‘大毛花’千蕾质量为20.71g，较对照增重15.64%。

通过2014年对比试验，‘豫金1号’绿原酸含量为2.837%，木犀草苷含量为0.128%，均高于对照封丘‘大毛花’；‘豫金1号’单株产量为0.034kg，较对照‘大毛花’增产21.4%。

河南省生物工程研究应用中心检验报告见表3-24。

表 3-24　河南省生物工程研究应用中心检验报告

报告编号：20140517005

检品名称	金银花	检品编号	005
批号	0517005	类型	中药材
生产单位或产地	封丘县贾庄村	规格	—
供样单位	封丘县贾庄村	包装	塑料袋
检验目的	技术服务	检品数量	0.5kg
检验项目	含量测定	效期	—
收检日期	2014-5-17	报告日期	2014-5-25
检验依据	《中国药典》2010 年版一部		

检验项目	标准规定	检验结果
[含量测定]	按干燥品算，绿原酸含量不得少于1.5%，木犀草苷不得少于 0.050%	2.837%（绿原酸）（符合规定） 0.128%（木犀草苷）（符合规定）

结论：本品按《中国药典》2010 年版一部检验上述项目，结果符合规定。

2. 生产示范产量结果

结果如下。

2015 年‘豫金 1 号’丰产示范试验

一、试验目的

为了进一步观察‘豫金 1 号’新品系综合性状表现，2015 年在封丘贾庄继续进行示范种植，对‘豫金 1 号’和封丘‘大毛花’的表皮毛长度、密度，叶绿素、花青素含量及指标成分进行测定，现总结如下。

二、示范品种

金银花新品系‘豫金 1 号’和对照封丘‘大毛花’。

三、田间管理

雨季及时排水，以免烂根。早春萌芽期间和初冬季节干旱时，应适当浇水。追肥时每亩施复合肥 50kg、尿素 50kg。每年追肥 4 次，追一次肥浇一次水。第 1 次在 3 月进行，每亩追复合肥 25kg，第 2 次在头茬花幼蕾期进行，每亩追尿素 25kg，第 3 次在二茬花幼蕾期进行，每亩追复合肥 25kg，第 4 次在三茬花幼蕾期进行，每亩追尿素 25kg。病虫害防治：春季打吡虫啉防治蚜虫 1 次，第一茬花结束喷施甲基托布津和代森锰锌防治白粉病等1次，第二至四茬花结束再分别喷施甲基托布津和代森锰锌防治白粉、褐斑病等3次。12月修枝整形，入冬浇一次封冻水。

四、腺毛、非腺毛比较

分别选取‘豫金1号’、封丘‘大毛花’的成熟叶片、茎和花蕾，撕去表面，分别放入载玻片，在载玻片上滴水，制成水装片，取金银花叶、茎、花蕾表皮水装片于装有测微尺的显微镜下观察，每张装片观察4个视野，计数1mm^{2}内或视野中腺毛和非腺毛的根数，计算不同叶、茎、花蕾腺毛和非腺毛的平均密度。同时，测量腺毛和非腺毛的长度。在OLYMPUS BX51研究显微镜下对‘豫金1号’和封丘‘大毛花’叶、茎、花蕾水装片进行仔细观察并拍照。‘豫金1号’与封丘‘大毛花’表皮毛的长度和密度见图3-18和表3-25。

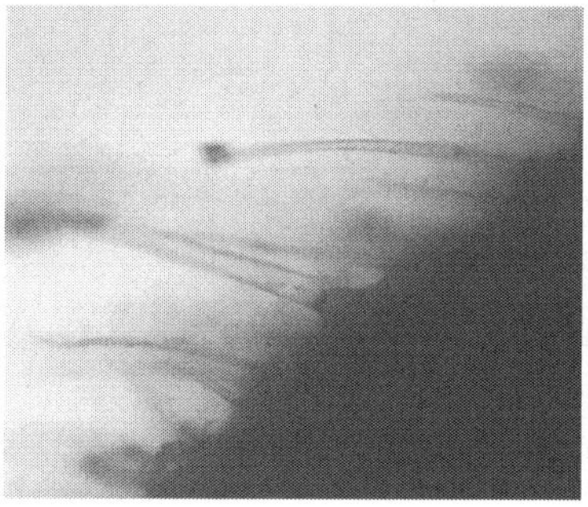
‘豫金1号’(40×)

封丘‘大毛花’(40×)

图3-18　‘豫金1号’和封丘‘大毛花’花蕾表皮毛显微结构

表3-25　金银花新品系与主栽品种表皮毛的长度、密度

品种（系）	花蕾腺毛密度/(个/mm^2)	花蕾腺毛长度/mm	叶上表面非腺毛密度/(个/视野)	叶上表面非腺毛长度/mm	叶下表面非腺毛密度/(个/视野)	叶下表面非腺毛长度/mm	茎腺毛密度/(个/视野)	茎腺毛长度/mm	茎非腺毛密度/(个/视野)	茎非腺毛长度/mm
豫金1号	19.6±0.980 aA	0.34±0.011 aA	0	0	31.66±0.640 aA	0.39±0.014 aA	7.20±0.212 aA	0.23±0.011 aA	39.14±1.100 aA	0.874±0.027 aA
封丘大毛花	13.6±0.812 bB	0.19±0.009 bB	0	0	22.53±0.490 bB	0.24±0.028 bB	5.40±0.179 bB	0.19±0.012 bB	35.09±1.400 aA	0.63±0.013 bB

续表

品种（系）	花蕾腺毛密度/（个/mm²）	花蕾腺毛长度/mm	叶上表面非腺毛密度/（个/视野）	叶上表面非腺毛长度/mm	叶下表面非腺毛密度/（个/视野）	叶下表面非腺毛长度/mm	茎腺毛密度/（个/视野）	茎腺毛长度/mm	茎非腺毛密度/（个/视野）	茎非腺毛长度/mm
豫金2号	7.52±0.707 cC	0.137±0.007 cC	0	0	5.63±0.707 cC	0.18±0.009 cB	0	0	36.19±1.500 aA	0.19±0.018 cC
亚特红蕾1号	3.11±0.747 dD	0.12±0.010 cC	0	0	3.42±0.447 cC	0.21±0.014 bcB	0	0	33.12±1.600 aA	0.13±0.011 dC

注：不同大小写字母分别表示差异达0.01和0.05显著水平

由图3-20和表3-25可知，‘豫金1号’花蕾腺毛的密度为19.6个/mm²，花蕾腺毛的长度为0.34mm，叶的非腺毛密度为31.66个/视野，叶非腺毛长度为0.39mm，茎腺毛密度为7.2个/视野，茎腺毛长度为0.23mm，较封丘‘大毛花’差异极显著；‘豫金1号’茎非腺毛密度为39.14个/视野，较封丘‘大毛花’差异不显著，茎非腺毛长度为0.874mm，较封丘‘大毛花’差异极显著。

五、叶绿素、花青素含量及光合速率比较

叶绿素含量测定：分别取‘豫金1号’、封丘‘大毛花’的新鲜叶片4片，洗净，擦干，分别去掉其主脉，用0.2cm²的圆形取样器将叶片打成小圆片，混合均匀。分别准确称取0.2g左右，放入25ml棕色容量瓶中，加入25ml丙酮-乙醇混合提取液（丙酮与无水乙醇的体积比为1∶1）。每个品种（系）重复4次。把叶绿素提取物摇匀后倒入比色杯中，分别以提取试剂为对照，测定叶绿素提取液在645nm和663nm波长下的吸光值，利用Arnon公式［叶绿素a浓度（mg/L）：$c_a=12.7A_{663}-2.69A_{645}$。叶绿素b浓度（mg/L）：$c_b=22.9A_{645}-4.68A_{663}$。叶绿素总浓度（mg/L）：$c_{a+b}=c_a+c_b$］计算叶绿素的浓度，并换算成每克鲜重的叶绿素含量（mg/g鲜重）。分光光度计为UV-1800型。

花青素含量测定：称取材料0.1g，用0.3cm²的圆形取样器将叶片打成小圆片，置于烧杯中，加入10ml 0.1mol/L HCl于烧杯中，杯口用称量纸盖紧，置于32℃恒温箱中，浸泡4h以上，用定性滤纸过滤，滤液即为花青素提取液。分别以提取试剂为对照，取花青素提取液用分光光度计在波长530nm处读取吸光度值。当吸光度值为0.1时的花青素浓度称为1个单位（即将读取的吸光度值乘上10，用以代表花青素的相对浓度单位），以比较花青素的相对含量。分光光度计为UV-1800型。

光合速率测定：光合速率采用 LI-6400XT 光合仪测定三青期新鲜位叶的光合速率。

‘豫金 1 号’和封丘‘大毛花’的叶绿素、花青素含量及光合速率结果见表 3-26。

表 3-26 金银花新品系与主栽品种叶绿素、花青素含量及光合速率

品种（系）	叶绿素含量 /(mg/g 鲜重)	花青素含量	光合速率 / [μmol/(m² · s)]
豫金 1 号	2.71±0.13bB	0.16±0.04cC	8.02±0.14aA
封丘大毛花	2.45±0.07cB	0.18±0.03cC	6.72±0.19bB
豫金 2 号	3.64±0.00aA	0.69±0.03bB	4.40±0.22cC
亚特红蕾 1 号	3.62±0.08aA	0.92±0.02aA	4.08±0.12dC

注：不同大小写字母分别表示差异达 0.01 和 0.05 显著水平

由表 3-26 可知，‘豫金 1 号’叶绿素含量为 2.71mg/g，与封丘‘大毛花’差异显著，‘豫金 1 号’花青素含量为 0.16 个单位，与封丘‘大毛花’差异不显著。‘豫金 1 号’光合速率为 8.02μmol/(m^2 · s)，与对照封丘‘大毛花’差异极显著。‘豫金 1 号’的叶绿素含量和光合速率较其对照品种高。

六、绿原酸和木犀草苷含量比较

‘豫金 1 号’与封丘‘大毛花’绿原酸和木犀草苷含量比较见表 3-27。

表 3-27 金银花新品系与主栽品种绿原酸和木犀草苷含量

品种（系）	绿原酸含量/%	木犀草苷含量/%
豫金 1 号	2.256±0.048aA	0.165±0.019bA
封丘大毛花	2.336±0.023aA	0.108±0.009cB
豫金 2 号	2.469±0.106aA	0.186±0.004abA
亚特红蕾 1 号	2.213±0.169aA	0.198±0.003aA

注：不同大小写字母分别表示差异达 0.01 和 0.05 显著水平

由表 3-27 可知，‘豫金 1 号’与封丘‘大毛花’指标性成分，‘豫金 1 号’绿原酸含量为 2.256%，较对照封丘‘大毛花’差异不显著，‘豫金 1 号’木犀草苷含量为 0.165%，高于对照封丘‘大毛花’，较对照封丘‘大毛花’差异极显著。

七、各茬产量比较

‘豫金 1 号’与封丘‘大毛花’各茬产量比较见表 3-28。

表 3-28 ‘豫金 1 号’与封丘‘大毛花’各茬产量 （单位：kg）

110 棵产量	一茬	二茬	三茬	四茬	五茬	六茬	总产
豫金 1 号	3.2	2.65	2.1	1.9	1.35	0.59	11.79

续表

110 棵产量	一茬	二茬	三茬	四茬	五茬	六茬	总产
封丘大毛花	2.6	2.3	1.75	1.55	1.15	0.51	9.86
增产	23.08%	15.22%	20%	22.58%	17.39%	15.69%	19.57%

由表 3-28 可知，110 棵‘豫金 1 号’六茬总产为 11.79kg，较对照封丘‘大毛花’增产 19.57%。

2015 年‘豫金 1 号’丰产示范试验总结

通过 2015 年‘豫金 1 号’的丰产示范种植得出：①对‘豫金 1 号’和对照封丘‘大毛花’叶、茎、花蕾表皮毛进行测定得出，‘豫金 1 号’花蕾腺毛的密度为 19.6 个/mm^2，花蕾腺毛的长度为 0.34mm，叶的非腺毛密度为 31.66 个/视野，叶非腺毛长度为 0.39mm，茎腺毛密度为 7.2 个/视野，茎腺毛长度为 0.23mm，较封丘‘大毛花’差异极显著；‘豫金 1 号’茎非腺毛密度为 39.14 个/视野，较封丘‘大毛花’差异不显著，茎非腺毛长度为 0.874mm，较封丘‘大毛花’差异极显著。②通过对‘豫金 1 号’和封丘‘大毛花’叶绿素、花青素及光合速率测定得出，‘豫金 1 号’叶绿素含量为 2.71mg/g，与封丘‘大毛花’差异显著，‘豫金 1 号’花青素含量为 0.16 个单位，与封丘‘大毛花’差异不显著。‘豫金 1 号’光合速率为 8.02μmol/(m^2·s)，与对照封丘‘大毛花’差异极显著。‘豫金 1 号’的叶绿素含量和光合速率较其对照品种高。③通过对‘豫金 1 号’与封丘‘大毛花’指标性成分测定得出，‘豫金 1 号’绿原酸含量为 2.256%，较对照封丘‘大毛花’差异不显著，‘豫金 1 号’木犀草苷含量为 0.165%，高于对照封丘‘大毛花’，较对照封丘‘大毛花’差异极显著。④通过对‘豫金 1 号’与封丘‘大毛花’产量测定得出，110 棵‘豫金 1 号’六茬总产为 11.79kg，较对照封丘‘大毛花’(9.86kg) 增产 19.57%。建议扩大种植，大面积推广。

六、抗性鉴定

2015 年 9 月河南省生物工程研究应用中心进行了田间抗病性鉴定，结果表明，‘豫金 1 号’中抗白粉病，高抗褐斑病。

2015 年‘豫金 1 号’抗性品比试验

一、试验目的

为鉴定新品系对金银花白粉病、褐斑病的抗性程度，特安排此试验。

二、试验设计

1. 供试品种（系）

供试品种为5个，分别为：①‘豫金1号’；②封丘‘大毛花’；③‘豫金2号’；④‘亚特红蕾1号’；⑤‘泰瑞1号’。

2. 调查方法

9月，叶部病害发生盛期后进行调查。每品种2个重复，每个重复调查10株，调查成熟叶片，记录白粉病、褐斑病的严重度，统计病情指数，计算相对抗性指数，进行抗感鉴定。

3. 计算方法

（1）严重度分级

0级——$A=0$（A为病斑面积占叶片总面积的百分数）

1级——$0<A\leqslant 10\%$

3级——$10\%<A\leqslant 30\%$

5级——$30\%<A\leqslant 50\%$

7级——$50\%<A\leqslant 70\%$

9级——$A>70\%$

（2）病情指数计算公式　　病情指数=100×∑(各级病叶数×各级代表值)/(调查总叶数×最高级代表值)

（3）抗病性评价方法　　相对病情指数=鉴定品种病指/对照品种病指

病情指数最高者为对照品种。

相对抗性指数=1-相对病情指数

抗性评价标准：

相对抗性指数	抗性评价
1	免疫（I）
0.80～0.99	高抗（HR）
0.60～0.79	中抗（MR）
0.4～0.59	中感（MS）
<0.39	高感（HS）

三、田间管理

同大田生产管理条件。

四、结果与分析

从表3-29和表3-30中可以看出，2015年白粉病发生较重，褐斑病发生较轻，在参试的5个品种（系）中，对白粉病表现高抗的为‘豫金2号’；中抗的为‘豫金1号’和‘亚特红蕾1号’；中感的为封丘‘大毛花’；高感的为‘泰瑞1号’。对褐斑病表现高抗的为‘豫金1号’；中抗的为‘豫金2号’；中感的为封丘‘大毛花’和‘亚特红蕾1号’；高感的为‘泰瑞1号’。

表 3-29　白粉病、褐斑病病情指数调查结果表

时间：2015 年 9 月 6 日

品种（系）	白粉病病情指数				褐斑病病情指数			
	Ⅰ	Ⅱ	平均	相对病情指数	Ⅰ	Ⅱ	平均	相对病情指数
豫金 1 号	3.01	3.23	3.12	0.34	2.13	1.99	2.06	0.18
封丘大毛花	4.19	4.47	4.33	0.47	4.89	4.97	4.93	0.43
豫金 2 号	1.69	1.79	1.74	0.19	3.48	3.62	3.55	0.31
亚特红蕾 1 号	3.61	3.49	3.55	0.39	6.05	5.87	5.96	0.52
泰瑞 1 号	9.26	9.1	9.18	—	11.53	11.39	11.46	—

表 3-30　白粉病、褐斑病的抗性评价

品种（系）	白粉病			褐斑病		
	相对病情指数	相对抗性指数	抗性评价	相对病情指数	相对抗性指数	抗性评价
豫金 1 号	0.34	0.66	MR	0.18	0.82	HR
封丘大毛花	0.47	0.53	MS	0.43	0.57	MS
豫金 2 号	0.19	0.81	HR	0.31	0.69	MR
亚特红蕾 1 号	0.39	0.61	MR	0.52	0.48	MS
泰瑞 1 号	—	—	HS	—	—	HS

综上所述，‘豫金 1 号’对白粉病表现中抗，对褐斑病表现高抗，对照封丘‘大毛花’对白粉病表现中感，对褐斑病表现中感。

五、试验小结

通过对‘豫金 1 号’、封丘‘大毛花’等 5 个品种（系）的抗性鉴定来看，初步鉴定‘豫金 1 号’中抗白粉病、高抗褐斑病。

河南省生物工程研究应用中心

2015 年 9 月 15 日

七、品质分析

2014 年 5 月经河南省生物工程研究应用中心测定，‘豫金 1 号’绿原酸含量为 2.837%（标准规定为不得少于 1.50%），木犀草苷含量为 0.128%（标准规定为不得少于 0.05%），均符合 2010 版《中国药典》规定。

八、栽培技术

1. 选地整地

选择土质疏松、肥沃、排水良好的沙质壤土和灌溉方便、有水源的地方作为育苗

地，深翻 30cm 以上，整平耙细，施足基肥，做成宽 1.3m 的高畦供扦插育苗。栽培地可利用荒坡、地边、沟旁、房前屋后的零星地块，深翻、施足基肥、作高畦或高垄栽植。

2. 繁殖方法

金银花以扦插繁殖为主，扦插时除去病蔓，选择健壮的枝条，剪截有 3 节的插穗，上节留叶，中下节插入土中。根据情况可用愈伤防腐膜直接涂擦上节伤口，使上节伤口迅速形成一层坚韧软膜紧贴木质，保护伤口愈合组织生长，防腐烂病侵染，防土、雨水污染，防冻、防伤口干裂。同时再用新高脂膜母液直接涂抹枝条下节插入土中部分，抑制津液损耗，防病菌侵入，提高成活率。

3. 抚育管理

（1）中耕除草　栽植当年 6～7 月应及时松土除草 1 次。第二年，应松土除草 3 次。3 年后，可适当减少中耕除草次数。具体参考下文“‘豫金 1 号’种植技术标准操作规程（SOP）”。

（2）水肥管理　雨季及时排水，以免烂根。早春萌芽期间和初冬季节干旱时，应适当浇水。追肥时每亩施复合肥 50kg，尿素 50kg。每年追肥 4 次，追一次肥浇一次水。第 1 次在 3 月进行，第 2 次在头茬花幼蕾期进行，第 3 次在二茬花幼蕾期进行，第 4 次在三茬花幼蕾期进行。入冬浇一次封冻水。具体参考下文“‘豫金 1 号’种植技术标准操作规程（SOP）”。

（3）打顶促梢　即把金银花茎或分枝顶端部分摘掉，具体参考下文“‘豫金 1 号’种植技术标准操作规程（SOP）”。

（4）修枝整形　修枝即把干、枯、病、残枝条剪去。修剪时要先上后下，先内后外，先大枝后小枝，做到“五修五不修”。定型标准以外圆内空，中间空，四周低的伞状树墩为宜，具体参考下文“‘豫金 1 号’种植技术标准操作规程（SOP）”。

4. 病虫害防治

采用“预防为主、综合防治”的方法，力求少用化学农药。严禁使用剧毒、高毒、高残留或者具有“三致”（致癌、致畸、致突变）危害的农药，如果生产上实属必需，可参照表 5-3 规定的方法及标准使用，如使用表 5-3 未列出的农药新品种，须报经质量技术监督行政主管部门批准。‘豫金 1 号’栽培中常见病虫防治的具体方法可参考下文“‘豫金 1 号’种植技术标准操作规程（SOP）”。

5. 采收

花蕾采收时间在 5～10 月，当花蕾下部青绿，上部膨大，略呈乳白色，颜色鲜艳而有光泽时即大白期采收为宜，一般在上午采摘，采下的花应尽量少动，防止影响产品色泽。采摘下的花蕾要及时晒干或烘干，充分干燥后妥善保存，不要堆放发霉，以免影响金银花的产量和质量。

为充分发挥金银花良种优势，需采用良种良法配套技术。根据《中药材生产质量管理规范》（简称 GAP）和‘豫金 1 号’的特性特制订‘豫金 1 号’种植技术标准操作规程（SOP），具体如下。

‘豫金1号’种植技术标准操作规程（SOP）

金银花（*Lonicera japonica* Thund.）为忍冬科植物忍冬的干燥花蕾或带初开的花，又名银花、双花、二宝花，有清热解毒凉散风热的功能。其茎亦可入药，称忍冬藤。喜温暖湿润气候，抗逆性强，耐寒又抗高温，但花芽分化适温为15℃左右，生长适温为20～30℃。耐涝、耐旱、耐盐碱。

SOP（standard operational process）是标准操作规程的缩写。中药材SOP是以GAP为指导制定的，是企业的研究成果和财富，是生产基地在道地药材种植、加工经验的基础上，通过科学的实验设计和分析，制定出科学、合理、可行的各项标准操作规程，包括基地选择、种质优选、栽培与饲养管理、病虫害防治、采收加工、包装运输与贮藏等各个方面。中药材GAP（Good Agricultural Practice for Chinese Crude Drugs）是《中药材生产质量管理规范》的简称，是关于药用植物和动物规范化农业实施的指导方针。

长期以来，金银花标准操作规程（SOP）研究是一个薄弱的环节，多数种植加工方法是对传统种植经验的总结，有的缺乏规范性、科学性。随着国家实施《中药材生产质量管理规范》的深入，在SOP方面取得了一些令人瞩目的研究成果。通过集成豫金银花生态环境、种质优选、种苗繁育、栽培管理、采收及加工等方面的现代成熟技术，优化了金银花规范化操作规程，为金银花安全、有效、稳定、可控提供保障措施。

一、产地环境

本规程是对适用于封丘和新密金银花种植地区SOP的优化，由于金银花的道地性限制，其局限于东经114°14′～东经114°46′、北纬34°53′～北纬35°14′的封丘县区和东经113°09′～东经113°41′、北纬39°19′～北纬34°40′的新密市市区内。本区为温暖带大陆性季风气候，年内四季分明，冬春季干旱、夏秋季多雨。

1. 自然资源

封丘和新密金银花产区光照条件好，光热资源丰富，年平均日照时数为2300～2500h，年日照率为55%，全区年平均气温为14℃，≥0℃积温在5100℃以上，无霜期为220～225d，年降水量为600～640mm，可以充分满足封丘和新密金银花的生长发育。

2. 土壤情况

适应封丘和新密金银花生长发育的土壤类型主要有两合土、砂壤土，要求土层深厚，养分含量高，保水肥力较强，排灌条件良好。其土壤养分含量为：有机质1.5%～1.8%，全氮0.08%～0.10%，速效氮60～80mg/kg，速效磷20～30mg/kg，速效钾150～200mg/kg，pH7.2～7.7，土壤中重金属和有毒元素应符合土壤质量二级标准（GB 156 18—2018），见表3-31。

表 3-31　土壤中重金属和有毒元素要求标准

	镉	汞	铜	砷	铬	锌	铅	镍
标准值/(mg/L)	≤1.0	≤1.0	≤100	≤25	≤250	≤300	≤350	≤60

3. 农田灌溉水质

灌溉用水以井灌为主，地下水 pH6.90～6.85，总硬度（$CaCO_3$）274～352mg/L，氯化物（Cl）69.9～75.4mg/L，高锰酸钾指数 1.86～2.64mg/L，氨氮 0.09～0.10mg/L，硝酸盐 0.08～0.09mg/L，六价铬 0.002～0.003mg/L，地下水质良好，各项水质指标符合农田灌溉水质量标准。

4. 大气质量

大气环境质量状况良好，主要污染物二氧化硫、氮氧合物、总悬浮颗粒物（TSP）的小时值符合国家环境空气质量（GB 3095—2012）二级标准，见表 3-32。

表 3-32　空气质量符合国家二级标准

项目	二氧化硫/(mg/m^3)	氮氧化物/(mg/m^3)	总悬浮颗粒物/(mg/m^3)
小时值范围	0.007～0.414	0.006～0.134	0.110～0.410
小时均值	0.064	0.038	0.200
国家二级标准	≤0.500	≤0.150	≤0.300

5. 周边环境

远离交通干道 200m 以外，周围无污染源。

二、种质资源与种质优选

种质资源是指培育新品种的原材料，又称为遗传资源。

1. 种质资源

河南金银花种质资源丰富，不同种质在形态方面存在一定的差异。河南金银花的主产区主要集中在封丘县和新密市境内，主要品种有：①‘鸡爪花’。花蕾簇生于花枝顶端，呈鸡爪状，分为‘大鸡爪花’和‘小鸡爪花’，喜肥水，结花早，生产性能好，花蕾瘦小略短，色泽较淡，是加工的首选品种。②‘大毛花’。生长旺盛，墩形大而松散，枝蔓长而粗壮，花蕾长，根系发达，抗干旱，耐瘠薄，适于山岭薄地和梯堰地边栽植。

2. 种质优选

封丘金银花作为中药材道地产品，有 1500 多年的种植历史，独特的地理环境、独特的管理方式，成功驯化了封丘金银花独特的直立性能，而有利于通风透光，吸收养分，使封丘金银花个大花肥，色鲜货绿，药用成分高，其质量位于全国同类产品之冠。

‘豫金1号’是在封丘金银花‘大毛花’变异植株基础上经系统选育获得的，该品种在形态上，具有直立性强、茎枝粗壮、长势好、叶大、花蕾大、毛密又长等特点；在产量上，千蕾质量、单株产量显著高于对照，花期长达6个月，可采6茬花；在生理特征上具有适应性强，叶绿素含量高，花青素含量较对照低，光合速率高，生长快，抗病虫害强，耐寒、耐旱等特性。经河南省生物工程研究应用中心检测，绿原酸含量为2.837%，木犀草苷含量为0.128%，均高于2010版《中国药典》规定。

三、育苗方法

1. 有性繁殖育苗

（1）种子采集和处理　10～11月在5～10年生健壮枝条上采集球果。堆沤或用水浸泡，用水搓揉，去净果皮和秕粒，置通风阴凉处晾干，用湿润细沙层积贮藏。种子以乌黑发亮、种粒饱满，千粒重50g以上的为佳。

（2）播种　播种期一般以春分至清明为宜。播种前用40℃左右的温水浸种20～24h，晾干表面水分后播种。播种方法分条播和撒播，一般多用条播。条播的播种沟宽2～3cm，深约1cm，沟距20cm左右。条播每667m^2用种1.5～2kg，撒播每667m^2用种2～5kg。播后覆盖0.5～1cm厚细土，上面再盖草，以保持湿润、保温促进发芽。

（3）苗木管理　播种后15d左右出苗。苗木出土后，及时分批揭草。当苗高8～10cm时，及时间苗、除草、松土、追肥和防治病虫害。当苗高15～25cm时应摘顶促发分枝。苗高25cm以上、基部茎粗0.3cm以上的为优质壮苗。

2. 无性繁殖育苗

（1）扦插繁殖　扦插繁殖分为直接扦插和育苗扦插两种。

1）直接扦插：用枝条直接扦插。扦插时期，以春秋两季为好，具体方法是挑长势旺盛，无病虫害的植株，选用1～2年生粗壮、木质程度高、无病虫害的枝条，剪成约30cm长，每插条保留3个节，上端在节芽前1cm处剪平，下端在节芽下1cm处斜剪，使断面呈斜形。摘去下部叶片，随即斜插入穴内。扦插前应选肥沃湿润、灌溉方便的砂质壤土作为苗圃。先深翻风化，每亩撒生石灰15～25kg，移栽前施适量的腐熟的土杂肥，再翻耕耙平。做成1.2m宽的平畦，畦内开深沟12cm，按株行距6cm×12cm扦插，露出节芽3cm左右，插后覆土压实，浇透水，水渗后，培土。盖草遮阴，保持苗床温润，半月左右即长出新根。有的种节间较长，可将下端盘成环状，栽入穴内。有条件时也可用生根剂进行处理，成活率更高。

2）育苗扦插：选光照充足、土层深厚、肥沃、温润、灌溉方便的沙质土壤，施入基肥，深耕30～40cm，整平耙细作苗床。按行距25cm左右开沟，沟深25cm，每隔5cm斜插一根插条，地面露出约15cm，覆土压紧浇水。畦上搭棚遮阴。待长出根后撤除棚帐，加强管理，于秋、冬季休眠期或早春萌芽前，选择生长健壮无病虫害植株移栽。每穴2或3株，填土压实，浇透水。

（2）压条繁殖　由于金银花的枝条长而柔软，生长较易，可采用波状压条和水平压条的方法。做法是在秋冬季节，把被压枝条缩成波浪形屈曲于长沟中，而使各露出地面部分的芽抽出新枝，待埋于地下的部分长出不定根，将其剪断移栽。为促发新根，可在夏季生长期间，将枝梢端剪去，使养分向下方集中，或者在埋入土前将枝条扭伤。

（3）嫁接育苗　砧木选取一般用当地一种野生的“银花”（其叶下面密被白色短柔毛，枝条多为实心）作砧木；也可挖取金银花老根，截成长 15～25cm 的根条插于土中用作砧木。根条上端平截，下端斜截，入土 2/3 以上。接穗选取：选 1～2 年生健壮枝条作接穗，接穗具有 2～3 个芽，长 5～10cm。

嫁接方法一般采用切接法。做法是在砧木的上端一侧垂直下刀，深达 2～3cm。再剪去接穗顶端梢部下端与顶芽同侧，削成 2～3cm 的斜面，与此斜面对侧，则削成不足 1cm 长的短斜面，把削好的接穗，直插入砧木切口中，使形成层相互密接，接好后，用塑料条或麻皮等捆扎物绑紧，以减少水分蒸发，利于成活。

嫁接成活后，注意及时解绑、追肥、松土除草和防治病虫害等。当新梢长至 15cm 高时出圃移栽。

此方法可对品种低劣的金银花苗木进行品种改良。

（4）分株繁育　冬末春初在金银花萌芽前挖出母株，进行分株，剪短至 50cm，地上部分截留 35cm，每穴 1 株。栽后第 2 年就能开花，此种方法主要用于分株培养优良品种。

四、栽植方法

1. 选用优质苗木

忍冬苗木标准主要依据种苗的高度、根粗、茎粗、根长、分枝数量等因素而定，见表 3-33。

表 3-33　忍冬苗木等级标准

年生	等级	苗高/cm 不低于	根长/cm 不短于	根粗/cm 不小于	茎粗/cm 不小于	分枝数/个 不少于	枝长/cm 不短于	枝粗/mm 不小于
1 年生	一等苗	70	14	1.90	3.90	3	40	2.40
	二等苗	60	10	1.50	3.00	2	30	2.00
	三等苗	50	8	1.00	2.50	1	20	1.50
2 年生	一等苗	100	24	2.90	6.00	6	70	3.50
	二等苗	85	20	2.50	5.00	5	60	3.00
	三等苗	75	15	2.00	4.00	4	50	2.50
3 年生	一等苗	130	35	4.00	9.00	9	100	6.00
	二等苗	115	30	3.50	8.00	8	90	5.00
	三等苗	105	25	3.00	7.00	7	80	4.00

2. 栽植时间及密度

一年四季均可栽植，但一般在立冬后清明前进行。栽植时，应选阴天或雨后晴天进行。栽植的密度一般是每亩栽种 200～660 株。平原肥沃土地为 200 株，株行距 1.8m×1.8m，土坡地为 660 株，株行距 1.0m×1.0m。

3. 栽植方法

栽植方法分植苗栽植和插条栽植两种。

植苗栽植：栽植时，苗木根系要舒展，栽后压实，浇足水，上面再覆盖些松土，如天气干旱每隔 5d 浇水一次，一个月后根据天气情况可少浇水或停止浇水。栽植嫁接苗时，注意将嫁接口露出土面。

插条栽植：选 3 年生健壮枝条，截成长 30cm 左右、上有 2 或 3 个芽苞的插条，斜插土中，其中一个芽露出土面。随采随栽随插。

五、抚育管理

加强金银花的抚育管理，是增产增收的主要环节。抚育管理一般包括中耕除草、水肥管理、打顶促梢、修枝整形等。

1. 中耕除草

栽植当年 6～7 月应及时松土除草一次。第二年，应松土除草 3 次，植株春季萌芽展叶时一次，6 月和 7～8 月各一次。3 年后，可适当减少中耕除草次数。

2. 水肥管理

雨季及时排水，以免烂根。早春萌芽期间和初冬季节干旱时，应适当浇水。追肥时每亩施复合肥 50kg，尿素 50kg。每年追肥 4 次，追一次肥浇一次水。第 1 次在 3 月进行，每亩追复合肥 25kg，第 2 次在头茬花幼蕾期进行，每亩追尿素 25kg，第 3 次在二茬花幼蕾期进行，每亩追复合肥 25kg，第 4 次在三茬花幼蕾期进行，每亩追尿素 25kg。入冬浇一次封冻水。

3. 打顶促梢

打顶促梢就是把金银花茎或分枝顶端部分摘掉，从母株（种栽）长出的主干（茎）留 1 或 2 节，2 节以上用手摘掉；从主干长出的一级分枝留 2 或 3 节，3 节以上摘掉；从一级分枝长出的二级分枝留 3 或 4 节，4 节以上摘掉；再从二级分枝长出花枝摘去勾状形部分即可。

4. 修枝整形

修枝方法：修枝即把干、枯、病、残枝条剪去。修剪时要先上后下，先内后外，先大枝后小枝。做到“五修五不修”，即修病虫枯枝，不修嫩枝；修长枝，不修支枝；修高枝，不修低枝；修内枝，不修外枝；修密枝，不修稀枝。定型标准以外圆内空，中间空，四周低的伞状树墩为宜。对 1～3 年生的幼龄花墩重点培养一、二、三级骨干枝，每株选留一级骨干枝 10～12 条。对成龄花墩每条三级骨干枝上留 4 或 5 条结花母枝，每墩留 100～120 条结花母枝。

修枝强度：依植株年龄和长势而定。幼年植株应以截为主，促发新枝。壮年植株应轻修，少疏多截；老年植株应重修，多疏多截。

修枝时间：休眠期修剪一般在 12 月到翌年的 2 月下旬进行，生长期修剪在每茬花采收后进行。休眠期可重修，生长期应轻修。

六、病虫害防治

采用“预防为主、综合防治”的方法，力求少用化学农药。参照中国绿色食品发展中心制定的A级绿色食品生产中茶叶、蔬菜农药使用标准执行。并严格掌握用药量、用药时期，最后一次施药距采收间隔天数不得少于20d。禁止使用国家明令禁止在食用农产品上使用的农药。

1. 严禁使用的农药

包括剧毒、高毒、高残留或者具有“三致”（致癌、致畸、致突变）危害的农药，见表5-4。

2. 部分有机合成化学农药的使用

如生产上实属必需，允许生产基地有限度使用部分有机合成化学农药，应严格按照表5-3中规定的方法使用。有机合成农药在农产品中的残留应从严掌握，不得高于表5-3中规定的标准。最后一次施药距采收间隔天数不得少于表5-3中规定的天数。每种有机合成农药在一种作物的生长期内只允许使用一次。在使用混配有机合成化学农药的各种生物源农药时，混配的化学农药只允许选用表5-3中列出的品种。如需使用表5-3中未列出的农药新品种，须报经质量技术监督行政主管部门批准。

3. 常见病虫防治

白粉病的症状主要是危害幼小花蕾，花蕾产生灰白色粉层，严重的花蕾变成紫黑色或脱落。其防治方法是可在发病初期用三唑酮800～1000倍液喷施。

褐斑病的症状是危害叶片，夏季7～8月发病严重，发病后，叶片上病斑呈圆形或受叶脉所限呈三角形，潮湿时背面生有灰色雾状物。其防治方法是清除病枝病叶，减少病菌来源。加强栽培管理，增施有机肥料，增强抗病力。用1∶1.5∶200的波尔多液在发病初期喷施，每隔7～10d 1次，喷2～3次。

咖啡虎天牛是以幼虫和成虫两种虫态越冬，越冬成虫于第二年4月中旬咬穿金银花枝干表皮，越冬幼虫于4月底至5月中旬化蛹，5月下旬羽化成虫，成虫交配后，产卵于粗枝干的叶下，卵孵化后，幼虫开始向木质部内蛀蚀，造成主干或主枝枯死，折断后蛀道内充满了虫粪。其防治方法是用食糖1份、醋5份、水4份、敌百虫0.01份制成糖醋液诱杀。7～8d出现茎叶突然枯萎时，清除枯枝，进行人工捕捉。在产卵盛期用50%辛磷酸乳油600倍液灭杀。

中华忍冬圆尾蚜可吸食叶片、嫩枝，并引起叶片和花蕾卷曲，生长停止，产量锐减，质量下降，4～6月虫情较重，立夏后，特别是阴雨天，蔓延更快，幼虫刺吸叶片卷缩发黄，金银花花蕾期被害，花蕾畸形；危害过程中分泌蜜露，导致煤烟病发生，影响叶片的光合作用。将枯枝、烂叶集中烧毁或埋掉，可减轻虫害。饲养草蛉或七星瓢虫在田间施放，进行生物防治。

七、花蕾采收、干燥及包装

1. 花蕾采收

采收时间在5～10月，当花蕾下部青绿，上部膨大，略呈乳白色，颜色鲜艳而有光泽时即大白期采收为宜，一般在上午采摘，采下的花应尽量少动，防止影响产品色泽。采摘下的花蕾要及时晒干或烘干，不要堆放发霉，以免影响金银花的产量和质量。

2. 干燥及包装方法

晒干的方法是将采下花蕾放在晒盘内，厚度以2～3cm为宜，以当天晒干为原则。若当天晒不干，晚上搬回屋内勿翻动，次日再晒至全干。

金银花烘干采用低温真空除湿烘干工艺，仓库选择立体仓库，配备通风控温装置。采摘的新鲜金银花花蕾，经输送机提升输送至磁选机，除去金属杂质，经机械化挑选输送机挑选杂质后送入风筒烘干机，控制烘干温度、水分含量。烘干时要掌握烘干温度，不同时间段的烘干温度为：初烘温度为30～35℃，烘2h后，温度可达40℃左右，经5～10h后，鲜花排出水汽；室内应保持45～50℃，烘10h后鲜花水分大部分蒸发排出；再把温度升高至55℃，烘12～20h即可全部烘干。超过20h花色变黑，质量较差，以速干为佳。烘干比晒干容易控制，不受天气影响。最后经自动打包机打包，运至成品库。主要技术路线如下。

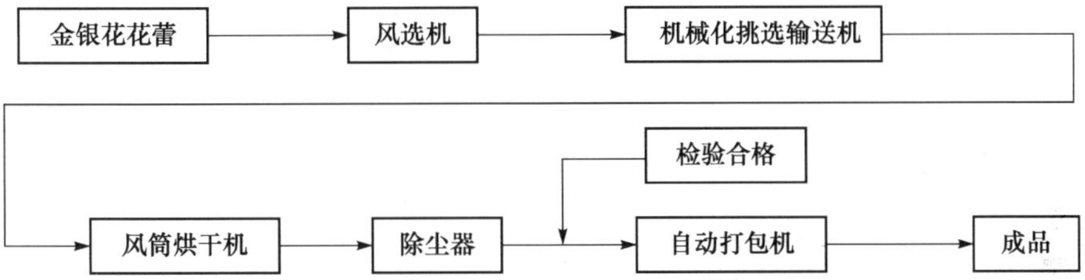

3. 分级标准

金银花干制品有严格的分级标准，见表3-34。

表3-34　金银花干制品的质量等级标准

等级	形状	颜色	气味	杂质含量
特等	花蕾呈棒状、肥壮、上粗下细，略弯曲	表面青色	气清香，味甘、微苦	无开放花朵、嫩蕾、黑头、枝叶、杂质、虫蛀、霉变
一等	花蕾呈棒状、肥壮、上粗下细，略弯曲	表面黄、白、青色	气清香，味甘、微苦	开放花朵不超过5%。无嫩蕾、黑头、枝叶、杂质、虫蛀、霉变
二等	花蕾成棒状，花蕾较瘦，上粗下细，略弯曲	表面黄、白、青色	气清香，味甘、微苦	开放花朵不超过15%。黑头不超过3%。无枝叶、杂质、虫蛀、霉变
三等	花蕾成棒状，上粗下细，略弯曲，花蕾较瘦小	外表面黄、白、青色	气清香，味甘、微苦	开放花朵不超过25%。黑头不超过5%。枝叶不超过1%。无杂质、虫蛀、霉变

续表

等级	形状	颜色	气味	杂质含量
四等	花蕾或开放的花朵兼有，花蕾的大小不分	色泽不分		枝叶不超过3%，无杂质、虫蛀、霉变

九、植株照片

植株照片参见图3-19～图3-25。

图3-19　芽变母株（'豫金1号'）

扫码见图3-19～图3-25彩图

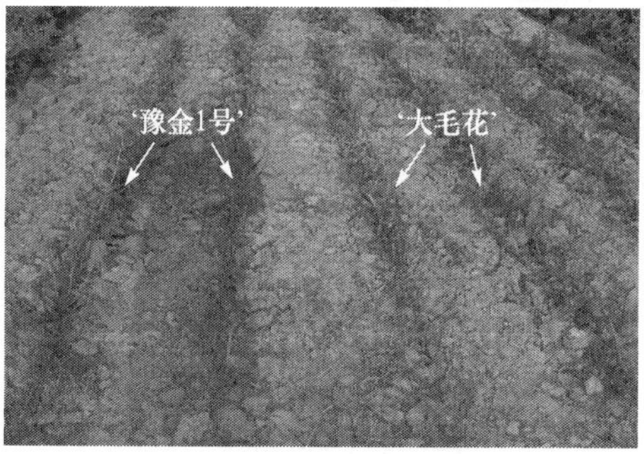

图3-20　繁育种苗（'豫金1号'和'大毛花'）

图3-21　'豫金1号'和'大毛花'（四年苗）

图3-22　'豫金1号'（左）和'大毛花'（右）

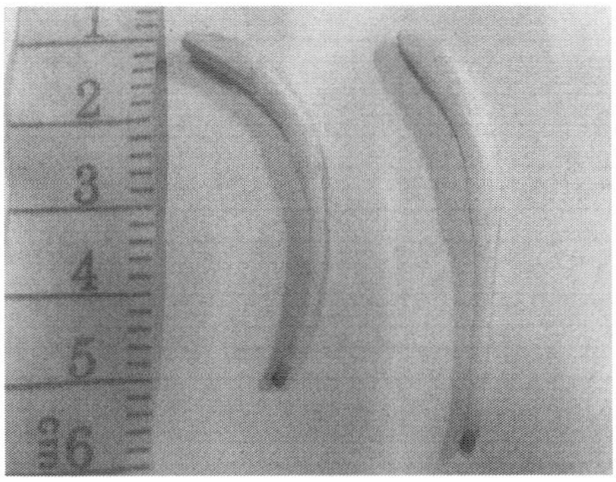

图 3-23　‘大毛花’（左）和‘豫金 1 号’（右）花蕾比较

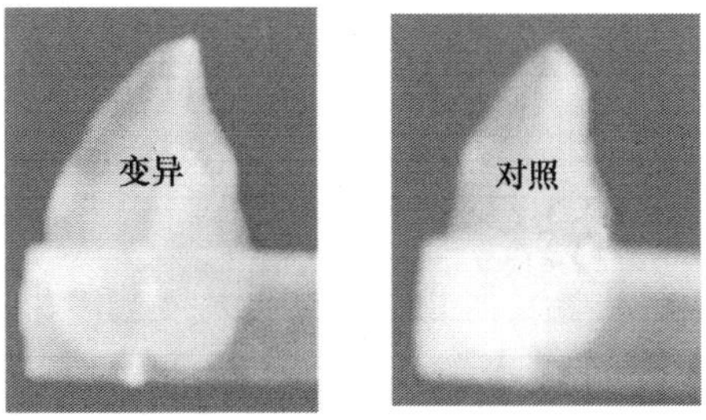

叶

图 3-24　‘豫金 1 号’和‘大毛花’叶的对比

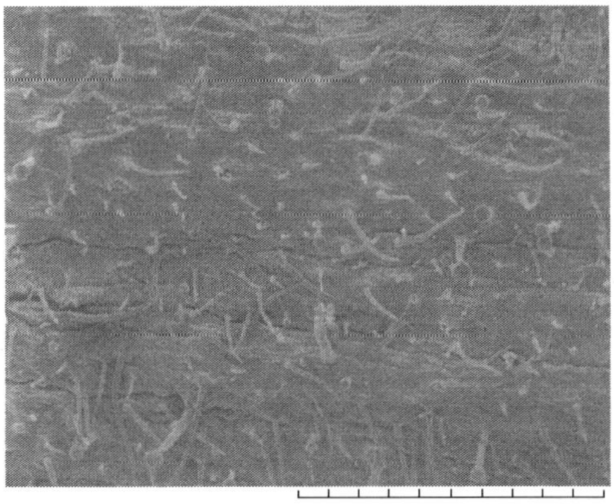

‘大毛花’幼蕾

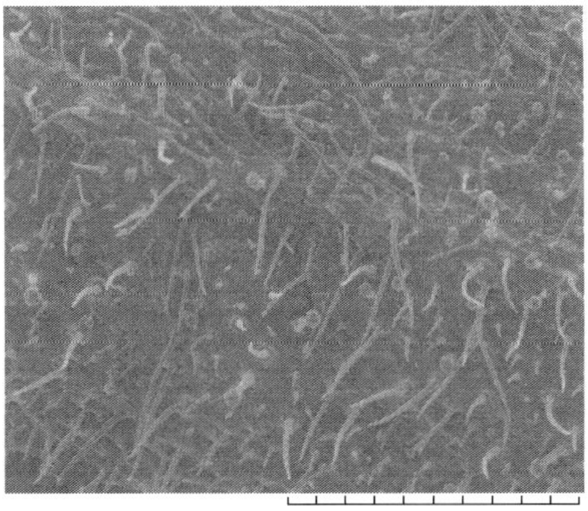

‘豫金1号’幼蕾

图 3-25　‘大毛花’和‘豫金 1 号’幼蕾表皮毛显微结构

十、适宜区域

金银花适应性很强，除黑龙江、内蒙古、宁夏、青海、新疆、海南和西藏无自然生长外，全国各省（自治区、直辖市）均有分布，以河南、山东、河北种植较多。‘豫金 1 号’适宜在河南、山东和河北等相近环境区域种植。

十一、效益分析及推广应用前景

金银花具有很高的药用价值和经济价值，适应性很强，技术容易掌握，经济效益显著。该新品种的推广应用可在原收益基础上提高收益 20%，如进入盛花期金银花按照每亩产 150kg，每千克按照 100 元计算，则每亩销售纯收入为 15 000 元，扣除施肥、人工管理等每亩成本 5000 元，每亩纯收入为 10 000 元，采用该抗病新品种和优化生产技术 SOP，可使每亩收益增加 2000 元，每年推广 1 万亩，可增收 2000 万元，效益是非常可观的。

该新品种的推广应用，可减少金银花病虫害的危害，提高金银花的质量和产量，对提高农民收益，增强人们的身体健康，改善农村经济状况，保持农村的社会稳定有着重要意义。

第五节 ‘豫金2号’优良品种选育

一、品种亲本

2002 年春从河北张家口引入‘红银花’300 株，栽种于封丘贾庄等地，经过多年种植扩繁和定向选择，筛选出综合性状优良的新品系‘豫金 2 号’，如图 3-26 所示。

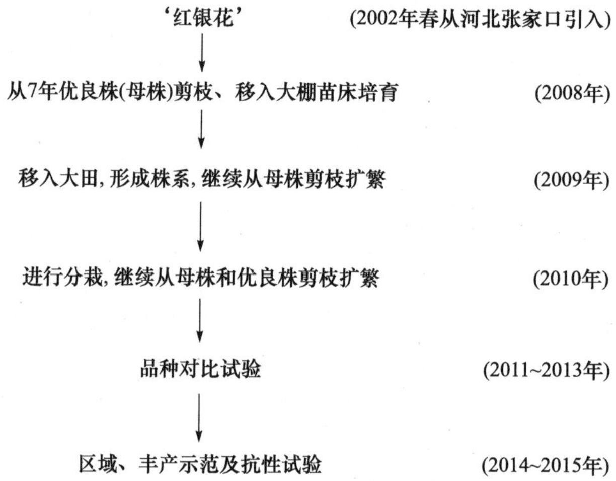

图 3-26 ‘豫金 2 号’品系选育过程

二、来源系谱

2002 年春：从河北张家口引入‘红银花’300 株。

2008 年秋：从 7 年优势株（母株）剪枝、温室种苗。

2009 年春：驯化后移入苗圃，秋天继续从母株上剪枝扩繁。

2010 年春：继续进行分栽，秋天继续从母株上和株系上剪枝扩繁。

2011 年春：将扩繁 3 年株系苗与‘亚特红蕾 1 号’3 年苗进行品比试验，成活率和生长势优于对照。

2012 ~ 2013 年：继续进行品比试验，‘豫金 2 号’较对照植株直立性强，茎枝粗壮，长势好，花蕾大，香气浓，花期长，耐寒性好，千蕾质量高，单株产量高，指标成分绿原酸高，木犀草苷低。

2014 ~ 2015 年：进行区域、丰产示范和抗性试验，高产、稳产，抗性强，整体性状较对照表现优良。

三、选育方法

2002 年春通过引种驯化，长期定向选择繁育而成。

2002 年春从河北张家口引入‘红银花’300 株，栽种于封丘贾庄，经过多年种植扩繁定向选择，筛选出综合性状优良的新品系‘豫金 2 号’。

2008 年 11 月筛选出 1 株 7 年树龄的‘红银花’优良株（母株），剪枝 350 根移入大棚苗床培育。

2009 年春季移入大田苗圃（株行距 10cm×30cm），形成株系，11 月继续从母株上剪枝扩繁。

2010 年春进行分栽（株行距 22.5cm×45cm），11 月继续从母株和优良株系上剪枝扩繁。

2011 年春将扩繁 3 年株系优良苗 50 株与引进‘亚特红蕾 1 号’3 年优良苗 50 株种植（株行距 1.8m×1.8m）在封丘应举资源圃中进行对比试验，其中‘豫金 2 号’成活率、生长势优于对照。

2012 年和 2013 年继续对‘豫金 2 号’和‘亚特红蕾 1 号’进行对比试验，‘豫金 2 号’较对照植株直立性强，茎枝粗壮，长势好，花蕾大，香气浓，花期长，耐寒性好，千蕾质量高，单株产量高，指标成分绿原酸高，木犀草苷低。

2014 年和 2015 年进行区域、丰产示范和抗性试验。在河南封丘贾庄、应举和陈固及山东平邑县流峪镇等地进行区域、丰产示范试验，‘豫金 2 号’表现稳产、高产，抗性较强，指标成分绿原酸高于对照，木犀草苷低于对照，叶绿素含量高，花青素含量低，光合速率高，整体性状优良，极具开发推广价值。

四、特征特性

该品种幼枝紫黑色，幼叶带紫红色，花冠外面紫红色，内面白色。该品种具有直立性强、花枝节间短、花期早、长势好、香气浓、毛密又长、花蕾紫红色等特点；在产量上，根据 2014～2015 年的丰产示范种植结果：‘豫金 2 号’平均亩产 62.85kg，比对照‘亚特红蕾 1 号’增产 8.23%。经河南省生物工程研究应用中心检测，绿原酸含量为 2.704%、木犀草苷含量为 0.293%，均高于 2010 版《中国药典》规定。该品种高抗白粉病，中抗褐斑病。适应性广（表 3-35）。

表 3-35　‘豫金 2 号’品种性状描述表

性状	特征特性
地上部	幼枝紫黑色，幼叶带紫红色，花冠外面紫红色，内面白色。直立性强、花枝节间短、花期早、长势好、香气浓、毛密又长、花蕾紫红色等；在产量上，千蕾质量、单株产量、亩产量均高于对照，具有花期长、花蕾大等优势；在生理特征上具有适应性强、耐寒性好、经冬叶不落、叶绿素含量高、花青素含量较对照低、光合速率高、生长快、抗病虫害强、耐旱等特性
产量	2014～2015 年‘豫金 2 号’的丰产示范种植结果：在封丘贾庄、封丘应举、封丘陈固和山东平邑县流峪镇等 4 点进行示范种植，‘豫金 2 号’平均亩产 62.85kg，较对照‘亚特红蕾 1 号’（58.07kg）增产 8.23%

续表

性状	特征特性
品质	2013年5月经河南省生物工程研究应用中心测定，绿原酸含量为2.704%（标准规定为不得少于1.5%），木犀草苷含量为0.293%（标准规定为不得少于0.050%），均符合2010年版《中国药典》规定；特级和一级品率高
抗病性	高抗白粉病，中抗褐斑病
适应性	适应性广，耐水渍强，喜肥，抗寒抗旱

五、产量表现

1. 小区试验产量结果

结果如下。

2011年‘豫金2号’品比试验

一、试验目的

为金银花新品系的示范推广，提供理论和实践依据，编著者于2011年安排了‘豫金2号’与对照‘亚特红蕾1号’的种苗成活率试验。

二、示范品种

金银花新品系‘豫金2号’和对照‘亚特红蕾1号’。

三、田间管理

雨季及时排水，以免烂根。早春萌芽期间和初冬季节干旱时，应适当浇水。追肥时每亩施复合肥25kg，尿素25kg。每年追肥2次，追一次肥浇一次水。第1次在3月进行，每亩追复合肥25kg，第2次在头茬花幼蕾期进行，每亩追尿素25kg。病虫害防治：春季打吡虫啉防治蚜虫1次，第一茬花结束喷施甲基托布津和代森锰锌防治白粉病等1次，第二茬花结束再分别喷施甲基托布津和代森锰锌防治白粉病、褐斑病等1次。12月修枝整形，入冬浇一次封冻水。

四、试验结果与分析

‘豫金2号’与‘亚特红蕾1号’苗成活率见表3-36。

表3-36 ‘豫金2号’与‘亚特红蕾1号’苗成活率调查表

品种（系）	栽种数	成活数	成活率/%
豫金2号	50	46	92
亚特红蕾1号	50	41	82

由表3-36可知，‘豫金2号’栽种50株种苗，成活46株，成活率为92%；‘亚特红蕾1号’栽种50株种苗，成活41株，成活率为82%。‘豫金2号’种苗成活率较对照‘亚特红蕾1号’高。

2012年‘豫金2号’品比试验

一、试验目的

为金银花新品系的示范推广，提供理论和实践依据，编著者于2012年安排了‘豫金2号’与对照‘亚特红蕾1号’的地上部分、干蕾重的测定。

二、示范品种

金银花新品系‘豫金2号’和对照‘亚特红蕾1号’。

三、田间管理

同“2011年‘豫金2号’品比试验”中的田间管理。

四、试验结果与分析

在金银花生长发育过程中，观察金银花地上性状、测量干蕾重，详见表3-37和表3-38。

表3-37 2012年‘豫金2号’与‘亚特红蕾1号’叶部性状调查表

品种（系）	叶形	叶色	叶卷曲	叶长/cm	叶宽/cm	叶长宽比
豫金2号	狭卵形或披针形	紫红	无	4.21±0.4	2.09±0.27	2.05：1
亚特红蕾1号	狭卵形或披针形	紫红	无	4.23±0.35	2.11±0.25	2.04：1

由表3-37可知，‘豫金2号’叶形为狭卵形或披针形，叶色紫红。叶长宽比为2.05：1，高于对照‘亚特红蕾1号’。

表3-38 ‘豫金2号’与‘亚特红蕾1号’鲜、干花蕾长、直径、干蕾质量及折干率

品种（系）	鲜花蕾			干花蕾			折干率/%	干花蕾增重/%
	花蕾长/cm	花蕾直径/cm	干蕾质量/g	花蕾长/cm	花蕾直径/cm	干蕾质量/g		
豫金2号	3.978±0.182	0.438±0.024	75.2	2.006±0.187	0.243±0.026	15.5	20.61	18.32
亚特红蕾1号	3.854±0.377	0.403±0.052	60.1	1.934±0.159	0.233±0.010	13.1	21.8	—

由表3-38可知，‘豫金2号’鲜、干花蕾长、直径均高于对照‘亚特红蕾1号’，‘豫金2号’干蕾质量为15.5g，较对照增重18.32%。

2013 年‘豫金 2 号’品比试验

一、试验目的

为忍冬新品系的示范推广，提供理论和实践依据，在 2012 年的基础上，编著者于 2013 年安排了‘豫金 2 号’与‘亚特红蕾 1 号’的形态特征和单株产量对比试验。

二、示范品种

忍冬新品系‘豫金 2 号’和对照‘亚特红蕾 1 号’。

三、田间管理

同“2011 年‘豫金 2 号’品比试验”中的田间管理。

四、试验结果与分析

由表 3-39 和表 3-40 可知，‘豫金 2 号’单株产量为 0.053kg，较对照增重 15.2%。指标成分‘豫金 2 号’绿原酸含量为 2.704%，对照‘亚特红蕾 1 号’为 2.552%，‘豫金 2 号’木犀草苷含量为 0.293%，‘亚特红蕾 1 号’为 0.320%。

表 3-39 ‘豫金 2 号’与‘亚特红蕾 1 号’单株产量比较

品种（系）	单株产量/kg	增产/%
豫金 2 号	0.053	15.2
亚特红蕾 1 号	0.046	—

表 3-40 ‘豫金 2 号’与‘亚特红蕾 1 号’绿原酸和木犀草苷含量

品种（系）	绿原酸含量/%	木犀草苷含量/%
豫金 2 号	2.704±0.117	0.293±0.007
亚特红蕾 1 号	2.552±0.007	0.320±0.000

河南省生物工程研究应用中心检验报告见表 3-41。

表 3-41 河南省生物工程研究应用中心检验报告

报告编号：20130521008

检品名称	金银花	检品编号	008
批号	0521008	类型	中药材
生产单位或产地	封丘县贾庄村	规格	/
供样单位	封丘县贾庄村	包装	塑料袋

续表

检品名称	金银花	检品编号	008
检验目的	技术服务	检品数量	0.5kg
检验项目	含量测定	效期	/
收检日期	2013-5-21	报告日期	2013-5-29
检验依据	《中国药典》2010 年版一部		

检验项目	标准规定	检验结果
[含量测定]	按干燥品算，绿原酸含量不得少于1.5%，木犀草苷不得少于 0.050%	2.704% （绿原酸）(符合规定) 0.293% （木犀草苷）(符合规定)

结论：本品按《中国药典》2010 年版一部检验上述项目，结果符合规定。

2011～2013 年‘豫金 2 号’与对照品比试验总结

通过 2011 年品比试验，‘豫金 2 号’栽种 50 株种苗，成活 46 株，成活率为 92%；‘亚特红蕾 1 号’栽种 50 株种苗，成活 41 株，成活率为 82%。‘豫金 2 号’种苗成活率较对照‘亚特红蕾 1 号’高。

通过 2012 年品比试验，调查叶部性状，其中‘豫金 2 号’叶形为狭卵形或披针形，叶色紫红。叶长宽比为 2.05∶1，高于对照‘亚特红蕾 1 号’。‘豫金 2 号’鲜、干花蕾长、直径均高于对照‘亚特红蕾 1 号’，‘豫金 2 号’千蕾质量为 15.5g，较对照增重 18.32%。

通过 2013 年品比试验，‘豫金 2 号’单株产量为 0.053kg，较对照增重 15.2%。指标成分‘豫金 2 号’绿原酸含量为 2.704%，对照‘亚特红蕾 1 号’为 2.552%，‘豫金 2 号’木犀草苷含量为 0.293%，‘亚特红蕾 1 号’为 0.320%。

2. 生产示范产量结果

结果如下。

2014 年忍冬新品系‘豫金 2 号’丰产示范试验总结

（封丘贾庄）

一、试验设计

试验地点：封丘贾庄。试验品种(系)：‘豫金2号’与‘亚特红蕾1号’。试验处理：本小区自东向西种植，每个品种（系）410 株，按 90cm×90cm 种植。面积 332m^2，约 0.5 亩。

二、田间管理

同"2011 年'豫金 2 号'品比试验"中的田间管理。

三、总结

'豫金 2 号'与'亚特红蕾 1 号'产量结果见表 3-42。

表 3-42 '豫金 2 号'与'亚特红蕾 1 号'产量对比（封丘贾庄）

品种（系）	0.5 亩产量/kg	增产/kg	折亩产/kg	增产/%
豫金 2 号	31.17	2.59	62.34	9.06
亚特红蕾 1 号	28.58	—	57.16	—

由表 3-42 可知，'豫金 2 号' 0.5 亩干花产量为 31.17kg，较对照'亚特红蕾 1 号'增重 2.59kg，'豫金 2 号'和'亚特红蕾 1 号'折亩产分别为 62.34kg 和 57.16kg，'豫金 2 号'较'亚特红蕾 1 号'增产 9.06%。

2014 年忍冬新品系'豫金 2 号'丰产示范试验总结

（封丘应举）

一、试验设计

试验地点：封丘应举。试验品种（系）：'豫金 2 号'与'亚特红蕾 1 号'。试验处理：本小区自东向西种植，每个品种（系）807 株，按 90cm×90cm 种植。面积 654m^2，约 1 亩。

二、田间管理

同"2011 年'豫金 2 号'品比试验"中的田间管理。

三、总结

'豫金 2 号'与'亚特红蕾 1 号'产量结果见表 3-43。

表 3-43 '豫金 2 号'与'亚特红蕾 1 号'产量对比（封丘应举）

品种（系）	亩产/kg	亩增产/kg	增产/%
豫金 2 号	59.52	4.57	8.31
亚特红蕾 1 号	54.95	—	—

由表 3-43 可知，'豫金 2 号'亩产干花 59.52kg，较对照'亚特红蕾 1 号'增重 4.57kg，增产 8.31%。

2014 年忍冬新品系‘豫金 2 号’丰产示范试验总结

（封丘陈固）

一、试验设计

试验地点：封丘陈固。试验品种（系）：‘豫金 2 号’与‘亚特红蕾 1 号’。试验处理：每个品种（系）405 株，按 90cm×90cm 种植。面积 $328m^2$，约 0.5 亩。

二、田间管理

同“2011 年‘豫金 2 号’品比试验”中的田间管理。

三、总结

‘豫金 2 号’与‘亚特红蕾 1 号’产量结果见表 3-44。

表 3-44 ‘豫金 2 号’与‘亚特红蕾 1 号’产量对比（封丘陈固）

品种（系）	0.5 亩产量/kg	增产/kg	折亩产/kg	增产/%
豫金 2 号	30.83	2.74	61.66	9.75
亚特红蕾 1 号	28.09	—	56.18	—

由表 3-44 可知，‘豫金 2 号’和‘亚特红蕾 1 号’0.5 亩干花产量分别为 30.83kg 和 28.09kg，‘豫金 2 号’较对照‘亚特红蕾 1 号’增重 2.74kg，‘豫金 2 号’和‘亚特红蕾 1 号’折亩产分别为 61.66kg 和 56.18kg，‘豫金 2 号’较‘亚特红蕾 1 号’增产 9.75%。

2014 年‘豫金 2 号’丰产示范试验总结

（山东平邑流峪镇）

一、试验设计

试验地点：山东平邑流峪镇。试验品种（系）：‘豫金 2 号’和‘亚特红蕾 1 号’。试验处理：每个品种（系）403 株，按 90cm×90cm 种植。面积 $326m^2$，约 0.5 亩。

二、田间管理

同“2011 年‘豫金 1 号’品比试验”中的田间管理。

三、总结

‘豫金 2 号’与‘亚特红蕾 1 号’产量结果见表 3-45。

表 3-45 ‘豫金 2 号’与‘亚特红蕾 1 号’产量对比（山东平邑流峪镇）

品种（系）	0.5 亩产量/kg	增产/kg	折亩产/kg	增产/%
豫金 2 号	29.92	2.13	59.84	7.66
亚特红蕾 1 号	27.79	—	55.58	—

由表3-45可知，‘豫金2号’和‘亚特红蕾1号’0.5亩干花产量分别为29.92kg和27.79kg，‘豫金2号’较对照‘亚特红蕾1号’增重2.13kg，‘豫金2号’和‘亚特红蕾1号’折亩产分别为59.84kg和55.58kg，‘豫金2号’较‘亚特红蕾1号’增产7.66%。

2014年‘豫金2号’丰产示范试验总结

为了进一步观察‘豫金2号’产量表现，2014年编著者在封丘贾庄、封丘应举、封丘陈固、山东平邑流峪镇4点进行示范种植，现总结如下。

一、试验设计

试验品种（系）：‘豫金2号’与‘亚特红蕾1号’。试验处理：按90cm×90cm种植。试验田面积0.5~1亩。

二、田间管理

管理同大田生产。

三、总结

2014年在封丘贾庄、封丘应举、封丘陈固、山东平邑流峪镇4点进行示范种植，‘豫金2号’平均亩产60.84kg，较对照‘亚特红蕾1号’（55.97kg）增产8.7%，见表3-46。

表3-46　2014年‘豫金2号’丰产示范试验产量结果表

地点	豫金2号/kg	亚特红蕾1号/kg	较亚特红蕾1号增产/%
封丘贾庄	62.34	57.16	9.06
封丘应举	59.52	54.95	8.31
封丘陈固	61.66	56.18	9.75
山东平邑流峪镇	59.84	55.58	7.66
平均值	60.84	55.97	8.70

2015年‘豫金2号’丰产示范试验

一、试验目的

为了进一步观察‘豫金2号’新品系综合性状表现，2015年编著者对‘豫金2号’和‘亚特红蕾1号’的表皮毛长度、密度，叶绿素、花青素含量及指标成分进行测定，现总结如下。

二、腺毛、非腺毛比较

分别选取‘豫金2号’‘亚特红蕾1号’的成熟叶片、茎和花蕾，经固定、脱水、喷金镀膜等程序制成装片，取金银花叶、茎、花蕾表皮装片于扫描电镜下观察，每张装片观察4个视野，计数1mm^{2}面积内或视野中腺毛和非腺毛的根数，计算不同叶、茎、花蕾腺毛和非腺毛的平均密度。同时，测量腺毛和非腺毛的长度。在扫描电镜下对‘豫金2号’和‘亚特红蕾1号’叶、茎、花蕾进行仔细观察并拍照。‘豫金2号’与‘亚特红蕾1号’表皮毛的长度和密度见图3-27和表3-25。

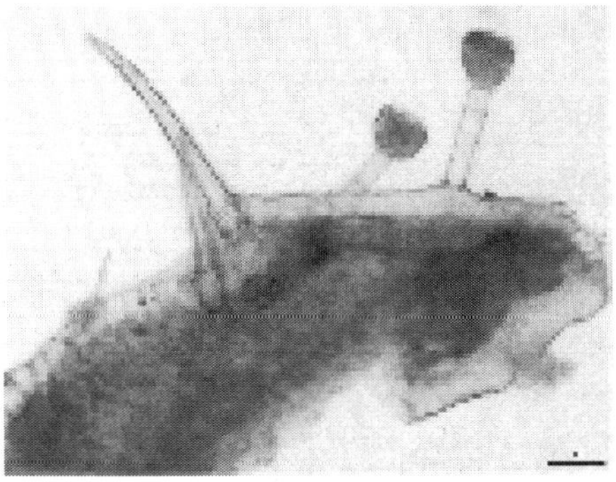
‘亚特红蕾1号’

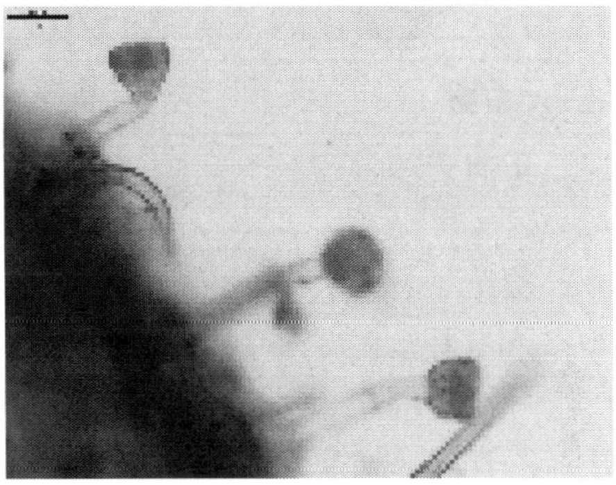
‘豫金2号’

图3-27 ‘亚特红蕾1号’和‘豫金2号’花蕾表皮毛显微结构

由图3-27和表3-25可知，‘豫金2号’花蕾腺毛密度为7.52个/mm^2，较‘亚特红蕾1号’差异极显著，花蕾腺毛长度为0.137mm，较‘亚特红蕾1号’差异极显著；‘豫金2号’叶非腺毛密度为5.63个/视野，非腺毛长度为0.18mm，较对照‘亚特红蕾1号’差异不显著；‘豫金2号’茎非腺毛密度为36.19个/视野，较‘亚特红蕾1号’差异不显著，茎非腺毛长度为0.19mm，较‘亚特红蕾1号’差异显著。

三、叶绿素、花青素含量及光合速率比较

‘豫金2号’和‘亚特红蕾1号’的叶绿素、花青素含量及光合速率结果见表3-26。

由表3-26可知，‘豫金2号’叶绿素含量为3.64mg/g，与‘亚特红蕾1号’差异不显著，‘豫金2号’花青素含量为0.69个单位，与‘亚特红蕾1号’差异极显著。‘豫金2号’光合速率为4.40μmol/(m^2·s)，与对照‘亚特红蕾1号’差异显著。

四、绿原酸和木犀草苷含量比较

‘豫金2号’与‘亚特红蕾1号’绿原酸和木犀草苷含量比较见表3-27。

由表3-27可知，‘豫金2号’绿原酸含量为2.469%，较对照‘亚特红蕾1号’差异不显著，‘豫金2号’木犀草苷含量为0.186%，较对照‘亚特红蕾1号’差异不显著。

2015 年‘豫金 2 号’丰产示范试验总结

通过 2014 年丰产示范试验，‘豫金 2 号’较对照‘亚特红蕾 1 号’亩增产显著，为了进一步观察其产量，2015 年编著者继续在封丘贾庄、封丘应举、封丘陈固、山东平邑流峪镇 4 点进行产量测定，现总结如下。

一、试验设计

同 2014 年。

二、田间管理

管理同大田生产。

三、总结

2015 年在封丘贾庄、封丘应举、封丘陈固、山东平邑流峪镇 4 点进行示范种植，‘豫金 2 号’平均亩产 64.86kg，较对照‘亚特红蕾 1 号’（60.17kg）增产 7.79%，见表 3-47。其中‘豫金 2 号’在封丘应举各茬产量见表 3-48。

表 3-47　2015 年‘豫金 2 号’丰产示范试验产量结果表

地点	豫金 2 号/kg	亚特红蕾 1 号/kg	较亚特红蕾 1 号增产/%
封丘贾庄	66.28	60.47	9.60
封丘应举	63.72	59.94	6.31
封丘陈固	65.59	60.45	8.50
山东平邑流峪镇	63.85	59.81	6.75
平均值	64.86	60.17	7.79

表 3-48　2015 年封丘应举‘豫金 2 号’各茬产量

品种（系）	一茬/kg	二茬/kg	三茬/kg	亩总产/kg	增产/%
豫金 2 号	41.21	12.35	10.16	63.72	6.31
亚特红蕾 1 号	38.96	11.58	9.40	59.94	—

2014～2015 年‘豫金 2 号’丰产示范试验总结

2014～2015 年‘豫金 2 号’的丰产示范种植结果：在封丘贾庄、封丘应举、封丘陈固、山东平邑流峪镇 4 点进行示范种植，‘豫金 2 号’平均亩产 62.85kg，较对照‘亚特红蕾 1 号’（58.07kg）增产 8.23%，见表 3-49。

表 3-49　2014～2015 年‘豫金 2 号’丰产示范试验总结

品种（系）	2014 年亩均产/kg	2015 年亩均产/kg	两年亩均产/kg	增产/%
豫金 2 号	60.84	64.86	62.85	8.23
亚特红蕾 1 号	55.97	60.17	58.07	—

2015 年对‘豫金 2 号’和‘亚特红蕾 1 号’的表皮毛长度、密度，叶绿素、花青素含量及指标成分测定结果如下。

1）叶、茎、花蕾表皮毛的测定结果：‘豫金 2 号’花蕾腺毛密度为 7.52 个/mm^2，较对照‘亚特红蕾 1 号’差异极显著，花蕾腺毛长度为 0.137mm，较对照‘亚特红蕾 1 号’差异极显著；‘豫金 2 号’叶非腺毛密度为 5.63 个/视野，非腺毛长度为 0.18mm，较对照‘亚特红蕾 1 号’差异不显著；‘豫金 2 号’茎非腺毛密度为 36.19 个/视野，较对照‘亚特红蕾 1 号’差异不显著，茎非腺毛长度为 0.19mm，较对照‘亚特红蕾 1 号’差异显著。

2）叶绿素、花青素及光合速率测定结果：‘豫金 2 号’叶绿素含量为 3.64mg/g，与对照‘亚特红蕾 1 号’差异不显著，‘豫金 2 号’花青素含量为 0.69 个单位，与对照‘亚特红蕾 1 号’差异极显著。‘豫金 2 号’光合速率为 4.4μmol/(m^2·s)，与对照‘亚特红蕾 1 号’差异显著。

3）指标成分测定结果：‘豫金 2 号’绿原酸含量为 2.469%，木犀草苷含量为 0.186%，均较对照‘亚特红蕾 1 号’差异不显著。建议扩大种植，大面积推广。

4）抗性试验结果：通过对‘豫金 2 号’‘亚特红蕾 1 号’等 5 个品种（系）的抗性鉴定，鉴定结果为‘豫金 2 号’高抗白粉病、中抗褐斑病。

六、抗性鉴定

2015 年 9 月，河南省生物工程研究应用中心进行了田间抗病性鉴定，结果表明，‘豫金 2 号’高抗白粉病，中抗褐斑病。

七、品质分析

2013 年 5 月经河南省生物工程研究应用中心测定，‘豫金 2 号’绿原酸含量为 2.704%（标准规定为不得少于 1.50%），木犀草苷含量为 0.293%（标准规定为不得少于 0.050%），均符合 2010 年版《中国药典》规定。

八、栽培技术

同第四节‘豫金 1 号’的栽培技术。

为充分发挥金银花良种优势，需采用良种良法配套技术。根据《中药材生产质量管理规范》（GAP）和‘豫金 2 号’的特性，特制订‘豫金 2 号’种植技术标准操作规程（SOP），具体如下。

‘豫金2号’种植技术标准操作规程（SOP）

‘豫金2号’为忍冬科植物忍冬的变种，山东平邑县将其花蕾称为红银花或小红花，主要分布于安徽（岳西），现湖南、江苏、浙江、江西、云南、山东、河南等地也有栽培。其幼枝紫黑色，幼叶带紫红色，小苞片比萼筒狭，花冠外面紫红色，内面白色，上唇裂片较长，裂隙深超过唇瓣的1/2。集药用、观赏、绿化于一体，市场潜力大，开发前景广阔。

一、产地环境

同第四节“‘豫金1号’种植技术标准操作规程（SOP）”。

1. 自然资源

同第四节“‘豫金1号’种植技术标准操作规程（SOP）”。

2. 土壤情况

同第四节“‘豫金1号’种植技术标准操作规程（SOP）”。

3. 农田灌溉水质

同第四节“‘豫金1号’种植技术标准操作规程（SOP）”。

4. 大气质量

同第四节“‘豫金1号’种植技术标准操作规程（SOP）”。

5. 周边环境

同第四节“‘豫金1号’种植技术标准操作规程（SOP）”。

二、种质资源与种质优选

种质资源是指培育新品种的原材料，又称为遗传资源。

1. 种质资源

同第四节“‘豫金1号’种植技术标准操作规程（SOP）”。

2. 种质优选

2002年春从河北张家口引入红银花300株，栽种于封丘贯庄，经过多年种植扩繁定向选择，筛选出综合性状优良的新品系‘豫金2号’。‘豫金2号’幼枝紫黑色，幼叶带紫红色，花冠外面紫红色，内面白色。具有直立性强、花枝节间短、花期早、长势好、毛密又长、花蕾紫红色等特点；在产量上，干蕾质量、单株产量和亩产量高于对照，具有花期长、花蕾大等优势；在生理特征上具有适应性强、耐寒性好、经冬叶不落、叶绿素含量高、花青素含量较对照低、光合速率高、生长快、抗病虫害强、耐旱等特性。

三、育苗方法

同第四节“‘豫金1号’种植技术标准操作规程（SOP）”。

四、栽植方法

同第四节“‘豫金1号’种植技术标准操作规程（SOP）”。

五、抚育管理

加强金银花的抚育管理，是增产增收的主要环节。抚育管理一般包括中耕除草、施肥浇水、合理安排群体结构等。

1. 中耕除草

同第四节“‘豫金1号’种植技术标准操作规程（SOP）”。

2. 水肥管理

雨季及时排水，以免烂根。早春萌芽期间和初冬季节干旱时，应适当浇水。追肥时每亩施复合肥25kg，尿素25kg。每年追肥2次，追一次肥浇一次水。第1次在3月进行，每亩追复合肥25kg，第2次在头茬花幼蕾期进行，每亩追尿素25kg，入冬浇一次封冻水。

3. 打顶促梢

同第四节“‘豫金1号’种植技术标准操作规程（SOP）”。

4. 修枝整形

同第四节“‘豫金1号’种植技术标准操作规程（SOP）”。

六、病虫害防治

同第四节“‘豫金1号’种植技术标准操作规程（SOP）”。

七、花蕾采收、干燥及包装

1. 花蕾采收

同第四节“‘豫金1号’种植技术标准操作规程（SOP）”。

2. 干燥及包装方法

同第四节“‘豫金1号’种植技术标准操作规程（SOP）”。

3. 分级标准

金银花干制品有严格的分级标准，见表3-34。

九、植株照片

植株照片参见图3-28～图3-33（扫码见图3-28～图3-33彩图）。

图3-28　‘豫金2号’（枝条扦插繁育苗床）

图3-29　‘豫金2号’（盛蕾期5年苗）

图3-30　‘亚特红蕾1号’（左）‘豫金2号’（右）苗的对比

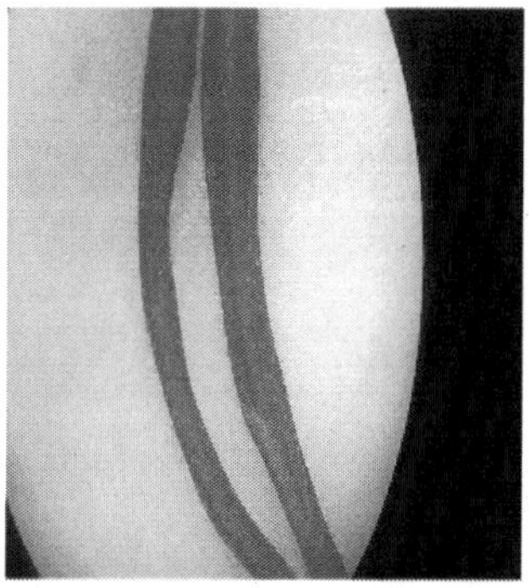

图 3-31 ‘亚特红蕾 1 号’（左）和‘豫金 2 号’（右）光学显微镜下花蕾照片

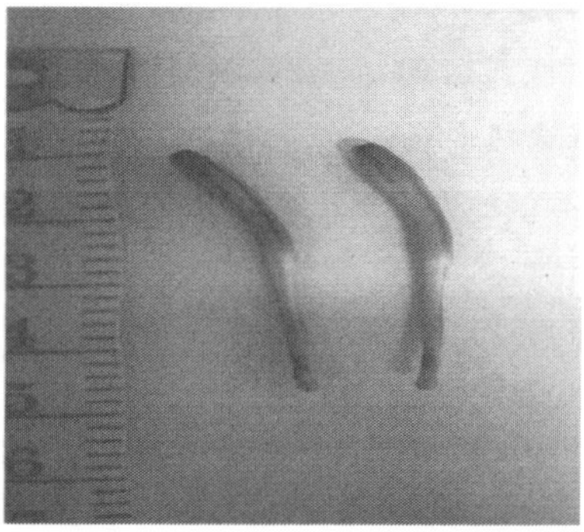

图 3-32 ‘亚特红蕾 1 号’（左）和‘豫金 2 号’（右）花蕾长度

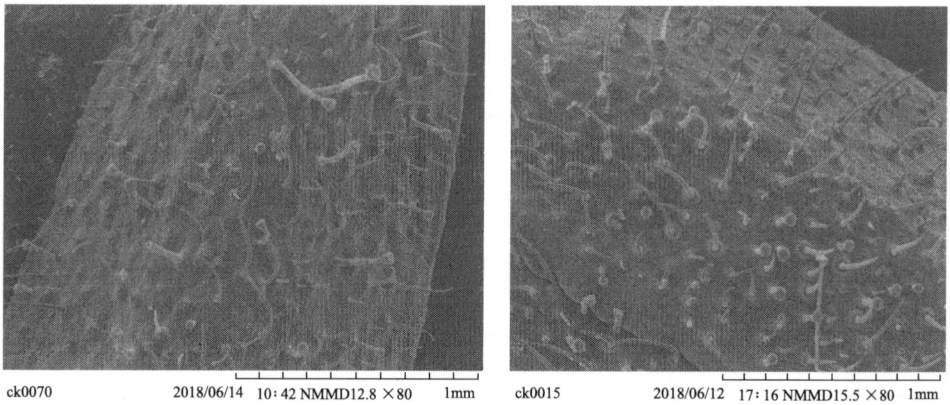

‘亚特红蕾1号’幼蕾　　‘豫金2号’幼蕾

图 3-33 ‘亚特红蕾 1 号’和‘豫金 2 号’幼蕾表皮毛显微结构

十、适宜区域

忍冬适应性很强，除黑龙江、内蒙古、宁夏、青海、新疆、海南和西藏无自然生长外，全国各省（区、市）均有分布，以河南、山东、河北种植较多。‘豫金 2 号’适宜在河南、山东和河北等相近环境区域种植。

十一、效益分析及推广应用前景

金银花具有很高的药用价值和经济价值，适应性很强，技术容易掌握，经济效益显著。该新品种的推广应用可在原收益基础上提高收益约 10%，如进入盛花期金银花按照每亩产 70kg，每千克按照 300 元计算，则每亩销售纯收入为 21 000 元，扣除施肥、人工管理等每亩成本 7000 元，每亩纯收入为 14 000 元，采用该抗病新品种和优化生产技术 SOP，可使每亩收益增加 1400 元，每年推广 1 万亩，可增收 1400 万，效益是非常可观的。

该新品种的推广应用，可减少金银花病虫害的危害，提高金银花的质量和产量，对提高农民收益，增强人们的身体健康，改善农村经济状况，保持农村的社会稳定有着重要意义。

第四章　金银花的栽培与田间管理

第一节　金银花的栽培管理

一、金银花繁殖方式

压条繁殖费工费时，繁殖系数低，还可能影响母株的生长和产量。嫁接和扦插繁殖成活率较低，为5%~40%，育苗周期较长。因此，目前‘金翠蕾’‘银翠蕾’和‘白云’3个新品种的繁殖以组织培养（简称“组培”）繁殖和非试管快繁为主，也可扦插和压条繁殖。

（一）组培繁殖

1. 培养条件

改良MS是在MS基本培养基的基础上，不添加硝酸钾，将磷酸二氢钾、硝酸铵、氯化钙和硫酸镁的用量分别减半。培养基中添加3%蔗糖、0.7%琼脂，pH5.8。培养温度为(25±2)℃，光强度为30~40μmol/(m^2·s)，光照时间为12h/d。

2. 启动培养

取带腋芽或顶芽的嫩茎段，剪去叶片，留叶柄基部，先用自来水冲洗3~5遍，用软毛刷蘸洗洁精溶液轻轻刷洗，再用自来水冲洗洁净。将外植体置于超净工作台，用75%乙醇浸泡10s，无菌水冲洗2或3次，再用0.1%升汞溶液（加入2~3滴吐温-80）消毒5~6min，无菌水冲洗4或5次，用消毒滤纸吸干表面水分。将茎段切成1.5~2.5cm长的小段，接种到启动培养基（MS+1.0mg/L 6-BA+0.1mg/L NAA）上。25d长至1.5~2.0cm高。

3. 增殖培养

将启动培养萌动的嫩梢，剪切成2.0~2.5cm长的茎段，‘金翠蕾’和‘银翠蕾’转接到增殖培养基（改良MS+0.5mg/L 6-BA+0.01ml/g NAA+1.0mg/L生物素D）上，‘白云’则转接到增殖培养基（改良MS+1.0mg/L 6-BA+0.1mg/L IBA+1.0mg/L生物素D）上，进行继代培养。增殖系数为4.7，培养25d的苗高为2.8cm，芽苗粗壮。

4. 生根培养

将2~3cm高的丛芽切成单株后转入生根培养基（1/2MS+3.0mg/L IBA+200mg/L活性炭）上，20℃下培养25d后，生根率达98.7%。

5. 试管苗的移栽

生根培养25d左右的苗高达3cm以上时，采用胡中常独创的“塑料杯单株一步移栽法”，不需炼苗，直接从培养瓶中取出试管苗，洗掉根部培养基，在0.1%瑞毒霉-锰锌溶液中浸泡3min，栽入盛有黄心土、炭化谷壳灰、细砂（1∶2∶2）混合基质的塑料杯中。以0.1%瑞毒霉溶液淋透基质，再用组培废弃的封口膜封口保湿，置于自动喷雾的塑料大棚中。30d后，揭开封口膜，40d后可移入大田，成活率达95%以上。

（二）扦插繁殖

1. 扦插时期

扦插在春季、夏季、秋季均可进行。春季宜在新芽萌发前、秋季于8月初至10月初，但以高温多雨季节扦插成活率高。

2. 插条的选择与处理

宜选择1年生健壮、充实的枝条，每根至少具2个节位，剪截长度10～15cm。然后，摘去下部叶片，留上部1或2片叶，每片去掉2/3，将插穗下端近节处削成平滑的斜面，每50根扎成1小捆，用300mg/L ABT6溶液浸泡下端斜面2～3h，稍晾干后立即进行扦插。

3. 扦插方法

扦插基质是泥炭土+珍珠岩（1∶3），用75%甲基托布津1000倍溶液消毒，用扦插盘盛装扦插基质，将插条的1/2～2/3斜插入孔内，压实按紧，随即浇1次水，置于全光照间歇喷雾下。半个月左右便可生根和萌发新芽。

（三）嫁接繁殖

1. 培育砧木

可采用灰毡毛忍冬、忍冬、菰腺忍冬的种子播种培育成砧木。在霜降前后，当金银花浆果变黑色时，及时采集成熟的果实，置清水中揉搓，漂去果皮及杂质，捞出沉入底层的饱满种子，晾干贮藏备用。也可随采随播。注意种子不能晒干。若翌年春播，于播前40d将种子取出，用40℃温水浸泡24h，捞出与3倍的湿砂层积催芽，当有50%的种子裂口露白时，即可筛出种子进行条播。在畦面上按行距20cm开横沟，深3～5cm，播幅宽10cm，将催芽籽均匀地撒入沟内，覆土压紧，盖草保温保湿，保持土壤湿润，每亩种子用量1～1.5kg。10d左右出苗，齐苗后揭去盖草，加强苗床常规管理。当苗高15cm时，摘去顶芽，促进加粗生长。当年秋季或翌年早春便可用于嫁接。

2. 嫁接

（1）嫁接时间　嫁接时间分春季和秋季。具体嫁接时间因年份、地域不同有较大的差异。同一年份、同一地点则主要受月平均气温、平均湿度制约，也受光照、砧木生长势、砧木和嫁接品种生物节律（物候）的影响。各地确定具体嫁接时间时，应主要参考当地的物候期。封丘春季嫁接适宜的时间是3月中旬至4月中旬，其中3月下旬成活率最高；秋季嫁接适宜的时间则是9月上旬至10月中旬，以9月中旬至10月上旬为最好。秋季气温高，空气干燥，接穗应妥善贮藏，最好是随采随接。

（2）嫁接方法　据试验研究，金银花新品种适宜的嫁接方法主要有切接、三刀法、腹接和根接。

1）切接：砧木树液尚未流动或砧木较小时适用此法，多用于春天嫁接。

剪砧：在砧木离地面 5 ~ 6cm 平直光滑处剪断，削平剪口，在断面平直的一侧自下而上轻轻地斜挑一刀，削成一小斜口。

开砧：在小斜口的木质部与韧皮部之间垂直向下切一刀，要求平直、光滑，长 3 ~ 3.5cm，稍带木质部。

削接穗：与下文的腹接接穗削法基本相同。不同之处是，穗段可选用 1 或 2 个芽，但不必削去下部的一个芽。

配合：将削好的接穗插入开好的砧木接口中，长削面向内，使砧穗形成层对准，如砧穗大小不一致，可对齐一边。

绑扎：先用剪好的塑料膜带将砧、穗固定，紧包 2 或 3 圈，再包砧木侧面伤口的下部和断面，要求封密包紧。

2）三刀法：在切接的基础上进行了改进，接穗削法为三刀，并适当增加砧、穗削面长度，嫁接成活率比普通切接提高 10% ~ 15%。

3）腹接：是秋季不截干的一种嫁接方法。苗木和大树高接换种均可采用。具体方法和步骤如下。

开砧：在砧木基部平直、光滑的一面往下轻削一刀，长 3cm 左右，稍带木质。圃地嫁接，砧木削的部位应离地面 6 ~ 8cm，以利于翌年春季补接。

接穗的削法：先将穗条剪成带 2 个饱满芽、长 6 ~ 8cm 的穗段，将穗段下部的芽削去。第一刀，在芽的下部平直的一面削一个长约 3cm 的长削面，要求光滑、平直，深达木质部。第二刀，在长削面的背面削一马耳形的斜面，与长削面相交成 45°角。第三刀，在马耳形斜面的上部，长削面的正背面削一短的削面，长约 2.5cm。同样要求光滑、平直，深达木质部，长、短二削面平行。

配合：与上述的切接基本相同。

绑扎：先用宽 1 ~ 1.5cm 的塑料带绑扎紧，再加上一长方形的罩（单芽不加罩，用塑料带将接穗完全包裹），上下用塑料带扎紧。

4）根接：常用切接和劈接，以劈接较为普遍。封丘金银花嫁接多采用根接法，具体操作如下。

先选择无病虫害、表皮无机械损伤的 1 ~ 3 年生、根径粗在 0.3 ~ 2cm 的金银花根（最好是灰毡毛忍冬），将根剪成长 10 ~ 15cm 的根段供嫁接用。如果根太细（0.5cm 以下），则采用接根法嫁接，即将穗段下部劈开，同一穗段接两段根。根的粗度在 0.5 ~ 2cm 则采用劈接法。绑扎均同常规方法。

嫁接完毕后，将根接苗按接穗、根砧大小分级，放入温室苗床（无温室，地窖也可），用湿润砂覆盖，促使早产生愈伤组织。注意经常检查，精细管理。如果苗芽萌动，应立即栽植在苗床里。根接苗从温室到苗床各个操作环节中，都注意切勿触动嫁接口，以免影响成活。

（四）压条繁殖

于秋、冬季植株休眠期或早春萌发前进行。选择 3 ~ 4 年生，已经开花、生长健壮、产量高的金银花作母株。将近地面的 1 年生枝条弯曲埋入土中，在枝条入土部分将其刻伤，压盖 10～15cm 细肥土，再用枝杈固定压紧，使枝梢露出地面。若枝条较长，可连续弯曲压入土中。压后勤浇水施肥，第 2 年春季即可将已发根的压条苗截离母体，另行栽植。压条繁殖方法，不需大量砍藤，不会造成人为减产。倘若留在原地不挖去栽种，因有足够营养，也比其他藤条长得茂盛，开的花更多。比起传统的砍藤扦插繁殖，除能提早 2～3 年开花并保持稳产、增产外，更重要的是操作方便，不受季节和时间限制，成活率也高。

（五）非试管高效快繁

非试管高效快繁（technique of efficient and rapid non-test tube plant cloning，TERNPC）技术就是用金银花的两叶两芽直接接种在辅助有简易条件的大田沙床上，每 20～60d 繁殖一代，繁殖系数可达 2～15 及以上。该技术由于采用独创的一系列有效的标准化技术措施和管理经验，可在简易条件下使经特殊训练的普通人员直接在田间操作实施，不仅增强了易传性和大众化，还增强了实际上的综合快繁效率，最大限度地降低了工厂化植物育苗的生产成本。

1. 原苗选择

一般选用优良品种的试管苗或其第一代苗作为母本苗。

2. 快繁材料的选择与处理

从母本上选取两叶两芽的半木质化嫩枝作材料，下端剪成斜形，叶片保留 1/3，每 50 根扎成一小捆，用 300mg/L ABT6 生根粉浸泡下端斜面 2～3h，稍晾干后立即进行扦插。

3. 扦插方法

扦插基质是泥灰土+珍珠岩（1∶3），用 75% 甲基托布津 1000 倍液消毒。用扦插盘盛满扦插基质，将插条的 1/2～2/3 斜插入孔内，压实按紧，随即浇 1 次水，置于全光照间歇喷雾下。半个月左右便可生根和萌发新芽。

二、栽植技术

（一）选用优质苗木

忍冬苗木标准主要依据种苗的高度、根长、根粗、茎粗、分枝数等因素而定，见表 3-33。

（二）整地

金银花虽然根系较浅，水平根分布密集，但深翻改土，加厚活土层，有利于根的生长发育，这显然能提高金银花的抗旱能力。因此，金银花密植园要求全园整地。每亩撒施圈肥 5000kg，或棉籽饼 5000kg，碳酸氢铵 50kg，深翻 60～80cm，耙细整平，以备定植。

丘陵山地主要在于做好水土保持，按等高线做好梯田，里低外高，再行深翻，土层加深到 50～60cm，为金银花的生长发育创造良好条件。

河滩沙地应进行抽沙换土，深度 50cm；黏重土地进行压沙，厚度 10～20cm 即可，然后进行深翻，使土沙混合，改变其黏重的物理性状。

上述改良土壤的方法，均要施足基肥，以提高地力。

（三）栽植密度和方式

栽植时必须建立合理的群体结构，依据气候条件、土壤条件、排灌条件，确定栽植密度。一般根据土壤条件划分为3类。

1. 土壤瘠薄地

永久株行距按1m×1m设计。第一年定植按株行距0.5m×0.5m，每亩2644株。第三年隔行去行，隔株去株，每亩留永久株666株。从栽植起，应分清永久株和临时株。定植如图4-1所示。

2. 土壤肥力一般地

第一年定植株行距按0.5m×0.625m，每亩2050株，第三年冬隔行去行，隔株去株，株行距1m×1.25m，每亩留532株。定植如图4-2所示。

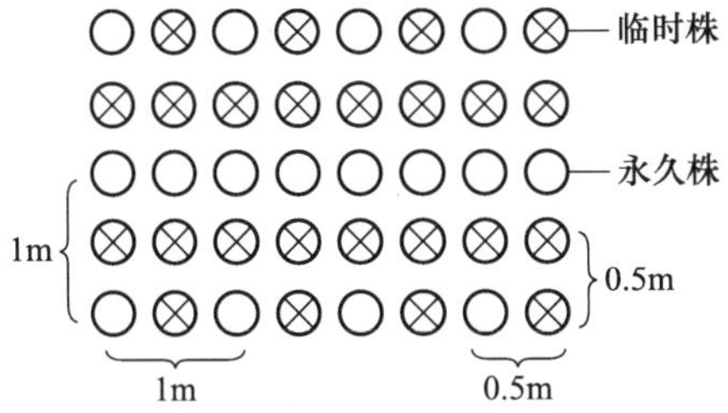

图4-1　土壤瘠薄地定植图

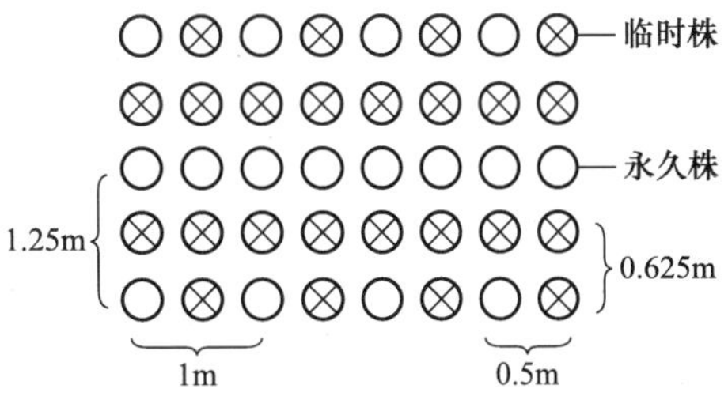

图4-2　土壤肥力一般地定植图

3. 土地肥沃地

永久株行距按1m×1.5m。第一年按株行距0.5m×0.75m定植，每亩1776株。第三年隔行去行，隔株去株，株行距为1m×1.5m，每亩444株。定植如图4-3所示。

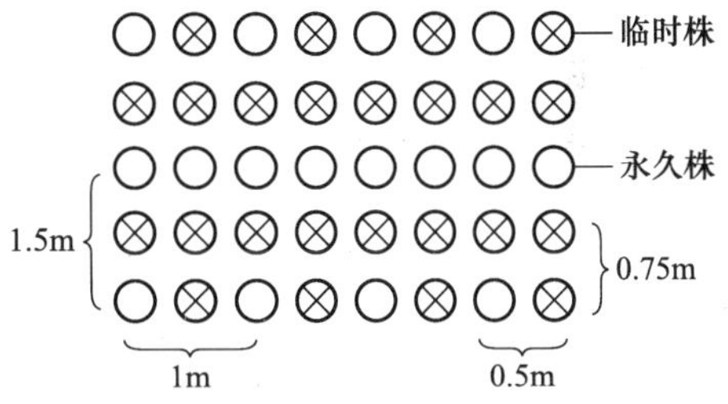

图4-3　土地肥沃地定植图

三、金银花的盆栽技术

金银花植株婀娜多姿，花香叶翠，根系发达，萌蘖能力强，桩根相衬，典雅大方，是集生态、观赏与经济价值为一体的绝佳品种。在秋冬休眠期挖掘其老桩，挖掘时要根据树木的自然形态及以后的造型要求，剪除大部分枝条，保留主干和必要的主枝；切断主根，尽量多保留侧根和须根。挖出后，应将根部立即粘上泥土，带回植于透气性能好的瓦盆中，精心养护，以保成活。待金银花长势良好，主干达到一定粗度时，便可进行初步加工。金银花盆栽技术的第1步是“提根”，即在上盆时露根栽植，或在翻盆时逐年把根上提3～6cm，另外也可把深盆栽植多年的树桩与盆土同时脱出，在不伤及根系的前提下，换作浅盆栽植，并在四周空隙处填上营养土，墩实后人工洗去盆面以上根系之间的泥土，再剪掉裸露出来的根部多余的毛根。金银花盆景造型一般为自然式，其枝干造型也可采用曲干式，利用截干蓄枝法修枝，但应避免1年内造型修剪次数过多，影响花蕾形成。对局部不到位的枝条可进行适度修剪和铁丝蟠扎、牵引等，使桩上枝条自然、流畅、疏密有致，整个株型干枝协调、层次分明。

四、金银花的林下种植

（一）整地

选择退耕还林种植山毛桃等的林地，在春季或秋季进行，春季整地当年春季栽植，秋季整地翌年春季栽植。采用小鱼鳞坑整地方式，深度30cm左右。

（二）种苗选择

从陕西杨凌引进树型金银花‘金花3号’优良种苗，苗木要求为苗高40～60cm，地径0.8～1.0cm，根系完整，主、侧根表皮下呈现新鲜白色，无霉烂、失水现象，无疤瘤，无枝干病虫害，枝条成熟，无抽条现象的1年生优质壮苗。

（三）栽植

在山毛桃林行间按照株距2m×3m混交栽植，在定植前1年秋季或当年春季化冻后开挖定植穴（坡面采用60cm×80cm鱼鳞坑，平地采用60cm×60cm圆穴）；生土筑埂，熟土加土粪30kg/穴混拌回填，将穴填平后等待定植。栽植前进行苗木修根、浸水、消毒处理，检查定植穴土壤湿度，栽植后茎与地面平或略低于地面5cm。栽植要点为“一提二踩三埋苗”。栽好后做树盘，直径为1m，以便灌水或积蓄雨水，栽后立即灌水，要求灌足灌透，待水渗下后，进行封土保墒。

（四）日常管理

春栽的金银花栽后10～15天浇第1次水，7～8月浇第2次水，秋后结合施肥浇第3次水，入冬前再浇1次水。越冬防寒对1～2年生树落叶后全树用15～20倍水熬制25～30min的聚乙烯醇涂干。栽植后进行深翻锄草，深度20cm，把杂草翻入地内，全年锄草3或4次。每年10月上旬沿树冠外缘挖深60cm、宽30cm的沟，施有机肥22.5t/hm^2、磷酸二铵750kg/hm^2，然后和熟土拌匀回填。采用单层高位开心形或主干疏层形整形修枝。

（五）病虫害防治

坚持预防为主，认真抓好清园工作。主要防治措施是春季发芽前喷施5%石硫合剂，防治球坚介壳虫和杏疔病等；另外结合春季深翻树盘，用5%敌百虫粉剂0.1kg/株翻入树盘。发现介壳虫危害及时进行人工捕杀。采用物理、生物、化学防治相结合的原则，一次性全面防治：①生态调控。选择对当地主要病虫抗（耐）性较强的品种；加强栽培管理，增强树势，提高树体自身抗病虫能力。②冬季预防。入冬后翻土、刮树皮、修剪、清园等，减少病虫源。③园内放禽。在金银花园内放养鸡、鸭等禽类动物，取食害虫的幼虫和成虫。④应用生物源农药防治害虫。⑤桃小食心虫是果实类的主要害虫，防治方法是拣拾落果，集中深埋；秋季翻树盘，消灭越冬茧；翌年幼虫出土前，在树下周围覆盖地膜，防止幼虫出土；幼虫出土期在树下地表喷洒辛硫磷乳剂 4.5kg/hm^2，杀死出土幼虫；成虫羽化期喷洒 20% 的速灭杀丁 3000～4000 倍液。

第二节　金银花的田间管理技术及研究

一、苗期管理

（一）间苗、定苗

1. 间苗

为提高前期产量，初栽时宜密植，株行距为 1m×1m，2～3 年后视空间大小间伐减株，最后达到计划密度。冬季或早春栽植时施入保水剂。栽植后填土踏实，浇定植水。

2. 定苗

要求选择茎秆粗壮，节间短，株高 50cm 以上，老桩粗度 0.8cm 以上，长度 15cm 以上，新枝基部粗度 0.5cm 以上，长度 30cm 以下，15cm 以上，侧根 3 条以上的壮苗。

（二）中耕除草

育苗地应结合间苗、施肥、灌溉进行浅耕，除草应“除早、除小、除了”。

（三）灌溉和排水

幼苗期灌溉应量少多次，速生期灌溉次数可减少，但应适时浇透水。晴天时，每天早晚各浇水 1 次，以浇透根系为宜；阴天没雨时，每天浇水 1 次；下雨天不浇水且注意防涝。

（四）追肥

移植后 15d 左右，种子出苗长到 3 片真叶或扦插苗成活时，就可以施肥。施肥的原则是勤施、薄施，以复合肥为主、叶面肥为补充，施肥浓度以 0.3%～0.5% 为宜。一般是傍晚施肥，第二天清晨用清水淋苗，以免造成肥害。一般情况下，每个月施水肥 2 次，可追施 3～5 次；幼苗开始进入硬化期后追施钾肥（每亩施氯化钾 20kg 或硫酸钾 25kg），促进植株木质化。另外，苗木水肥管理期间也要注意除草、松土，发现缺苗的地方要及时补苗。当苗木生长高度达 40cm 以上时可出圃定植。

二、肥水管理

金银花生长旺盛，定植 3 年后即可进入盛花期，进入盛花期的金银花 1 年可开 3～4 次花，每亩产干花 100～150kg。因此，金银花需肥量很大，如要高产高效优质，合理施肥很重要。目前金银花常用肥料有有机肥料、无机肥料、腐质酸类肥料、微生物肥料和叶面肥料等。

1. 有机肥料

土壤有机质是金银花所需要养分的重要来源。目前，有机肥料的种类有农家肥料、圈肥、家畜肥、堆肥、绿肥、饼肥、秸秆肥等，其中家畜粪尿肥呈碱性反应，在盐碱地不宜使用。金银花植物生长理想的土壤有机物质含量为5%~7%，而目前土壤有机物质的含量在1.5%左右，所以对金银花增施有机肥是非常必要的。经试验，在连续3年施有机肥的金银花地块，比未施有机肥的地块增产2倍多。在未施有机肥的金银花地块，第1年即表现生长缓慢；第2年，抽条慢，叶色泛黄；第3年，生产势衰弱，花量大减。有机肥可作为底肥一次性使用，在每年入冬封冻前结合深翻施足底肥并结合灌水。要施厩肥或杂肥4000kg/亩左右，或施饼肥75kg/亩左右。

有机肥沤制方法有垫圈积肥、高温堆肥、沤肥等。

2. 无机肥料

除以施有机肥料为主外，还应适当施加一些无机肥料，以补充金银花在生长期间的所需肥量，无机肥料又叫作矿物质肥料、化学肥料。按所含养分分为氮肥、磷肥、钾肥和复合肥。其中以氮素最为关键。在生长期，春施一次“催芽肥”。

一般采用田间小区试验方法，研究氮、磷、钾肥对金银花产量及药用成分绿原酸、木犀草苷含量的影响。结果表明，在基施生物发酵鸡粪的基础上，施化肥氮为0~450kg/hm^2时，金银花产量随着施肥量的增加呈增加趋势，其中施氮450kg/hm^2处理单株产量最高，而绿原酸含量随施氮量的增加呈先增加后降低的趋势，当施氮量超过240kg/hm^2时，随着施氮量的增加而下降，但各处理间差异未达到显著水平；磷肥能有效地提高金银花的产量，施磷量为360kg/hm^2时单株产量最高，施磷量在0~180kg/hm^2时，绿原酸随着施磷量增加而增加，超过180kg/hm^2时，绿原酸含量随施磷量的增加而显著下降；施钾量在0~300kg/hm^2的范围内，金银花产量随着施钾量的增加而增加，而绿原酸含量以施钾量为225kg/hm^2时最高。其中当N、P_2O_5、K_2O施用量分别在240~360kg/hm^2、180~360kg/hm^2、150~225kg/hm^2时，四茬金银花药用成分木犀草苷平均含量达到《中国药典》标准，处理间差异不显著，但在此施肥量范围外木犀草苷含量则下降。

王喻等在中国科学院封丘农业生态实验站进行有机、无机氮肥对金银花质量影响的试验研究，以盆栽7年生金银花为试验材料，采用紫外分光光度计法测定金银花中总绿原酸和黄酮类含量。结果表明：在磷钾肥充足供应的情况下，单施有机氮肥对金银花千蕾质量起正效应，对花和叶内绿原酸和黄酮类的含量起负效应，而单施无机氮肥的效果正好相反，只有有机氮肥和无机氮肥混合施用才不会降低金银花的质量，因此在金银花种植中应将有机氮肥和无机氮肥结合施用。

3. 腐质酸类肥料

腐质酸类肥料为一种多功能的有机肥和无机肥结合的新型复合肥。我国目前生产有腐殖酸铵、腐殖酸钠、硝酸腐殖酸铵、腐殖酸钾、腐殖磷酸、腐殖酸钙及腐殖酸氮磷钾复合肥等。可作基肥、追肥和种肥。

4. 微生物肥料

利用能改善植物营养状况的微生物制成的肥料，简称菌肥，包括固氮菌剂（好气性自生固氮制剂）、5406抗生菌肥（把细菌、放线菌混合在堆肥中而制成肥料）、美地那（生物要素肥料）。

5. 叶面肥料

在金银花新梢旺长和花芽分化期进行施肥对根系的生长不利，且肥料的吸收利用率低；而采用叶面喷施肥料，可避免伤害根系，同时养分可直接被叶片吸收利用，肥料利用率高。另外，丘陵山区种植金银花，普遍存在根际施肥时，肥料随雨水流失严重、利用率低的问题，采用叶面喷施肥料可很好地解决这一问题。叶面喷肥（如磷酸二氢钾、尿素、硫铵、过磷酸钙等）一般在花前喷。喷肥的浓度，磷酸二氢钾为0.2%，其他为1%~2%，平均增产4.5%以上。另外，也可补充一些微量元素，如1%硼砂、1%硫酸镁、0.05%~0.1%硫酸锰或硫酸铜、0.1%~0.4%硫酸锌或硫酸亚铁。

每年春季、秋季要结合除草进行追肥，一般每年进行3或4次。第一次追肥在早春萌芽后进行，每个花墩施土杂肥5kg，配以一定的氮肥和磷肥，氮肥可用硫氨或尿素50~100g，磷肥可用过磷酸钙150~200g，或用氮磷复合肥磷酸二铵150~200g，也可只施入粪尿5~10kg，目的是促进新梢生长和叶片发育。以后在每茬花采完后分别进行一次，仍以氮肥和磷肥为主，数量与第一次追肥的量相同，以恢复植株的长势，促进花芽分化，增加采花次数。最后一次追肥应在末次花采完之前进行，以磷肥和钾肥为主，施入磷酸二铵和硫酸钾各150~200g，以增加树体养分积累，提高越冬抗寒能力。追肥方法基本同基肥，但追肥的沟要浅，一般掌握在10~15cm。也可采用穴施法，即在树冠外围挖5~8个小穴，穴深10~20cm，放入肥料，盖土封严。若土壤墒情差，追肥要结合浇水进行。叶面追肥常用浓度为1%~2%尿素溶液，每公顷喷施溶液750~900kg，整个生长期喷1~3次。叶面追肥应注意：宜在早晨或傍晚进行，喷洒部位应以叶背为主，间隔时间以7d左右为宜，雨天不能喷施。喷后3h内遇雨，天晴后应补喷，但浓度要适当降低；肥料的浓度要适宜，追肥浓度过大，容易产生肥害。特别是在施用微肥时，应特别注意，肥料要合理施用，喷施过磷酸钙等含磷肥料时，要将其浸泡24h后取其上清液。另外，可定期施用镁、锰、铜、锌等微肥，施用适量的微肥是金银花优质丰产的关键。

6. 叶面施肥效果试验

金银花专用叶面肥（N：P_2O_5：K_2O=28：12：13）是中国科学院南京土壤研究所根据金银花生长发育的需肥特点研制的全营养叶面肥，其中N、P、K总含量在50%以上，并含有1%的微量元素（包括B、Fe、Zn、Cu、Mn、Mo 6种）。为观察其在金银花上的应用效果，编著者特进行了试验。

从表4-1的结果可以看出，喷叶面肥处理的植株叶面积较对照显著增加，总叶绿素含量增加。说明叶面肥可促进叶片的生长发育，提高叶片的光合功能。喷施叶面肥后，叶片的绿原酸含量增加，总糖含量也增加，说明碳素营养条件得到改善。

表4-1 喷叶面肥对金银花叶片生长发育及营养状况的影响

试验地点	叶面积/cm^2		总叶绿素/(mg/g)		绿原酸/%		总糖/%	
	喷叶面肥	对照	喷叶面肥	对照	喷叶面肥	对照	喷叶面肥	对照
李堂村	19.88	16.29	2.88	2.27	4.59	4.17	5.09	3.67
屯里村	13.02	11.97	3.06	2.54	5.05	4.57	6.00	5.11

由表4-2可以看出，喷叶面肥处理整个花期的单株产量较对照显著提高。但是花蕾的内含成分两处试验点的反映不同，花蕾的绿原酸含量在尹岗乡李堂村点表现为增加，在潘店乡屯里村点表现为略有下降，但与对照差异不显著；尹岗乡李堂村点花蕾的总糖含量增加，潘店乡屯里村点降低。

表4-2　叶面肥处理对金银花花蕾产量和质量的影响

处理	单株产量/g		绿原酸/%		总糖/%	
	李堂村	屯里村	李堂村	屯里村	李堂村	屯里村
喷叶面肥	320.36	435.60	5.90	7.16	5.11	3.83
对照	240.17	393.03	5.10	7.57	4.47	4.74

试验结果表明，全营养叶面肥提供的矿质养分种类全，肥力高，在金银花的新梢旺长和花蕾发育早期喷施该种叶面肥可显著促进金银花枝条、叶片、花蕾的生长发育，提高产量，同时，不降低质量。该肥可在金银花生产中应用。

禁止使用的肥料：未经无害处理的城市垃圾、工业垃圾、医院垃圾及粪便。禁止使用硝态氮化学合成肥料。

金银花标准化生产的肥料使用必须遵守的准则：①所有有机肥料和无机肥料，应以对环境和药材不产生不良后果为原则；②尽量选用国家生产绿色食品的各类使用准则中允许使用的肥料种类；③使用化肥时，必须与有机肥料配合使用；④饼肥对金银花的品质有好的作用；⑤腐熟的达到无害化要求的沼气肥水、腐熟的人畜粪尿可作追肥；⑥城市垃圾要经过无害化处理达到标准后才能使用；⑦绿肥的利用方式有覆盖和翻入土中混合堆沤；⑧秸秆可以还田，有堆沤还田、过腹还田、直接翻压还田、覆盖还田等方式；⑨微生物肥料可用于拌种，也可以作基肥和追肥；⑩叶面施肥喷施于作物叶面。

三、修剪整形及生长影响

（一）修剪整形

金银花的自然更新能力很强，新生分枝较多，金银花的花蕾着生在新枝上。自然生长的金银花，由于植株生长过于茂密，通风透光不良，叶子容易发黄脱落，开花数量较少。结过花的枝条虽然能够继续生长，但不能再孕蕾结花，只有在原结花的母枝上萌发出的新枝条，才能进行花芽分化、形成花蕾。所以，金银花要丰产必须进行整形修剪，只有通过合理修剪，有效地控制株型和枝条的生长发育，才能有效促进植株新枝的萌发、花芽的分化和花蕾及花形成。搞好整形修剪，产量能提高40%左右，甚至更多。

剪枝应遵循“因枝修剪、随墩造型、平衡墩势、通风透光”的原则。

金银花修剪分两个时期：一是冬季修剪（简称“冬剪”），即休眠期的修剪，12月至翌年3月上旬均可进行；二是绿期的修剪，即生长期的修剪，5月至8月中旬均可进行。

1. 冬季修剪

当气温降到0℃以下时，金银花进入休眠期，整个冬季至翌年开春，是整形修剪的最佳时期。4年以下的花墩为幼年花墩，修剪的任务主要是选留骨干枝和培育墩形。

（1）幼龄株的修剪　1～3年生幼龄墩的修剪方法主要是以整形为主，结花为辅。要先整形后修剪，可利用拉枝的办法，调整骨干枝的伸展方向进行整形。重点培养好一、二、三级骨干枝，构成牢固的骨架，为以后的丰产打下基础。疏去多余枝条，然后在一级骨干枝上选留二、三级骨干枝。旺枝轻截，留3～5节，弱枝重截，留2或3节。短截后的枝条称为结花母枝，3年以下的花墩留50～80个。

1）第一年冬季修剪：先计划好采用的墩形，选择健壮的枝条，自然圆头形留一个主干，伞状形留3个主干，每个枝条留3～5个节剪去上部，其他枝条全部剪去。在今后的管理中，经常把根部生出的枝条及时去掉，以防止分蘖过多，影响主干的生长。选留健壮的枝条，在3～5个叶节处剪去，留作一级骨干枝，每墩留6～8个，其余的剪去。

2）第二年冬季修剪：此期修剪的任务主要是培养一级骨干枝。头年冬季修剪后，在一般的肥水管理条件下，会生出6～10条呈紫红色的健壮枝条，自然圆头形选留2或3个主干，伞状形选6或7个主干，作为一级骨干枝，每个枝条留3～5个节剪去上部。选留标准：一是基部直径在0.5cm以上；二是分枝角度在30°～40°；三是分布均匀，错落着生，尽量避免交叉重叠或都着生在一个部位上。其他枝条不管生长在何处，特别是基部的分蘖，一律去除。

3）第三年冬季修剪：此期的主要任务是选留二级骨干枝，以更好地利用空间。金银花枝条基部的芽很饱满，5或6个芽围生一周，抽出的枝条也很健壮，可利用其调整更换二级骨干枝的角度，延伸方向。自然圆头形留7～11个，伞状形留12～15个，每个枝条留3～5个节剪去梢上部，作为二级骨干枝。方法及标准同上，多余枝条全部去除。

4）第四年冬季修剪：一是选留三级骨干枝；二是利用新生枝条调整二级骨干枝。自然圆头形留18～25个，伞状形留20～30个，作为三级骨干枝。花墩可留100个左右。结花母枝分布要均匀，间距8～10cm。方法标准同上。

5）第5年冬季修剪：金银花第5年骨架已基本形成，修剪向结花转移。一是选留足够的结花母枝；二是利用新生枝条调整骨干枝的角度、方向，分清有效枝和无效枝，去弱留强。选留的结花母枝基部直径必须在0.5cm以上。每个二级骨干枝最多留结花母枝2或3个，每个三级骨干枝最多留4或5个，全墩留80～120个，结花母枝间的距离为8～10cm，不能过密，对结花母枝仍留2～5个节剪去上部，其他全部疏除。每年冬季修剪完后，要进行清墩整穴。结合深翻，进行有计划的断根，可以促进根系的发育，提高根系的活力，增加产量。关键是每次断根的量不要超过总根量的1/4。把清墩的枯枝落叶掩埋，可有效消灭藏身的虫卵，防止病虫害的发生，又可以当作沤肥改土。修剪完后，进行清园。病虫枝要掩埋或焚烧，壮枝可以用作育苗。冬去春来，精心修剪的花墩，就会萌发出比原来多得多的花枝，结出更多的花蕾。

（2）成龄株的修剪　5年以后，金银花已完全进入结花盛花期，成龄株骨架已基本形成，所以整形修剪也已基本完成，从而转向丰产、稳产阶段。这时的修剪任务首要是选留健壮的结花母枝。修剪主要是培养健壮的开花母枝，利用新生枝条调整骨干枝角度，去弱留强。结花母枝的来源，80%是一次枝，20%是二次枝。结花母枝需要年年更新，越健壮越好，只有强壮的母枝才能多抽花枝，达到丰产、稳产的目的。其次是调整更新二、三级骨干枝，去弱留强，复壮墩势。修剪步骤是先下部后上部，先里边后外边，先大枝后小枝，先疏枝后短截。留下的结花母枝和留下的开花母枝要进行短截，旺者留 4 或 5 节轻截，中庸者留 2 或 3 节重截，并使其分布均匀，布局合理，枝间距仍保持在 8 ~ 10cm。选留的开花母枝基部直径必须在 0. 5cm 以上。每个二级骨干枝最多留开花母枝 2 或 3 个，每个三级骨干枝最多留 4 或 5 个，全株留开花母枝 80 ~ 120 个。修剪时疏除交叉枝、下垂枝、枯弱枝、病虫枝及无效枝。

修剪与肥水关系很大，土地肥沃、水肥条件好的可轻截，反之则重截。在一般情况下，墩势健旺的可留 80 ~ 100 个结花母枝，每株可产干花 1200g 左右。

（3）老龄株的修剪　20 年以后的金银花，植株逐渐衰老，这时的修剪除留下足够的开花母枝外，主要是进行骨干枝更新复壮，使成株龄老而枝龄小，方可保持产量。方法是疏截并重，抑前促后。金银花的一生和葡萄近似，根部萌蘖相当多，这是造成树形紊乱、植株早衰的根本原因。因此，在成龄墩每年的管理中应及时把根蘖除掉，及时清除主干的徒长枝。

2. 绿期修剪

绿期修剪（简称“绿剪”）在金银花采收以后进行，其目的是促进多茬花的形成。第一次绿剪在头茬花后的 5 月下旬至 6 月上旬，绿剪以疏枝短截为主，金银花的花蕾都生在新枝上，这些采过花的枝条，不会再现蕾，所以要进行短截以促进新枝萌发和花蕾形成。根据墩势和地力，每墩选留 100 ~ 150 个结花母枝。第二次是剪夏梢，在 7 月中、下旬（二茬花后）进行。第三次是剪秋梢，在 8 月中、下旬（三茬花后）进行。结合修剪要注意除去虫害枝，修剪完毕后要及时清园，壮枝可用作育苗。先疏除全部无效枝，壮枝留 4 或 5 节、中庸枝留 2 或 3 节短截，枝间距仍保持在 8 ~ 10cm。绿剪每年 2 或 3 次，可采 3 或 4 茬花。

金银花摘花期结束以后，要进行几次枝条修剪。其时间应分别在收花后的 7 月下旬、8 月上旬至 9 月上旬和 12 月至翌年 2 月。方法是根据植株的自然生长情况，适当保留几根主根，将生长发育差的弱枝、过密枝、徒长枝和病株，用剪刀从基部 30cm 处剪去（嫩枝条也宜剪去顶端），让枝条下部逐渐粗壮。其原则是：对枝条长的老花墩，要重剪，截长枝、疏短枝，截疏并重；对壮花墩，以轻为主，少疏长留；对搭支架靠缠绕生长的枝藤，应该修剪呈灌木状的伞形，使之中央高、四周低，以利花丛内通风透光，减少病虫害发生，促进花丛长势良好；对未搭支架全部靠在岩石上攀缘生长的枝藤，修剪时不要过分剪除，而应该多保留几根主干，任其向四方伸展开花。

注意，修剪时，要在剪口芽上面的芽位修剪，尤其是冬剪，如剪口靠近芽太近，容易抽干，剪口下的芽不易萌发。

（二）修剪对金银花生长的影响

1. 修剪时期

农民中存在两种修剪习惯，一种是在 11 月中旬至土壤封冻前进行修剪，另一种是在早春萌芽前进行修剪。经过观察比较，越冬前修剪可促进第二年春季萌芽，使萌芽早，萌生的枝叶生长势强。这是由于金银花耐寒，冬季可保持叶片不落，因此即便在冬季低温下金银花仍在进行轻微的生理活动，必然消耗贮藏营养。所以，若在越冬前保留枝叶不修剪，造成贮藏营养的消耗，第二年春季萌芽晚，枝叶生长势弱。

2. 疏枝程度

冬季修剪常用的方法是将老枝进行短截，以促进腋芽萌发成花枝。短截对于提高金银花产量是一个十分有效的修剪措施。但是，短截的程度不同，对树体萌发花枝的刺激不同。重，则易造成旺长，发枝量少，长花枝的比例大；轻，则发枝力弱，发枝量大，营养分散，多形成中短花枝，树体生长势弱，可能影响下一茬花枝的生长发育。

根据表4-3，产量在3种处理之间差异均达到极显著水平；绿原酸在3种处理间均达到极显著水平。不同程度疏除主枝处理比较，轻剪可增产，重剪增产效果小，修剪后叶面积下降，重剪叶面积大于轻剪，绿原酸无显著变化（表4-3）。

表4-3　不同程度疏除主枝处理对金银花叶片和花蕾发育及质量的影响（$n=5$）

	产量/g	绿原酸/%
对照	218.9c	5.09b
轻剪	261.4a	5.02c
重剪	233.7b（$\alpha=0.01$）	5.15a（$\alpha=0.01$）

注：同列不同小写字母表示在0.05水平差异显著

3. 疏内膛处理

将所有内膛的萌芽全部抹除，结果提高了花枝的总数量，提高了中、短枝的比例，降低了顶花短枝的比例，长枝的比例不变，说明疏内膛促进顶花短枝向营养条件较好的短枝和中枝转化。花蕾的产量、千蕾重、叶绿素含量降低，叶面积、绿原酸含量升高（表4-4）。

表4-4　疏内膛处理对金银花枝叶、花蕾发育及产量质量的影响（$n=5$）

	花枝数量	花枝组成/%				千蕾重/g	产量/g	叶面积/cm^2	绿原酸/%	叶绿素/(mg/g)
		长	中	短	顶花					
对照	167	51.3	28.9	3.9	15.8	17.5	159.3	27.0	3.28	4.87
疏内膛	228	51.5	34.7	6.0	7.8	15.3	79.6	29.6	3.97	4.36

4. 不同程度摘心处理

不同程度摘心处理的结果表明，重摘心可提高产量、千蕾重、叶面积、绿原酸含量、叶绿素含量；轻摘心产量降低，叶面积未增加，其他指标均升高（表4-5）。这说明，适度摘心有利于叶片和花蕾的发育，提高花蕾的产量和质量。

表4-5　不同程度摘心对叶片、花蕾发育及质量的影响（$n=5$）

	产量/g	千蕾重/g	叶面积/cm^2	绿原酸/%	叶绿素/(mg/g)
对照	1.02	15	23.1	3.28	4.87
轻摘心	0.97	17.8	22.4	3.59	6.44
重摘心	1.07	18.8	27.5	4.29	7.39

四、其他管理

（一）打顶

当年新抽的枝能发育成花枝，打顶能促使多发新枝，以达枝多、花多的目的。打顶时，从母株长出的主干留 1 或 2 节，2 节以上用手摘掉；从主干长出的一级分枝留 2 或 3 节，3 节以上摘掉；从第一级分枝长出的二级分枝留 3 或 4 节，4 节以上摘掉；此后，从二级分枝长出的花枝一般不再打顶，让其自然开花。一般节密叶细的幼枝即花枝，应保留；无花的生长枝，枝粗、节长、叶大，应去掉，以减少养分消耗。打顶使每一植株形成丛生的灌木状，增大营养空间，促使花蕾大批量提早形成。

（二）中耕除草

中耕既可保墒、放墒，又可改善土壤通气状况，利于根系活动，春季中耕还可提高地温，利于土壤微生物活动和有机物质分解，提高土壤肥力，同时中耕可除掉杂草，节约养分。栽种成活后，每年中耕除草 3 或 4 次。第 1 次在春季萌芽发出新叶时进行，第 2 次在 6 月进行，第 3 次在 7 ~ 8 月进行，第 4 次在秋末冬初进行。中耕除草后还应于植株根际培土，以利越冬，保持金银花良好的生长。中耕时，在植株根际周围宜浅，远处可稍深，避免伤根，否则影响植株根系的生长。在第 3 年以后，视杂草生长情况，可适当减少中耕除草次数。

金银花在生长的前 5 年内很难封垄，因此造成行间杂草生长旺盛，《中药材生产质量管理规范》（GAP）中指出，目前生产中大部分采用人工除草。李琳等研究了不同除草方式对金银花杂草控制及产量的影响，结果显示，采用园艺地布和 90% 遮阳网能很好地防治杂草的生长，各种地面覆盖均能提高土壤含水量。采用园艺地布除草可使金银花田产量和经济效益最高，该处理下产金银花干花 433.55 斤①。草帘、70% 遮阳网和间作三叶草与人工除草相比降低投入成本 1500 元/亩，虽然除草效果不是很好，但保水及经济效益比较好，生产上可以适当采用。不同除草方式对金银花千蕾干重影响不大，尤其是第一茬花各处理间差异不显著；而第二茬花园艺地布显著高于草帘覆盖、70% 遮阳网覆盖和 90% 遮阳网覆盖，其他处理间差异不显著；第三茬花中人工除草极显著高于无纺布覆盖、70% 遮阳网覆盖、90% 遮阳网覆盖和间作三叶草。

（三）灌水和排涝

水分的及时适量供应是保证金银花正常生长和结蕾的重要条件。金银花在过度干旱和积水时会造成大量落花、沤花、幼蕾破裂、花蕾瘦小等品质下降的现象，因此要及时做好排灌和排涝工作。一般要做到封冻前浇水 1 次封冻暖根水，翌春土地解冻后，浇 1 或 2 次润根催醒水，以后在每茬花蕾采收前，结合施肥浇 1 次促蕾保花水。每次追肥时都要结合灌水，以促进肥料分解，加速根系吸收。土壤干旱时要及时浇水。每次浇水的时间最好选在早晨或上午进行，这一点在炎热的盛夏季节尤应注意。

---

① 1 斤 = 0.5kg

（四）越冬管理

1. 施足基肥

基肥要以腐熟的有机肥为主，并配以少量 N、P、K 肥或三元复合肥。有机肥包括各类圈肥、人粪尿、堆肥、绿肥、草木灰、作物茎叶等，一般幼树每公顷施有机肥 45 000kg 左右，大树每公顷施 75 000 ~ 150 000kg。实践证明，冬施比春施效果好。基肥的施用方法有以下几种：①环状沟施肥法。在金银花花墩外围挖一环形沟，沟宽 20 ~ 40cm，深 30 ~ 50cm，按肥：土为 1：3 的比例混合回填，然后覆土填平。②条沟施肥法。在金银花行间（或隔行）挖 1 条 50cm 深、40 ~ 50cm 宽的沟，肥土混匀，施入沟内，然后覆土。采用这种方法施肥比较集中，用肥经济，但对肥料的要求较高，需要充分腐熟，施用前还要捣碎。③全园撒施法。将肥料均匀撒在金银花行间，然后深刨翻入 20cm 左右深的土壤内，整平。这种方法施肥范围大，肥料分布均匀，有利于根系吸收，缺点是施肥较浅，肥料损耗较大。

2. 浇好封冻水

金银花在整个生长发育过程中，需要供应一定的水分才能旺盛生长，从总的生长过程来看，金银花喜欢干燥气候，尤其在金银花的育蕾过程中，假如供水过多，会造成金银花有效成分绿原酸含量降低。但根据金银花的生长需求，必须浇封冻水，可在初冬浇灌并且灌饱浇足，最好挖沟漫灌，可促进受伤根的愈合，提高地温，加速有机养分的分解，为翌年金银花的生长奠定良好的基础。

3. 冬季修剪

见本章第二节“金银花的田间管理技术及研究”中“冬季修剪”的相关内容。

4. 中耕除草、培土

杂草与金银花争肥、争水、争光照、争空间，严重影响金银花的生长，同时一些杂草还是传播病虫害的中间寄主和越冬场所，助长了金银花病虫害的传播蔓延，影响金银花的产量和品质。因此，每年要进行 3 或 4 次中耕除草，最后一次在秋末冬初上冻前结合培土进行，防止根部外露。也可用除草剂防除杂草，常用的除草剂有盖草能、精克草能、精禾草克等。

（五）合理间作

金银花可与粮油作物、蔬菜、药材等实行合理间作。间作以低秆类作物，如花生、芝麻、豆类、苜蓿等自养和养地作物为好。忌种植高秆和缠绕性植物。间作按其目的，可分为抚育性间作和生产性间作两种。

1. 抚育性间作

主要在种植后的前 1 ~ 3 年实行。目的是利用间种作物，增加地面覆盖，减少杂草生长，降低地表蒸发，减轻雨水直接冲击地面，防止土壤板结等，同时借管理间种作物，达到抚育金银花植株的目的。3 年以后，金银花植株长大，间作作物逐渐减少或停止间作。

2. 生产性间作

主要是为了充分利用土地，挖掘土地潜力，提高土地利用率，尽快增加经济收益，求得单位面积获得较高的生产效益。间作种植的原则，应当是利用种间的互助性，避免种间的斗争性，达到扬长避短、互助互利的目的。应根据金银花的生物学特性和间种作物的生物学特性，选择适宜间作的作物。间作地的金银花行距宜稍宽，间作作物和金银花的植株应保持一定的距离，以冠不相接，利于通风透光，又方便田间管理作业和采摘花蕾为原则。

五、水分条件对金银花生长影响的研究

随着封丘金银花规范化种植的建设，其田间管理越来越被重视。水分是中药材生长发育的必要条件之一，不仅影响药材的生长和光合作用，而且对中药材的产量和质量影响较大，在银杏上已有少量报道，但在金银花上却未见报道。本书采用盆栽控水法，研究金银花在不同土壤水分条件下生长、有效成分绿原酸和黄酮类含量变化、光合作用和抗旱生理的研究，为金银花规范化的水分管理提供科学依据和实践指导。

（一）试验方法

试验在中国科学院封丘农业生态实验站进行，试验材料选用在大田中长势均匀的2年生金银花树移栽于塑料盆（25cm×30cm）中，试验盆中装砂壤土14kg，其土壤容重为1.43g/cm^3、pH为8.13、有机质含量为1.088%、全氮含量为628μg/g、钾含量为22 310μg/g、磷含量为1599.53μg/g，并将试验盆埋于土中，实验管理与田间一样。3个月后，搭建遮雨棚（保证光照一致），选取长势均匀的树苗随机分为5组，每组5盆，对其统一饱和灌溉，然后采取每5d依次对其中一组停止供水，其余组继续正常灌水的方法控制各处理的土壤含水量，于最后一组最后一次浇水2d之后进行称重控水1周，结果将土壤含水量控制为5个水平，即22.2%［对照（CK）］，16.2%（处理1），11.5%（处理2），0.9%（处理3），7.5%（处理4）。

（二）水分对金银花生长的影响

由图4-4可知，当土壤含水量开始减少时，叶面积先上升，这是由于土壤水分过多，而影响根系吸收营养，进而影响叶子的生长。但随着土壤含水量的不断下降，土壤环境发生改善，从而促进根系吸收加快，促进叶片生长伸展。到处理2时最大，然后下降，说明水分胁迫会限制叶片内细胞的扩大，这与前人的研究结果相一致。水分胁迫对细胞扩大的抑制主要是缺乏细胞膨压势。

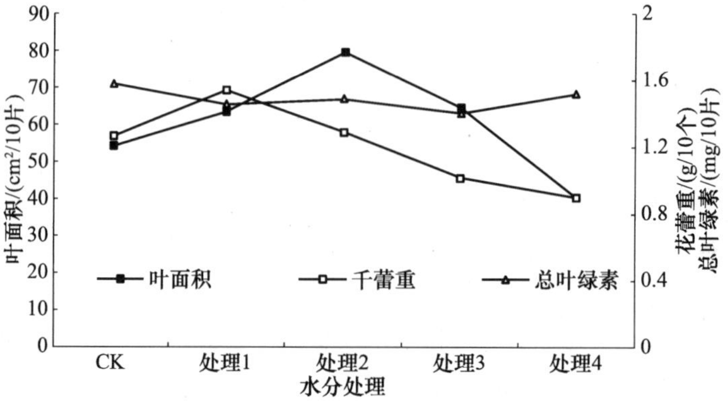

图4-4 水分对金银花生长的影响

叶绿素是光合作用中最重要和最有效的色素，参与光合作用中光能的吸收、传递和转化，在植物光合作用中起着关键性的作用。实验结果表明（图 4-4），在水分胁迫时，金银花叶片中总叶绿素含量及其体内光合色素体的含量都没有发生显著的变化，而是保持相对稳定，这与抗旱性较强植物元宝枫的叶绿素变化一样。这表明金银花体内叶绿素的含量在受到干旱胁迫时没有发生显著的降解，而是维持在一个较高的水平上，表现出了耐旱植物的生理特点，这与金银花实际的生长特性一致。

六、水分对金银花品质的影响

（一）对花内成分的影响

绿原酸和黄酮类是金银花体内重要的有效成分，其含量常常用来评价金银花的品质。由图 4-5 可以看出，金银花花内绿原酸和黄酮类的含量与干旱程度的变化一致，都是先上升后下降。在处理 1 时，花内绿原酸和黄酮类的含量达到最高，分别为 6.469% 和 19%，比 CK 提高了 35.99% 和 49.37%，而后都随水分胁迫加深而下降；在处理 2 之前，二者变化步调一致，几乎重叠，而在处理 2 之后，绿原酸和黄酮类的变化步调分开。

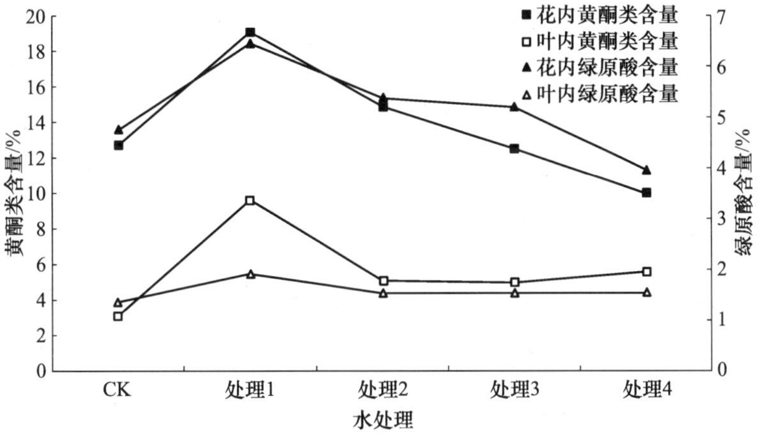

图 4-5　土壤水分对金银花花和叶内绿原酸和黄酮类含量的影响

土壤水分影响金银花内绿原酸和黄酮类的含量，这与二者是次生代谢物有关。Bernays 认为，植物体内次生化合物浓度通常与干旱胁迫的程度、发生时间的长短有关。短时间的干旱胁迫，可使次生化合物增加；长时间的胁迫，会得到相反的结果。在适度干旱胁迫下，植物生长受到限制，大量光合产物就在体内积累，植物便利用这些“过剩”的光合产物合成含碳次生化合物，所以在处理 1 水平下金银花内绿原酸和黄酮类的含量高于对照；而后随着水分胁迫的加深，金银花叶片的光合作用下降，则减少了合成绿原酸和黄酮类的原料，所以二者的含量依次下降。在处理 2 前，可能水分胁迫没有对植物产生足够的伤害，而植物能够通过自身的调节维持花内绿原酸和黄酮类的稳定，而在处理 2 之后，由于水分胁迫的加大，可能造成了体内代谢的混乱，使绿原酸和黄酮类的平衡被打破，这不利于药材成分的稳定。

（二）对叶内成分的影响

由图4-5可见，金银花叶内的绿原酸和黄酮类含量在处理2之前受土壤水分的影响较大，黄酮类的变化大于绿原酸的含量，这可能由于黄酮类在植物水分胁迫时，能够保护细胞膜受到干旱的伤害，所以在胁迫下大量分泌。而在处理2之后，都变化不大，这可能是由于处理3、处理4、处理5的光合作用相当。

（三）水分对金银花生理特性的影响

1. 土壤水分胁迫对金银花叶片光合生理指标的影响

追求植物最大限度的光合作用一直是各种农林业生产的耕作制度和栽培措施的目标。对在自然条件下用多层纱布遮光的办法测得不同土壤水分条件下金银花叶片的净光合速率随光强变化的实测值，在计算机上用统计软件SPSS进行分析，并按Quadratic方程（$Y=b_0+b_1x+b_2x_2$）拟合，分别得到各组的光强-光合速率曲线及拟合方程，且各方程都显著，说明拟合结果与实测值较接近。根据方程可计算出各组植株的光补偿点、光饱和点及光饱和点时的净光合速率（表4-6）。

表4-6 土壤水分胁迫对金银花叶片光合作用的影响

土壤含水量/%	拟合方程	R^2	光补偿点/[μmol/(m²·s)]	光饱和点/[μmol/(m²·s)]	光饱和点时的净光合速率/[μmol/(m²·s)]
22.2	$Y=-1.4077\times10^{-5}x_2+0.0232x-0.1078$	0.9021**	4.660	824.039	9.451
16.2	$Y=-1.6992\times10^{-5}x_2+0.0221x-0.4549$	0.7641**	20.919	650.306	6.731
11.5	$Y=-6.0489\times10^{-6}x_2+0.0077x-0.2571$	0.8446**	34.366	635.657	2.187
9.0	$Y=-5.393\times10^{-6}x_2+0.0066x-0.2875$	0.751**	45.232	611.904	1.732
7.5	$Y=-2.578\times10^{-6}x_2+0.00264x-0.1245$	0.8419**	49.557	512.025	0.551

** 表示曲线在0.01水平显著

实验结果表明，随着土壤干旱程度的加深，金银花的光补偿点升高，光饱和点下降，从而缩短了光合作用的有效光强范围；同时光饱和点时的净光合速率下降，说明金银花的光合能力减弱，同化产物积累减少，从而导致植物生长缓慢，花蕾小而色差，产量低，严重影响其产量和外观品质，这可能是水分胁迫使金银花叶片气孔关闭和参与光合作用的酶活性下降所致。因此，在金银花花期维持适宜的土壤含水量是非常重要的。

2. 土壤水分胁迫对叶片光合日变化的影响

由于太阳辐射强度随太阳高度角发生变化，故植物叶片的光合速率也存在日变化。由图4-6可知：随水分胁迫程度的加深，金银花光合速率的“光午休现象”越明显；在同一时间下，各处理组净光合速率值低于土壤含水量22.2%组，并随胁迫程度的加剧，差异也越来越明显；土壤含水量在11.5%以下时，光合速率的变化不大；土壤含水量在9.0%以下时，会在中午出现呼吸速率大于光合速率的现象，不利于植物生长。由此可见，金银花在适宜的水分供应情况下，有利于金银花叶片维持较高的净光合速率，也有利于干物质的积累。

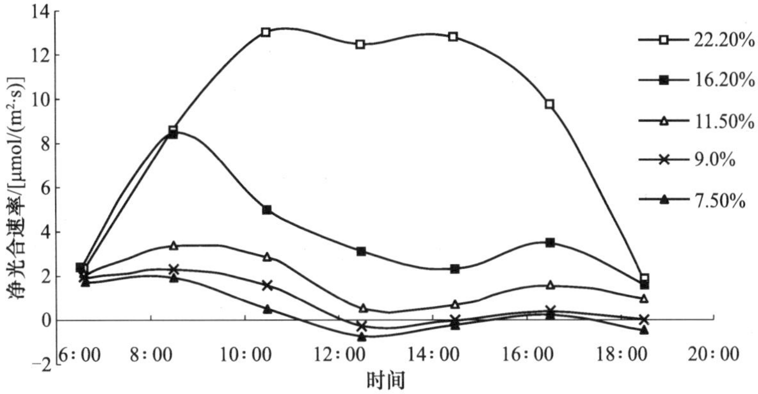

图 4-6　水分胁迫对金银花光合日变化的影响

3. 金银花对水分胁迫的生理响应

（1）光合生理响应　　在早上 8：00～9：00，用光合作用测定仪测定叶片的净光合速率（P_n）、气孔导度（G_s）和细胞间隙 CO_2 浓度（C_i）。测定不同水分条件下金银花光合作用，结果表明（表 4-7），随土壤含水量的降低，金银花光合速率、气孔导度均降低，而胞间 CO_2 浓度先下降后增加。在土壤含水量 16.2% 以上的各处理间上述指标的变化不显著，土壤含水量降至 11.5% 时，光合速率、气孔导度和胞间 CO_2 浓度迅速下降，变化显著；土壤含水量降至 11.5% 以下，光合作用和气孔导度下降不明显，而胞间 CO_2 浓度迅速增加。这表明金银花在土壤含水量 16.2% 以上，光合作用变化幅度较小，而在 16.2%～11.5% 光合速率明显降低。由表 4-8 中 C_i、G_s 的变化可知，在轻度和中度水分胁迫时，光合作用的降低主要是气孔因素（G_s 变小）影响。严重干旱（11.5% 以下）时 C_i 明显积累，而 G_s 变化不明显，说明此时光合作用的降低主要受非气孔因素的限制。

表 4-7　水分胁迫对金银花光合作用的影响（n=5）

土壤含水量/%	P_n/[μmol/(m²·s)]	G_s/[mol/(m²·s)]	C_i/(μmol/mol)
22.2	10.280±3.011a	95.750±32.633a	180.450±16.480b
16.2	9.210±0.370a	90.725±10.914a	196.025±17.474b
11.5	3.863±0.481b	24.800±1.687b	111.125±18.229c
9.0	2.413±0.176bc	19.200±0.589b	154.925±10.540bc
7.5	0.923±0.669c	13.400±2.936b	253.675±63.412a

注：同列不同小写字母表示在 0.05 水平差异显著

（2）生理成分响应　　水分胁迫下脯氨酸大量积累被认为是一种保护反应，有助于细胞持水、防止脱水作用，能够调节渗透压、稳定生物大分子结构，降低细胞酸性、提供合成蛋白质的碳源和氮源、解除氨毒、提供代谢能源。由表4-8可见，金银花脯氨酸含量随干旱程度的加深表现出增加趋势，除含水量在16.2%～11.5%时差异不明显，其他处理间差异显著。与土壤含水量为22.2%相比，土壤含水量为7.5%的金银花叶中的脯氨酸增加了20倍左右，最高达到了710.926mg/g。Smirnoff提出环境胁迫下植物体内源脯氨酸可能具有抗氧化作用，所以在水分胁迫下，植物体内会大量积累脯氨酸。

表4-8　水分胁迫对金银花脯氨酸和可溶性糖含量的影响（$n=5$）

土壤含水量/%	叶片相对含水量/%	脯氨酸/(mg/g)	可溶性糖/(mg/g)
22.2	82.448	34.278±1.369d	22.048±4.671c
16.2	75.999	88.288±3.805c	26.594±4.944bc
11.5	72.086	103.708±8.345c	32.473±2.303b
9.0	65.782	251.861±31.551b	41.349±1.303a
7.5	62.570	710.926±37.029a	44.105±3.490a

注：同列不同小写字母表示在0.05水平差异显著

由金银花叶内游离脯氨酸含量与叶片相对含水量做线性关系可得（图4-7）：$Y=-34.798X+2774.5$，$R^2=0.9114$，由此可知脯氨酸含量随叶片相对含水量减少而增加，其回归系数b的绝对值为34.798，远高于抗旱性较强的杜鹃花（0.1827），说明金银花对水分胁迫的适应能力较强，抗旱性也较强。

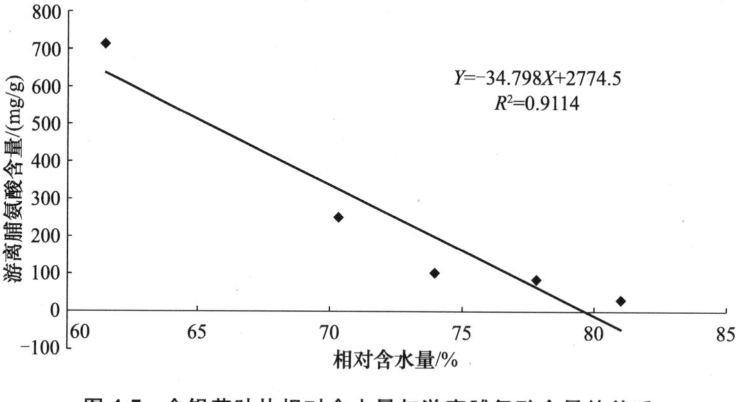

图4-7　金银花叶片相对含水量与游离脯氨酸含量的关系

4. 水分胁迫对金银花叶内可溶性糖的影响

可溶性糖也是植物体内一种重要的渗透调节物质可用于维持细胞的膨压。由表4-8可知，随干旱程度的加深，金银花叶内可溶性糖含量持续增加，严重干旱（土壤含水量为7.5%）时增量尤为显著（表4-8），与土壤含水量为22.2%相比，可溶性糖含量增加了近2倍。因此，金银花在受旱时可溶性糖持续积累增强了其对干旱的适应和抵抗能力。

（四）小结

适当的水分供应是金银花正常生长发育所不可缺少的条件。水分过少，会造成旱害，水分过多，又造成涝害，均会影响药材的产量和质量，造成生产上的损失。

1）在水分胁迫下，金银花叶片内的叶绿素含量保持相对稳定，表明其代谢未受到明显破坏，表现出了耐旱植物的生理特点之一。同时光合作用随水分胁迫程度的加强而明显下降，表明金银花光合速率高低受叶绿素含量高低的影响较小，而主要受非气孔因素的限制，即体内光合酶活性下降所致，如 Rubisco 羧化酶、PEP 羧化酶及 1,6-二磷酸果糖磷脂酶等。

2）土壤水分含量对金银花体内有效成分影响较大，适度干旱有利于金银花花蕾和叶内有效成分绿原酸和黄酮类的积累。保持土壤含水量在 16% 左右不仅有利于提高金银花的外观品质、千蕾重，还有利于金银花内有效成分绿原酸和黄酮类维持在较高的水平，有利于提高金银花的品质。

3）在金银花花期里，随着水分胁迫的加深，金银花植物的光补偿点升高，光饱点下降，净光合速率下降。同时金银花分泌大量的脯氨酸和可溶性糖，这是适应逆境的一种方式，所以通过适宜灌溉使金银花田间土壤含水量维持在 22.2% 左右，有利于花期维持较高的光合作用，提高其产量。

4）根据以上土壤水分对金银花品质和产量的影响综合考虑，本试验结果推荐，在金银花花期将土壤含水量控制在 16.2%~22.2% 较为适合。

七、养分条件对金银花生长影响的研究

（一）氮肥对金银花生长的影响

随着金银花由野生变家种，化学肥料施用的比例越来越大，其对化肥特别是氮素化肥的依赖尤为突出，这与中药栽培不提倡施用化学肥料相违背。但氮是植物生长发育所必需的营养元素之一，是植物体内许多物质的重要组成，也是调控作物光合生产率的主要手段之一，植物生长离不开它。虽然在忍冬上已有化学氮肥研究的报道，但远远不能满足中药 GAP 的要求。本书进行了不同用量的氮肥对金银花生理特性与生长发育的影响，旨在探索最佳的氮肥施用量，为今后中药 SOP 施肥提供科学依据。

1. 研究方法（4 年树盆栽试验）

本次试验设置 4 个氮养分水平，以盆为单位（每盆一株）：Ⅰ为不施氮肥，为对照（N0）；Ⅱ为氮用量 20g/棵（N20）；Ⅲ为氮用量 40g/株（N40）；Ⅳ为氮用量 60g/棵（N60）。以上各盆加入 30g P_2O_5 和 20g K_2O 化学肥料。磷肥于 2003 年冬季作为基肥一次施入，氮肥和钾肥在春季分 4 次追施，一月一次，每处理设 5 盆。

以盆为单位，每盆同时采摘二白期的花和叶，干燥处理，粉末置干燥器中备用，样品检测及光合测定。

2. 氮肥对金银花生长的影响

（1）氮肥对金银花叶片叶绿素的影响　氮是叶绿素的成分，其含量的多少影响着叶

绿素的含量，而叶绿素又是作物光合作用的场所。由试验结果（表4-9）可知，施氮肥的光合色素都显著高于对照；对于叶绿素 a，N20 和 N40 都显著高于 N60，而 N20 与 N40 之间差异不显著；其他光合色素各处理之间差异不大。由此可见，施氮肥能显著提高金银花花期叶片光合色素的含量。

表 4-9　氮肥对第四结位叶片叶绿素含量的影响（*n*=5）　（单位：mg/g）

肥料处理	叶绿素 a	叶绿素 b	类胡萝卜素	总叶绿素
N0	0.701±0.078c	0.226±0.026b	0.216±0.007b	0.927±0.103b
N20	1.736±0.107a	0.564±0.06a	0.437±0.011a	2.3±1.584a
N40	1.742±0.094a	0.555±0.028a	0.449±0.017a	2.298±0.122a
N60	1.447±0.081b	0.495±0.029a	0.426±0.019a	1.942±1.601a

注：同列不同小写字母表示在 0.05 水平差异显著

（2）氮肥对金银花叶面积和叶重的影响　　许多学者研究认为，增加植物的叶面积是提高植物产量的有效途径。据李英等（1994）研究表明，植物叶面积的大小主要是由施氮量决定的。由图 4-8 可知，随着氮肥用量的增加，金银花叶面积和叶重的变化趋势是一致的，先增加后下降。在 N20 之前，随着施氮量的增加忍冬的叶面积和叶重增加，这是由于氮肥促进叶绿素含量的增加，从而促进光合作用，使得叶片增重和伸长。而后期下降则可能由于肥料用量过大，对植物产生伤害，而影响了植物的生长。

（3）氮肥对金银花千蕾重的影响　　由图 4-8 可见，随着氮肥用量的增加，金银花千蕾重先上升后下降，在 N20 时达到最大，为 28.33g/1000 片，而以后就逐渐下降，这与叶面积和千蕾重的变化趋势一致。由此可见，合理施用氮肥促进植物生长发育，而过量使用则会得到相反的结果。

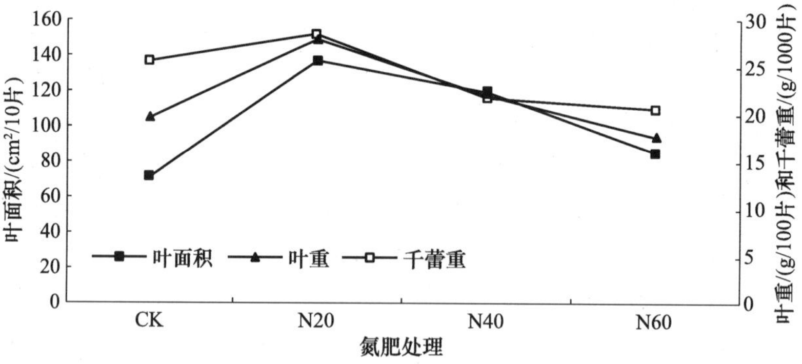

图 4-8　氮肥处理对金银花生长影响

3. 氮肥对金银花体内成分的影响

（1）氮肥对金银花花蕾和叶内有效成分含量的影响　　由表 4-10 花内绿原酸和黄酮类含量可看出，随着氮肥使用量的增加，花内绿原酸含量依次增加，到 N40 时最大，为 5.674%，比对照增加了 33%，而后下降。由统计分析表明，施氮肥处理中的绿原酸含量与对照的差异达到显著水平（0.05），而各处理之间差异不大；各处理与对照花内黄酮类含量之间差异不显著。

从表4-10叶内绿原酸和黄酮类含量可看出，金银花叶内绿原酸含量随施肥量的增加先上升后下降，依次为N40>N60>N20>N0，N20、N40、N60分别比对照高了61%、140%、79%；各处理黄酮类含量变化为N40>N60>N0>N20。由统计分析表明，施氮肥处理叶片绿原酸含量显著高于对照，N40与N60，N20与N60之间差异不显著，而N40显著高于N20；N40叶内黄酮类含量显著高于其他各处理，N60与N0，N0与N20之间差异不显著，但N60显著高于N20。

由表4-10藤内绿原酸和黄酮类含量可看出，N20、N40、N60的绿原酸含量与对照相比分别增加了-12.8%、43.8%、22.7%；而黄酮类含量先上升后下降，以N40为最高。由统计分析表明，N20、N60叶片上的绿原酸和黄酮类与对照差相比差异不显著，而N40显著高于对照。

由表4-10中花、叶、藤中成分含量比较可知，各处理中的绿原酸和黄酮类含量都为花>叶>藤。

表4-10　氮肥对金银花花蕾和叶及藤内绿原酸和黄酮类含量的影响（*n*=5）　（%）

肥料处理	绿原酸（花）	黄酮类（花）	绿原酸（叶）	黄酮类（叶）	绿原酸（藤）	黄酮类（藤）
N0	4.267±0.127b	19.914±1.076	1.509±0.387c	8.619±1.777bc	0.906±0.075bc	2.727±0.423c
N20	5.330±0.305a	18.315±0.621	2.428±0.194bc	5.940±0.767c	0.790±0.036c	2.862±0.035bc
N40	5.674±0.069a	20.043±0.42	3.621±0.49a	14.956±0.398a	1.303±0.094a	4.683±0.471a
N60	5.372±0.282a	19.769±0.986	2.708±0.342ab	10.23±1.393b	1.112±0.15ab	3.336±1.143bc

注：同列不同小写字母表示在0.05水平差异显著

由上可知，施用氮肥能提高金银花花、叶和藤中的绿原酸和黄酮类含量，其中N40处理成分含量为最高，而N60各处理成分含量都低于N40。由此可说明施用适量的氮肥（N40）有利于提高金银花体内有效成分，而过量施用氮肥反而会降低有效成分含量。

（2）氮肥对金银花花蕾和叶内硝态氮的影响　由表4-11看出，随着氮肥施用量的增加，金银花花和叶片内硝酸盐含量先上升后下降，都是对照最低，N40最高。由统计分析表明，各处理花内硝酸盐含量差异不显著；与对照相比，N20和N60差异不显著，而N40差异显著（0.05）。由此可见，施用氮肥能促进金银花花和叶片硝酸盐积累。

表4-11　氮肥对金银花花蕾和叶内硝态氮含量的影响（*n*=5）　（单位：g/kg）

肥料处理	花	叶
N0	1190.62±29.205	1119.644±17.805b
N20	1237.149±22.699	1263.151±38.389ab
N40	1292.324±84.605	1347.964±78.246a
N60	1258.906±11.743	1276.805±86.216ab

注：同列不同小写字母表示在0.05水平差异显著

（3）氮肥对金银花光合作用的影响　　由图4-9可知，在一天之内光合速率是随着光合强度的不断变化而变化的，表现为8：30左右达到最大值，12：30时出现光合速率的“午睡”现象，14：30左右时，光合速率又开始回升，16：30左右达到又一个峰值，然后又逐渐减小；各施氮肥处理光合速率一天中任何时刻都高于对照（N0），且N20>N40>N60。由此可见，金银花光合日变化会发生光午休现象；施用氮肥有利于提高叶片光合速率。

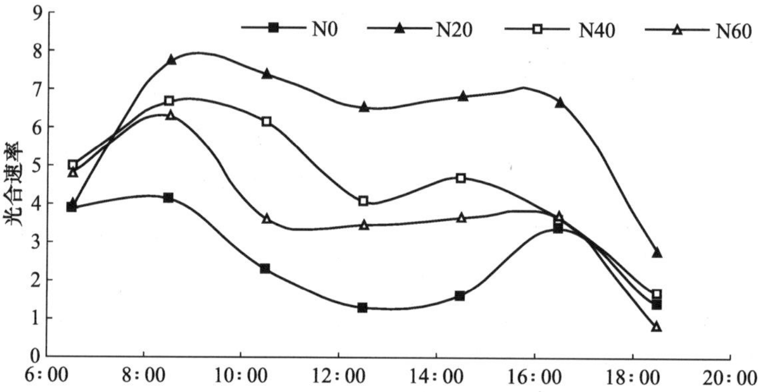

图4-9　氮肥对金银花光合日变化的影响

由N20、N40、N60之间叶绿素和光合速率比较可知，叶绿素含量相差不大，且其他外界环境几乎一致的情况下，而光合速率相差较大，说明在特定叶绿素含量下，限制光合速率的不是叶绿素，而是金银花叶片内与光合速率有关的光合酶。据张其德等研究认为叶片中可溶性蛋白的含量，通常与植株的光合速率呈正相关。这表明氮素对光合作用的影响，还可能更重要的是通过影响叶片内蛋白质的合成，尤其是光合作用过程中的两个关键酶系统的合成。

4．小结

1）施氮肥能显著提高金银花花期叶片光合色素的含量，提高叶片光合速率，其中以N20最有利于金银花光合速率的提高，促进金银花花、叶和藤中的绿原酸和黄酮类含量累积。

2）施用适量的氮肥（N40）有利于提高金银花体内有效成分，而过量施用氮肥反而会降低有效成分含量，同时也促进金银花花和叶片硝酸盐积累。

3）金银花正常生长条件下光合速率的限制因子为叶片内的光合酶即非气孔因素。

（二）氮（N）、磷（P）、钾（K）平衡施肥对金银花生长的影响

1．研究方法

（1）N、P、K单独施用　　在新梢旺长期对7年生田间金银花植株按每株各40g纯N、P_2O_5、K_2O量，以尿素、过磷酸钙、硫酸钾为无机肥料施入。

（2）无机肥料不同配合方式施用　　以尿素作为N肥，磷酸氢二铵作为P肥，硫酸钾作为K肥。设低、中、高三个施肥量水平，分别以10g、20g、40g纯N、P_2O_5、K_2O为单位，N+P为N和P配合施入，比例为1：1；P+K为P和K配合，比例为1：1；N+K为

N 和 K 配合（1∶1）；N+P+K 为 N、P、K 配合，比例为 1∶1∶1。

同时，进行不同比例配合施肥处理。分为 4 个比例：高 P 型（N∶P_2O_5∶K_2O = 2∶3∶1），高 N 型（3∶2∶1），高 K 型（2∶1∶3），平衡型（1∶1∶1）。每种肥料按比例以 10g 为单位混合后施入，以上每处理为 5 株树。

2. 无机肥对金银花质量和产量的影响

早春对金银花施入不同类型单元素肥料，结果表明（表 4-12），P 肥和 N 肥增产效果较好，K 肥效果差；K 肥和 P 肥可提高千蕾重，N 肥无显著效果；K 肥提高绿原酸含量，N 和 P 肥无效果；N 肥提高叶面积，P、K 肥无效果；各种肥料对金银花绿原酸含量影响不大。

表 4-12　三元素肥料单独施用对金银花发育及质量的影响（n=5）

处理	产量/g	千蕾重/g	绿原酸/%
对照	159.50c	16.03d	3.76a
N	168.17b	16.19c	3.64b
P	171.36a	16.40b	3.63b
K	146.64d	16.82a	3.66b
	(α=0.05)	(α=0.01)	(α=0.01)

注：同列不同小写字母表示数据之间有差异

3. N、P、K 肥料配合施用对金银花质量和产量的影响

N、P、K 三元素肥料互相配合施用研究结果表明（表 4-13），凡是有 N 肥的配合类型均可增产，N+P+K 配合施用增产效果最好，其次是 N+P、N+K；N+P+K 提高叶绿素含量和叶面积效果最显著，其他几种配合类型均提高叶绿素含量，但对叶面积无显著影响；N+P+K 提高花蕾绿原酸含量，其他组合对绿原酸的影响较小；各种组合均降低花蕾总糖含量，P+K 和 N+K 提高叶片总糖含量，其他处理对叶片总糖含量影响较小，说明 K 肥可提高叶片碳素营养水平，符合通常认为 K 肥提高作物的抗逆性的原理。

表 4-13　N、P、K 三元素肥料不同配合方式施用对金银花发育及质量的影响（n=5）

处理	产量/g	绿原酸/%
对照	218.8e	5.11d
N+P	291.39b	5.22b
P+K	243.37d	5.21bc
N+K	280.70c	5.15cd
N+P+K	296.31a	5.63a
	(α=0.01)	(α=0.05)

注：同列不同小写字母表示数据之间有差异

三元素肥料不同比例配合施用效果研究，结果表明（表 4-14），平衡型配比增产效果最好，其次是高 N 型、高 K 型，高 P 型效果较小；各组合均增加叶面积，但平衡型效果最差；平衡型提高花蕾绿原酸含量，其他组合降低绿原酸含量；所有组合均降低叶片绿原酸含量；平衡型配比提高花蕾总糖含量，其他处理降低总糖含量；所有组合均提高叶片总糖含量，平衡性效果最好，其次是高 P 和高 K 型。

表 4-14　三元素肥料不同比例配合施用效果（n=5）

处理	产量/g	花蕾绿原酸/%
对照	303.99e	7.57b
高 P 型配比	317.51d	6.56e
高 N 配比	334.25b	6.84d
高 K 配比	327.07c	7.29c
平衡型配比	420.35a (α=0.01)	8.13a (α=0.01)

注：同列不同小写字母表示数据之间有差异

（三）有机-无机氮肥对金银花生长的影响

根据国内外中药材 GAP 法规，在药材生长中都倾向于施用有机肥而不提倡施用化学肥料。有机肥作为农业生产的重要肥源，在培肥和提高地力，提高作物产量和改善品质上居功至伟，但在金银花研究中未见有机肥的报道。本试验在等磷钾肥供应下研究有机氮肥和无机氮肥对金银花体内有效成分的影响，为道地产区河南封丘金银花规范化管理提供科学依据和实践指导。

1．研究方法

在大田中选取长势一致的 5 年生金银花树移栽于大瓦盆（直径为 55cm，高 60cm）中，加潮土 200kg，并埋于土中，使其缓苗 1 年，再在试验时选取长势一致的树进行处理。本次试验设置 4 种养分处理，以盆为单位（每盆一株），对照不施氮肥；Ⅰ单施无机氮肥，氮用量为 40g/株（N）；Ⅱ无机氮肥+腐熟猪粪有机肥（N 养分总量同Ⅰ，半无机氮肥+半有机氮肥）；Ⅲ单施腐熟猪粪有机氮肥（N 总量同Ⅰ，全有机氮肥）。以上各盆加入等量的 30g P 和 20g K，不足的用化学肥料补充。磷肥和有机肥于冬季作为基肥一次施入，氮肥和钾肥在春季分 4 次追施，一月一次，每处理设 5 盆。

2．测定方法

以盆为单位，每盆同时采摘二白期的花和叶，进行样品处理，粉末置干燥器中备用；调查叶面积、叶重、千蕾重等；检测叶绿素、绿原酸、黄酮和硝态氮的含量。

3．有机-无机氮肥对金银花生长的影响

叶绿素作为光合色素，参与光合作用中光能的吸收、传递和转化，在植物光合作用中起着关键性的作用。由表 4-15 可见，在金银花第一茬花期间，不同养分处理叶片内光合色素含量都显著比对照高，且都以处理Ⅱ为最高，其次为处理Ⅰ、处理Ⅲ，处理Ⅰ与处理Ⅱ之间差异不显著。

表 4-15　有机-无机氮肥对第 4 结位叶片叶绿素含量的影响（n=5）（单位：mg/g）

	叶绿素 a	叶绿素 b	类胡萝卜素	总叶绿素
对照	0.701±0.078c	0.226±0.026c	0.216±0.007c	0.927±0.103c
处理Ⅰ	1.742±0.094a	0.555±0.028a	0.449±0.017a	2.298±0.122a
处理Ⅱ	1.762±0.029a	0.570±0.018a	0.454±0.013a	2.332±0.045a
处理Ⅲ	1.187±0.035b	0.436±0.048b	0.308±0.011b	1.622±0.078b

注：同列不同小写字母表示在 0.05 水平差异显著

氮是叶绿素的成分，供氮水平的高低与叶片中叶绿素的含量呈正相关，而叶绿素含量的多少，又直接影响到光合作用的产物——碳水化合物的形成。因此，当作物缺氮时，体内叶绿素含量减少，叶色褪绿变黄，光合作用减弱，碳水化合物合成减少，作物产量显著降低。对照没有施用氮肥，则其他的处理中的叶绿素显著高于对照。有机肥在土壤中释放养分缓慢，而处理Ⅰ、处理Ⅱ的氮肥分 4 次施入。

均匀施入使得处理Ⅲ土壤速效养分浓度低于处理Ⅰ和处理Ⅱ。所以金银花在旺盛生长时，处理Ⅲ表现为营养供应不足，叶面显浅黄色，叶绿素含量低于处理Ⅰ和处理Ⅱ。处理Ⅰ与处理Ⅱ每月都施一次氮肥，虽然在每次施肥量上处理Ⅰ>处理Ⅱ，但处理Ⅱ中还有养分来自于有机肥的释放，使得处理Ⅰ与处理Ⅱ土壤中的速效养分能够满足植物旺盛生长的需要，而使得金银花叶片中总叶绿素含量相差不大。

由图 4-10 可见，各处理金银花的叶面积和叶重都大于对照，且以处理Ⅲ为最大，千蕾重为处理Ⅲ>处理Ⅱ>对照>处理Ⅰ。由统计分析可知，各处理的叶面积和叶重与对照相比都达到显著水平差异，而各处理之间差异不显著；各处理的千蕾重与对照相比，处理Ⅰ、Ⅲ达到显著差异，处理Ⅱ不显著，处理Ⅱ与处理Ⅲ之间差异显著。

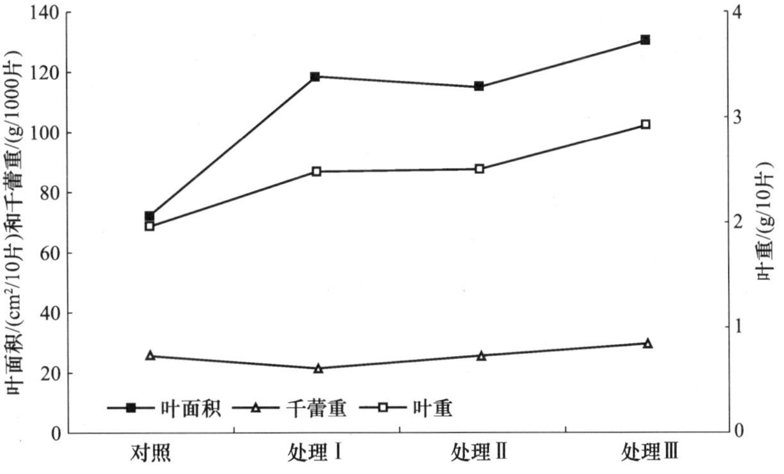

图 4-10　有机-无机氮肥对金银花叶面积、叶重和千蕾重的影响

氮素是植物体内重要成分的组成，对照因为没有施用氮肥，外表表现出了缺氮症状，则叶片生长和光合作用会受到抑制，所以叶面积和叶重低。与对照相比，单施有机氮肥增

加了金银花的千蕾重，而单施无机氮肥却降低了千蕾重。杨长明等在水稻上曾报道，在等N、P、K肥下，无机氮肥和有机氮肥混合施用的千粒重大于单施无机氮肥，这说明在等N、P、K肥下施有机氮肥比施无机氮肥有利于植物库内物质积累。所以，在金银花种植中，反对片面地施用无机氮肥而忽视有机氮肥的施用。

4. 有机-无机氮肥对金银花体内成分的影响

（1）有机-无机氮肥对金银花花蕾和叶内有效成分含量的影响　由表4-16可知，处理Ⅰ单施无机氮肥和处理Ⅲ单施有机氮肥能显著影响金银花花中绿原酸的含量，与对照组相比，无机氮肥的绿原酸含量提高了33%，有机氮肥的含量下降了10.8%，且二者都达到了显著水平，而处理Ⅱ半无机-半有机氮肥对花内绿原酸含量影响不大；与对照相比，无机氮肥和半无机-半有机氮肥对金银花花中的黄酮类含量影响不明显，而有机氮肥却显著地降低了其花内的黄酮类含量，且达到了显著差异水平。

表4-16　有机-无机氮肥对金银花花蕾和叶内绿原酸和黄酮类含量的影响（*n*=5）　（%）

肥料处理	绿原酸（花）	黄酮类（花）	绿原酸（叶）	黄酮类（叶）	绿原酸（藤）	黄酮类（藤）
对照	4.267±0.127b	19.914±1.076a	2.512±0.065c	8.619±1.777b	0.906±0.075b	2.727±0.423b
处理Ⅰ	5.674±0.069a	20.043±0.42a	4.610±0.061a	14.956±0.398a	1.303±0.094a	4.683±0.471a
处理Ⅱ	4.279±0.769b	18.319±0.199a	3.109±0.1b	7.936±1.152bc	0.857±0.036bc	2.671±0.484b
处理Ⅲ	3.808±0.137c	16.389±0.686b	2.054±0.032d	4.267±1.436c	0.683±0.03c	1.698±0.152b

注：同列不同小写字母表示在0.05水平差异显著

由表4-16可知，施用氮肥能显著影响金银花叶绿原酸的含量，与对照组相比，无机氮肥（处理Ⅰ）叶的绿原酸含量提高了83.5%，半无机-半有机氮肥（处理Ⅱ）提高了23.8%，而有机氮肥（处理Ⅲ）下降了18.2%，且与对照差异都达到了显著水平；与对照相比，无机氮肥和有机氮肥显著影响了金银花叶内的黄酮类含量，而半无机-半有机氮肥影响不大。单施无机氮肥能显著提高藤中的绿原酸和黄酮类含量，施有机氮肥则降低二者的含量，但黄酮类差异不显著。

由上可知，与对照相比，单施无机氮肥能提高花、叶和藤中的绿原酸和黄酮类含量，而单施有机氮肥却恰好相反。说明在等磷钾肥供应下，无机氮肥对金银花有效成分的积累起正效应，而有机氮肥起负效应。因此，在金银花种植中不应只强调有机氮肥的施用，而忽视无机氮肥的施用，这与胡尚钦等报道化学氮肥对金银花绿原酸的影响为负效应正好相反。这可能是双方试验的品种不一致和其他情况，如本试验中土壤速效磷含量较高（109.38mg/kg），而促进了“以氮促磷”现象的出现，从而使磷对金银花有效成分的正效应抵消了化学氮肥的负效应，所以无机氮肥会对金银花有效成分起正效应。相反，有机氮肥中由于含有大量的有机质，而会引起土壤速效磷的生物固定，使速效磷含量在短期内下降，从而影响其在第一茬花期对金银花磷素的供应，也就会降低磷素对金银花有效成分的正效应，所以在等磷钾肥供应下，施有机氮肥会表现为负效应。

（2）有机-无机氮肥对金银花花蕾和叶内硝态氮的影响　由表4-17可知，施氮肥能提高金银花花和叶内的硝态氮含量。在花中，施有机氮肥的体内硝态氮浓度都显著高于对照，以施半无机-半有机氮肥（处理Ⅱ）为最高，而单施无机氮肥（处理Ⅰ）的含量与对照差异不明显，至于何种原因有待于进一步探讨。在叶中，以单施无机氮肥（处理Ⅰ）的硝态氮含量最高，其次是施有机-无机氮肥，这一现象早在蔬菜中出现了。

表 4-17 有机-无机氮肥对金银花花蕾和叶内硝态氮含量的影响（$n=5$） （单位：g/kg）

肥料处理	花	叶
对照	1190.62±29.205b	1119.644±17.805b
处理Ⅰ	1292.324±84.605ab	1347.964±78.246a
处理Ⅱ	1438.54±2.812a	1279.167±25.21ab
处理Ⅲ	1355.352±14.916a	1198.765±60.568ab

注：同列不同小写字母表示在 0.05 水平差异显著

5. 有机-无机氮肥对金银花光合特性的影响

一天中，由于太阳辐射强度随太阳高度角发生变化，故植物叶片的光合速率也存在日变化，植物光合作用日变化受各种环境因素影响，尤其是光照强度和温度的影响。由图 4-11 可见，各处理及对照在中午时都出现了“光午休”现象，中午前后由于太阳辐射较强，叶片 P_n 较高，而早晚太阳辐射辐射强度较弱，叶片 P_n 较低。通过比较发现，不同养分处理都显著高于对照金银花叶片光合速率，其中施半有机-无机氮肥的处理（处理Ⅱ）在一天中任何时刻都高于其他处理，而处理Ⅰ与处理Ⅲ的光合日变化几乎重叠。这说明有机、无机肥配合施用的养分管理处理可以增强金银花叶片适应高温和高光强的能力，有利于提高金银花的光能利用率。

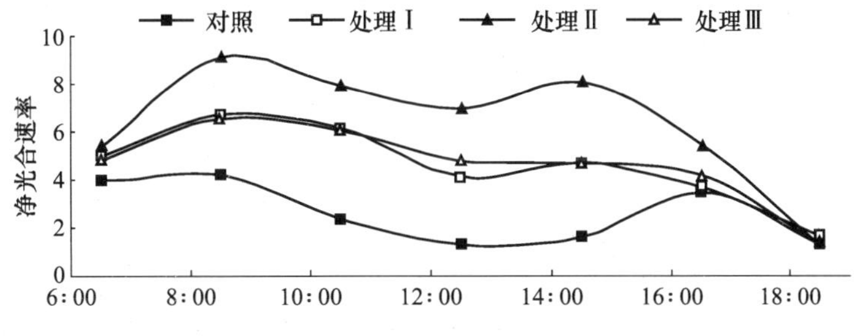

图 4-11 有机-无机氮肥与金银花光合日变化

由对照和处理Ⅲ之间叶绿素和光合速率比较可知，叶绿素和光合速率的变化呈正相关，说明在特定叶绿素含量下，叶绿素的多少影响着光合速率的大小；由处理Ⅰ、Ⅲ之间叶绿素和光合速率比较可知，在叶绿素相差较大，且其他外界环境几乎一致的情况下，而光合速率日变化曲线基本重合，说明在特定叶绿素含量下，叶绿素的多少对光合速率几乎没有影响；由处理Ⅰ、Ⅱ之间叶绿素和光合速率比较可知，在叶绿素相差不大，且其他外界环境几乎一致的情况下，而光合速率产生显著的差异，说明在特定叶绿素含量下，限制光合速率的不是叶绿素，而是金银花叶片内与光合速率有关的光合酶。

从图 4-12 可见，不同养分处理下金银花叶片气孔导度（C_s）变化趋势是一致的，即从早晨开始下降，一直到 8：00，以后几乎维持不变，到 18：00 左右开始下降。在 8：00～

18：00，处理Ⅱ的气孔导度在任何时刻都高于其他处理及对照，而其他处理及对照之间相互交错，差异不明显。由此可见，处理Ⅱ的光合速率高于其他处理和对照，可能与其气孔导度在白天时高有关。

由图4-13可见，各处理及对照细胞间隙CO_2浓度在晴天的日变化相一致，在清晨，随着光合速率的增强，细胞间隙CO_2浓度下降，在9：00达到一个低谷，之后C_i又逐渐呈上升趋势，在13：00前后C_i达到高峰，这是由于此时植物为“光午休”，因此光合速率下降，内部CO_2积累达到最高，之后，由于光合速率的上升，细胞间隙CO_2被消耗，则C_i浓度下降，当到15：00之后，达到另一个低谷，以后由于光合速率的下降，则C_i积累，浓度升高。在一天中对照内部的CO_2浓度基本上是高于施肥处理的，而处理Ⅱ为最低的，处理Ⅰ、Ⅱ之间相差不大。这说明，光合作用受内部CO_2浓度限制的影响较小，而主要是受内部光合酶的影响，即非气孔因素影响着光合作用。

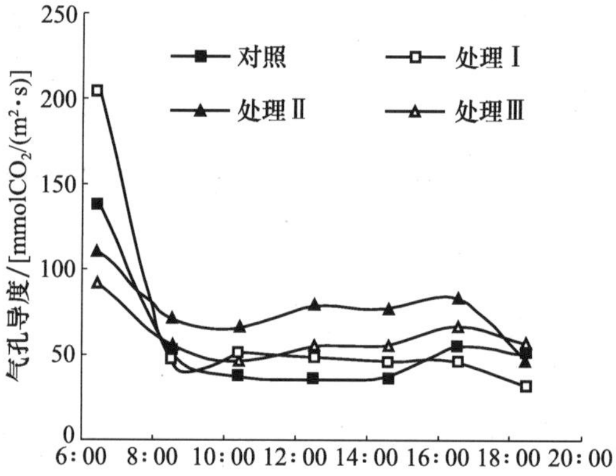

图4-12 有机-无机氮肥与气孔导度日变化

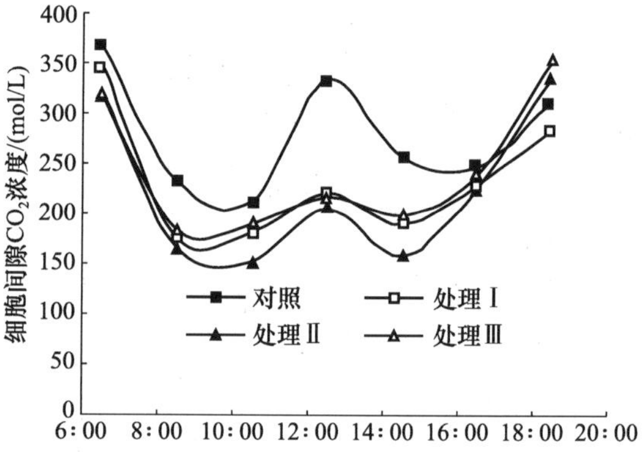

图4-13 有机-无机氮肥与细胞间隙日变化

金银花花期叶片光合产物直接形成花蕾产量，是花蕾物质的主要来源，可见这一时期光合速率是影响光合生产力的主要因素。有机、无机肥，特别是无机-有机肥配合施用的养分投入处理可提高叶片光合速率，使叶片生产较多的光合产物，为花蕾产量形成提供物质基础。许多研究表明，有机-无机肥料配施可以明显改善土壤物理性状，并可提高土壤速效磷和速效钾供量。研究还表明，有机-无机肥配施有利于增加土壤Fe、Mn、Cu和Zn等微量元素含量，这有利于提高参与叶片光合作用的一系列光合酶活性，从而为作物高产稳产提供良好的物质条件。

6. 讨论与小结

与对照相比，单施有机氮肥增加了金银花的千蕾重，但降低了有效成分的累积，也不利于叶绿素的形成。施用化学肥料有利于提高金银花体内有效成分，但却降低了千蕾重。说明在磷钾肥充足供应下，有机氮肥对金银花体内物质的积累起正效应，而无机氮肥起负效应。杨长明等在水稻上曾报道，在等N、P、K肥下，无机氮肥和有机氮肥混合施用的千粒重大于单施无机氮肥，说明在等P、K肥供应下施有机氮肥比施无机氮肥有利于植物库内的物质积累。有机、无机肥配合施用的养分管理处理可以增强金银花的光能利用率。在特定低的叶绿素含量下，叶绿素的多少影响着金银花光合速率的大小，但超过一定量后，叶片内叶绿素含量的多少与光合速率关系不大，再次证明了非气孔因素是金银花光合作用的主要制约因素。所以，在金银花种植中不应为了追求产量而大量施用化学肥料或单独大量施用有机肥，而应将有机肥和无机肥结合施用，确立合适的有机氮肥与无机氮肥的比例，以便更好地利用各自的优势为生产服务。

（四）叶面微肥对金银花生长的影响

在第一茬花新梢旺长前喷施不同类型大量元素肥料、微量元素肥料及全营养肥料，研究各类型肥料对金银花生长发育及质量的影响。

1. 研究方法

以7年大田生金银花为试材。

大量元素肥料：在新梢旺长前（3月31日）喷施尿素和KH_2PO_4，浓度为0.3%。

全营养肥料：于新梢旺长前（3月31日）喷施。该肥料为自制，含50%的N、P、K和1%的微量元素（Fe、Mn、B、Zn、Cu、Mo）。采用以下几种类型：全营养叶面高N型（$N:P_2O_5:K_2O=25:15:10$）、高K型（15∶10∶30）、平衡型（20∶20∶20）。喷施浓度为1%。

微量元素肥料：花前30天喷施锌、铁、硼、锰、铜。采用浓度：0.2%硼砂、0.05%硫酸铜、0.2%硫酸锌、0.05%硫酸锰、0.2%硫酸亚铁。

以上处理均以喷清水作为对照。均采用单株小区，重复5次。

2. 大量元素对金银花生长发育及质量和产量的影响

喷施尿素和KH_2PO_4均可提高花枝的比例，降低营养枝的比例；从花枝类型来看，尿素主要增加长花枝的比例，KH_2PO_4主要提高中花枝的比例；喷施尿素促进忍冬花枝的伸长生长，增加节间长度，KH_2PO_4作用较小；两种叶面肥均可增加叶面积，对比叶重影响较小；喷施两种肥料均可提高叶绿素的含量、降低总糖含量，尿素的作用大于KH_2PO_4（表4-18）。这说明，尿素和KH_2PO_4能有效改善忍冬枝叶的生长发育。

表4-18　叶面喷施大量元素肥料对金银花枝叶生长发育的影响（$n=5$）

处理	枝类组成/%					节间长度/cm	叶面积/cm²	比叶重/(g/cm²)	叶绿素/(mg/g)	总糖/%
	长花枝	中花枝	短花枝	顶花短枝	营养枝					
对照	49.8	28.1	3.8	15.3	3.0	11.4	16.3	0.0060	2.1	33.40
尿素	52.3	31.9	6.0	7.6	2.2	12.9	17.2	0.0059	2.7	27.50
KH_2PO_4	49.9	34.5	4.9	8.2	2.5	11.9	17.0	0.0061	2.5	29.65

注：节间长度是第4~5节的节间长度

首日花量占总产量的比例可反映花蕾发育的进度，比例大，说明花蕾发育快，成熟早。喷施尿素可显著提高首日花量占总产量的比例，即加快花蕾的发育进程，KH_2PO_4效果较小；喷施尿素和KH_2PO_4均可提高单株产量，尿素的效果大于KH_2PO_4的效果；KH_2PO_4提高花蕾的千蕾重，尿素效果不明显；花蕾的折干率存在与千蕾重相似的规律；喷施尿素和KH_2PO_4略降低花蕾绿原酸含量，但提高总糖含量（表4-19）。金银花产量增加一方面由于花蕾数量增加，另一方面由于花蕾的单重提高。如前所述，尿素增加了长花枝的比例，也即增加了成花节位，花蕾数量增加，虽然其千蕾重和折干率无显著提高，但仍使产量提高；而 KH_2PO_4 提高产量的原因主要是千蕾重和折干率的增加。

表 4-19　叶面喷施大量元素肥料对金银花花蕾发育的影响（*n*=5）

处理	首日花量占总产量的比例/%	单株产量/g	千蕾重/g	折干率/%	绿原酸/%	总糖/%
对照	7.8	240.2	17.5	18.1	5.10	27.17
尿素	13.8	286.8	17.8	18.2	4.76	29.95
KH_2PO_4	11.1	253.4	18.1	18.9	4.84	32.95

3. 全营养叶面肥对金银花生长发育及质量和产量的影响

叶面喷施高 N 型、高 K 型、平衡型等 3 种全营养叶面肥料，均提高花枝占全株枝条总量的比例，降低营养枝的比例。从花枝类型看，提高了长、中、短花枝的比例，减少了营养不良的顶花短枝的比例。其中，高 N 型主要增加长花枝的比例，高 K 型、平衡型主要提高中花枝的比例（表 4-20）。

表 4-20　叶面喷施全营养肥料对金银花枝叶生长发育的影响（*n*=5）

处理	长花枝	中花枝	短花枝	顶花短枝	营养枝
对照	49.7e	28.1f	3.8d	15.4a	3.1a
高 N 型	55.7a	30.2e	4.4c	8.0b	1.8d
高 K 型	50.2d	36.4b	4.5c	6.7d	2.2c
平衡型	50.8c	37.8a	4.3c	5.2e	2.1c

注：同列不同小写字母表示在 0.05 水平差异显著

喷施高 N 型叶面肥提高单株产量效果最好，其次是高 K 型，平衡型增产效果较小。高 N 型增产的原因可能与增加长花枝的比例，进而增加花蕾数量有关，平衡型显著提高花蕾的千蕾重，其次是高 K 型，高 N 型效果不明显（表 4-21）。

表 4-21　叶面喷施全营养肥料对金银花花蕾发育的影响（*n*=5）

处理	单株产量/g	千蕾重/g	花蕾绿原酸含量/%
对照	240.3f	17.4d	5.10d
高 N 型	320.6a	17.8c	5.90a
高 K 型	290.2b	19.1a	5.89b
平衡型	245.0e	18.2b	5.45c
尿素	287.1c	17.8c	4.76f
KH_2PO_4	253.2d	18.2b	4.84e
	(α=0.01)	(α=0.05)	(α=0.05)

注：产量在各处理之间差异均达到极显著水平；千蕾重在高 N 型与尿素之间没有显著性差异，其他比较差异均达到显著水平；绿原酸在各处理之间差异均达到显著水平。同列不同小写字母表示在 0.05 水平差异显著

喷施3种全营养叶面肥，均增加叶片绿原酸含量，以平衡型效果最好，其次是高K型和高N型；叶片总糖含量均降低，其中高N型肥料作用最显著，其次是高K型，平衡型和KH_2PO_4效果较小。3种肥料均提高花蕾绿原酸含量，高N型和高K型效果较好，其次是平衡型；除了平衡型肥料提高花蕾含糖量外，其他两种肥料均降低花蕾含糖量（表4-22）。

表4-22 叶面喷施全营养肥料对金银花叶片和花蕾化学成分含量的影响（n=5）

处理	绿原酸/%		总糖/%	
	叶片	花蕾	叶片	花蕾
对照	4.17	5.10	33.40	27.17
高N型	4.59	5.90	25.45	22.35
高K型	4.66	5.89	25.80	25.55
平衡型	4.76	5.45	28.20	28.30

综合比较以上结果认为，在第一茬花前新梢旺长期喷施高N型全营养肥料对于提高金银花产量和绿原酸含量的效果最好，较适合用于金银花生产。因此，2002年将高N型（N：P_2O_5：K_2O=25：15：10）作为金银花专用叶面肥进行中试生产，并进行了一定面积的推广。

4. 微量元素对金银花生长发育及质量和产量的影响

施肥是提高金银花产量和质量的一个重要措施。关于N、P、K等大量元素肥料对金银花生长发育的影响已有报道，但尚未见有关微量元素施用效果的报道。在益母草和党参上已有报道表明，微量元素对改善中药材药用有效成分含量十分有益。通过研究5种微量元素（Zn、Fe、Mn、Cu和B）对金银花的生长发育及质量的影响，旨在找出适合金银花生产的微量元素肥料。

（1）微量元素对金银花枝条和叶片生长发育的影响　田间调查发现，喷施5种叶面肥均可降低营养枝比例，提高花枝的比例；其中以Zn、Fe和Mn作用显著，Cu和B次之（表4-23）。花枝比例的提高主要表现在长、中和短花枝的比例增加（B除外），而顶花短枝的比例降低。由于顶花短枝属于停长型花枝，营养不良，补充微量元素可改善枝条营养状况，更多的花枝发育成不停长的连续生长花枝（包括长、中、短花枝），因此造成顶花短枝的比例降低。同时，长花枝的节间长度在喷施Zn、Fe和Mn后表现为增加；而Cu和B的作用不明显（表4-23）。

表4-23 叶面喷施微量元素肥料对金银花枝条生长发育的影响（n=5）

处理	各类枝条所占的比例/%					节间长度/cm
	长花枝	中花枝	短花枝	顶花短枝	营养枝	
对照	49.7e	28.2d	3.7e	15.4b	3.0a	11.4b
B	49.9d	27.5e	3.9d	16.2a	2.5c	11.5b
Cu	49.5f	28.7c	3.5f	15.4b	2.7b	11.3b

续表

处理	各类枝条所占的比例/%					节间长度/cm
	长花枝	中花枝	短花枝	顶花短枝	营养枝	
Zn	51.6c	30.6b	4.2c	11.4c	2.2d	12.4a
Mn	52.8a	31.1a	4.4b	9.9d	1.8f	12.4a
Fe	52.3b (α=0.05)	30.5b (α=0.01)	6.0a (α=0.05)	9.2e (α=0.01)	2.0e (α=0.01)	12.5a (α=0.01)

注：节间长度是指第4～5节的节间长度；长花枝>60cm；中花枝为30～60cm；短花枝<30cm；顶花短枝为顶端有大于2个的一簇花蕾；营养枝为无花蕾着生。同列不同小写字母表示在0.05水平差异显著

长花枝：各处理之间比较差异均达到显著水平。中花枝：Zn与Fe之间没有显著性差异，其他比较均达到极显著水平。短花枝：各处理之间比较差异均达到显著水平。顶花短枝：Cu与对照之间没有显著性差异，其他比较差异均达到极显著水平。营养枝：各处理之间差异均达到极显著水平。节间长度：Cu、B、对照之间没有显著性差异，Zn、Mn、Fe之间没有显著性差异，其他比较均达到极显著水平。

喷施Fe、Zn和Mn肥可增加叶面积和比叶重，但Cu和B的作用不明显（表4-25）。喷Zn、Mn、B、Fe均增加叶片的净光合速率（Zn>Mn>B>Fe），但Cu降低叶片的光合速率。5种微量元素均增加叶片叶绿素含量，Fe>Mn>Zn>Cu>B（表4-24）。

表4-24 喷施微量元素肥料对金银花叶片生长发育的影响（n=5）

处理	叶面积/cm^2	比叶重/(g/cm^2)	光合速率/[$\mu molCO_2$ ($m^2 \cdot s$)]	叶绿素/(mg/g)
对照	16.3	0.20	2.3	2.3
B	16.4	0.21	2.5	2.6
Cu	16.4	0.21	2.2	2.7
Zn	18.4	0.23	3.0	2.8
Mn	18.5	0.23	2.6	3.0
Fe	21.5	0.26	2.4	3.5

综合以上结果，可以看出，Zn、Fe和Mn有显著促进忍冬枝条和叶片生长发育的作用，Cu和B的作用较小。

（2）微量元素对金银花花蕾发育及绿原酸含量的影响　结果表明（表4-25），喷施5种微量元素对花蕾的千蕾重无显著影响。喷施Mn、Fe和Cu显著提高单株产量（Mn>Fe>Cu），Zn和B对产量无显著影响。由于花蕾的千蕾重和折干率均无显著差异，说明产量的增加应主要由于花蕾的数量增加造成。如前所述，喷施Mn、Fe和Zn提高了花枝的比例，尤其是长、中花枝的比例，即有花的节位数增加，这证实了这一结论。

表 4-25　叶面喷施微量元素对金银花花蕾发育及绿原酸含量的影响（$n=5$）

处理	单株产量/g	千蕾重/g	绿原酸/%
对照	303.94d	19.2a	7.55a
B	273.08f	19.2a	7.45b
Cu	351.91c	18.8b	7.06c
Zn	303.10e	19.4a	7.02d
Mn	392.50a	19.2a	6.16e
Fe	391.14b	19.3a	5.73f
	（$\alpha=0.01$）	（$\alpha=0.01$）	（$\alpha=0.01$）

注：同列不同小写字母表示在 0.05 水平差异显著

（3）讨论　喷施 Zn、Mn、Fe、B、Cu 5 种微量元素肥料可不同程度地促进金银花枝、叶片和花蕾的发育，其中 Zn、Mn、Fe 3 种肥料可显著增加花枝的比例、叶片的叶面积、叶绿素含量，加快花蕾的发育进程，提高产量，建议在金银花生产中可适当补充 Mn、Fe 和 Zn 这 3 种微量元素，以满足金银花生长发育的需要及提高金银花质量的要求。

第五章　金银花的病虫害及其防治

第一节　金银花病虫害防治原则

金银花病虫害防治，有别于其他农作物，金银花是药食两用，必须坚持以下原则："预防为主，综合防治"的植保方针，以农业防治为基础，农业措施与化学防治相结合，科学使用高效、低毒、低残留的农药，综合运用各种防治措施，减少病虫害所造成的损失。

1）严格禁止使用剧毒、高毒、高残留或者具有"三致"（致癌、致畸、致突变）特性的农药，药用植物病虫害防治必须保证安全，严防农药残毒。中药材大部分是内服的，严防使用剧毒、高残留的农药，以免影响人体健康。金银花花蕾期严禁使用毒性农药，以防中毒和使金银花失去价值。中华人民共和国农业农村部（原农业部）第 199 号公告规定，在中草药材果树、蔬菜、茶叶上不得使用和限制使用的农药有甲胺磷、甲基对硫磷、对硫磷、久效磷、膦胺、甲拌磷、甲基异柳磷、特丁硫磷、甲基硫环磷、治螟磷、内吸磷、克百威、涕灭威、灭线磷、硫环磷、地虫硫磷、蝇毒磷、氯唑磷、苯线磷等 19 种高毒农药。

2）部分有机合成化学农药的使用：每种有机合成农药在一种作物的生长期内只允许使用一次。在使用混配有机合成化学农药的各种生物源农药时，混配的化学农药只允许选表 5-3 列出的品种。如需使用表 5-3 未列出的农药新品种，须报经质量技术监督行政主管部门批准。

第二节　常见病害及其防治

一、金银花褐斑病

金银花褐斑病是一种真菌病害。

扫码见彩图

图 5-1　金银花褐斑病

1. 危害状况

危害叶片，发病后，叶片上出现不规则点状褐斑，中央褐色，边缘暗褐色，并生有暗褐色霉状物（图 5-1），严重时整片叶子枯黄、脱落，引起植株生长衰弱，发病初期叶片上出现褐色小点，以后逐渐扩大成褐色圆形病斑，也有的受叶脉限制形成不规则的病斑，病斑背面有灰黑色霉状物，一张叶片如有 2 或 3 个病斑，就会脱落。

2．发病特点

该病为真菌引起，病菌在病叶上越冬，次年初夏产生分生孢子，分生孢子借风雨传播，自叶背面侵入，一般先由下部叶片开始发病，逐渐向上发展，病菌在高温的环境下繁殖迅速。一般 7～8 月发病较重，被害严重植株，易在秋季早期大量落叶。

3．防治方法

1）清除病枝病叶，减少病菌来源。

2）加强栽培管理，增施有机肥料，增强抗病力。

3）发病前喷施 1：1：100 倍的波尔多液预防该病发生，每隔 7～10d 1 次，连用 2 或 3 次。

4）发病初期喷 30% 井冈霉素 50mg/L 液预防该病发生，每隔 7～10d 1 次，连用 2 或 3 次。

5）发病初期喷施 70% 代森锰锌 800 倍液或 5% 菌毒清 800 倍，每隔 7～10d 喷 1 次，共喷 2 或 3 次。

6）发病初期用 70% 甲基托布津可湿性粉剂 600 倍液均匀喷雾，或 70% 甲基硫菌灵可湿性粉剂 800 倍，或扑海因 1500～2000 倍液，每隔 7～10d 喷 1 次，共喷 2 或 3 次。注意交替轮换施药，有较好的防治效果。

7）冬季修剪后，用 2～3°Bé 的石硫合剂进行一次园地消毒，可有效控制褐斑病的发生。

4．注意

1）波尔多液是植物的一种“保护剂”，主要起防病作用，一般在病害发生前喷药，以达到防重于治的目的；在金银花开花期不能施用，因为容易残留污染金银花；波尔多液能与三硫磷、毒杀芬等杀虫剂随意混合（不能久放），既能防病又能治虫，但不能与石硫合剂、西维因、代森锌等混合使用。

2）代森锰锌不可与碱性农药如波尔多液、石硫合剂等混合使用；代森锰锌加水作喷雾使用，一定要随用随配，不能久放，以免分解失效；代森锰锌对人畜毒性虽然很低（近于无毒），但对人体黏膜刺激性很大。因此，一定要注意安全，施用时切勿使药液进入眼、口、鼻；代森锰锌的稳定性差，易受热，遇光分解，也容易吸水，发黏，结团，逐渐分解放出二硫化碳而降低效力。因此，本品应密封放在干燥阴凉地方。

3）金银花现蕾期严禁用毒性药物。

二、金银花白粉病

1．危害状况

该病主要危害叶片，有时也危害茎和花。叶上病斑初为白色小点，后扩展为白色粉状斑（图 5-2），后期整片叶布满白粉层，严重时发黄变形甚至落叶；茎上部斑褐色，不规则形，

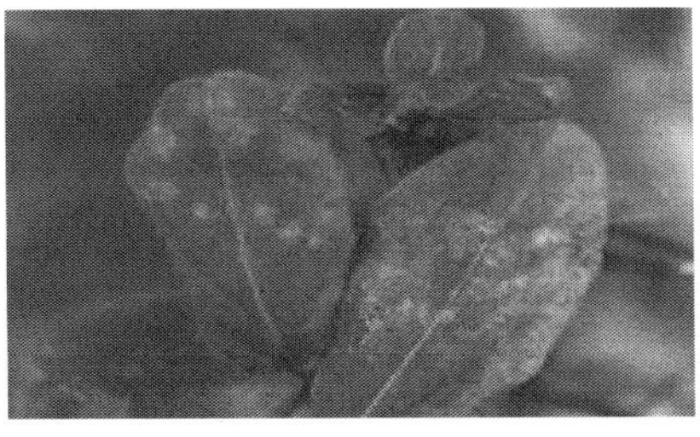

图 5-2　金银花白粉病

扫码见彩图

上生有白粉；花扭曲，严重时脱落。春季和初夏为发病盛期。

2. 病原菌形态特征

子囊果散生，球形，深褐色，为65～100μm，5～15根附属丝，长55～140μm，是子囊果直径的0.7～2.1倍，无色、无隔或具一隔膜，3～5次分叉。子囊3～7个，卵形至椭圆形，大小（34～58）μm×（29～49）μm。子囊孢子2～5个，椭圆形，为（16.3～25）μm×（8.8～16.3）μm。

3. 发病特点

病菌以子囊壳在病残体上越冬，第二年子囊释放子囊孢子进行初侵染，发病后病部又产生孢子进行再侵染。温暖干燥或株间荫蔽易发病。施用氮肥过多，干湿交替发病重。

4. 防治方法

1）合理修剪，避免枝梢过度拥挤，使树冠内膛通风透光。

2）春季萌芽前树冠喷施3～5°Bé石硫合剂。

3）萌芽后喷施0.3～0.5°Bé石硫合剂，或400倍硫悬浮剂，或200倍的农抗120，或绿亨百奋1000倍液。

4）75%百菌清可湿性粉剂800倍液喷施，或50%瑞毒霉锰锌1000倍液，或43%好力克悬浮剂18ml+75%安泰生可湿性粉剂100g加水50～60kg，喷雾防治。每7～10d 1次，连喷2～3次。

5）15%粉锈宁（三唑酮）可湿性粉剂2000倍液进行喷雾防治。

6）新梢抽发至发病前每亩用75%安泰生粉剂100g加水50～60kg喷雾预防。

7）有病叶出现时，可及时用60%防霉宝2号水溶粉800～1000倍液或40%达克宁悬浮剂600～700倍液、50%苯菌灵可湿性粉1500倍液喷防。大面积时可用32%乙蒜素酮乳剂1500倍液喷洒防治，15～20d喷1次，效果较好。

5. 注意

1）硫悬浮剂：不能与波尔多液、机油乳剂混用，喷过上述药剂后15d方可喷硫悬浮剂。本剂长期贮存会出现分层现象，使用时要注意摇匀，再加水稀释。要在阴凉干燥处贮存，并要远离火源。

2）农抗120：在施用时不可同波尔多液、松碱合剂、石硫合剂及其他碱性农药、化肥、微肥和激素混配混用。同时施用前应清洗喷雾器械；施用农抗120，不能只喷药1次，应该连续喷药2或3次，每隔15～16d喷药1次，才可奏效，病害不再复发。

3）百菌清：百菌清对人的皮肤和眼睛有刺激作用，少数人有过敏反应。一般可引起轻度接触性皮炎；本品应该防潮防晒，贮存在阴凉干燥处。严禁与食物、种子、饲料混放，以防误服、误用。使用后的废弃容器要妥善安全处理。

4）安泰生：不可与铜制剂和碱性药剂混用。若喷了铜制剂或碱性药剂，需1周后再使用安泰生；喷药时应穿戴防护服；药剂应保存在儿童接触不到而且通风、干燥的地方，不得与食品或饲料贮藏在一起。

5）粉锈宁：不能与强碱性药剂混用。可与酸性和微碱性药剂混用，以扩大防治效果；使用浓度不能随意增大，以免发生药害。出现药害后常表现植株生长缓慢、叶片变小、颜色深绿或生长停滞等，遇到药害要停止用药，并加强肥水管理。

6）苯菌灵：苯菌灵可与多种农药混用，但不能与强碱性药剂及含铜制剂混用；为避免产生抗性，应与其他杀菌剂交替使用。但不宜与多菌灵、硫菌灵等与苯菌灵存在交互抗性的杀菌剂作为替换药剂。

三、根腐病

初步鉴定该病害由类孢镰刀菌（*Fusarium oxysporum*）引起。

1. 危害状况

该病主要危害金银花根系及根茎部位，破坏输导组织，使水分、养分运输受阻，造成整株死亡。该病害在田间多表现为整株发病，一般随种植年限的增加呈加重趋势。轻病株全株叶片整体绿色变浅，叶色发黄，茎基部表皮呈浅褐色，剖视检查维管束基本不变色；随着病情加重，整株颜色变黄愈加明显，中上部叶片受害更重，有的叶缘变褐枯死，茎基部表皮呈黑褐色，内部维管束轻微变色，典型病株花蕾少而小，常减收20%～30%；重病株主干及老枝条上叶片大部分变黄脱落，新抽出的嫩枝条变细、节间缩短，叶片小且皱缩，甚至全株枯死，茎基部表皮粗糙，黑褐色腐烂，维管束褐色。

2. 病菌概况

金银花根腐病菌在20～35℃下均能生长，最适为25℃左右；孢子产生的最适温度为30℃；分生孢子萌发的适温为25～30℃；病菌在pH 2～12均能生长，其中以pH 6～9生长较好；孢子萌发的pH为5～10，以pH 9为最适。光照对菌丝生长的影响不显著，但对产孢影响较大，在12h光暗交替条件下产孢量最大，其次为连续黑暗，连续光照最低。而紫外线对孢子有明显杀伤作用。该病菌生长对pH适应范围较广，孢子萌发以pH 9为最适，可见该菌较耐盐碱，从田间发病情况来看，该病害在盐碱地发生也较重。

3. 防治方法

1）瘀土地改良土壤、井溉降低地下水位，及时排水，改变不良施肥习惯，及时防治地下害虫。控制和调节土壤酸碱度。

2）把发病严重植株刨掉带出院外，并对坑土用200～400倍农抗120消毒。

3）对有病株在生长季扒土晾根，并用50%可湿性多菌灵500倍液或40%甲基立枯磷400倍液灌根。

4）在病株周围浇灌0.2～0.3°Bé石硫合剂或撒生石灰，防止蔓延。采用金银花氨基酸有机无机专用肥在秋季作基肥施用预防根腐病效果较好，防效最高可达58.1%，显著高于一般的复合肥。金银花氨基酸专用肥以菜籽粕、豆粕为基量，配以微生物活化剂（酵素菌等）、植物调理剂（B、Zn、Mn、Ca、Mg）、营养促长剂（尿素、磷酸氨、硫酸钾）等，经工艺处理，混合均匀，喷雾造粒而成。

四、炭疽病

主要由黑盘孢目真菌引起。

1. 危害状况

苗期、成株期均可发病，苗期发病引起猝倒或顶枯。成株期发病主要危害叶、叶柄、茎及花果。叶片染病初生圆形或近圆形黄褐色病斑，边缘红褐色明显，后期病部易破裂穿孔。叶柄和茎染病生梭形黄褐色凹陷斑，造成叶柄盘曲或茎部扭曲，危害茎基造成成株倒伏或根茎腐烂。花梗、花盘染病，出现花干、籽干现象。果实染病也生近圆形黄色凹陷斑，造成果实变色腐烂。

2. 发病特点

病菌以菌丝在种子软果皮层或附着在种子表面越冬，残桩或枯叶也是该病越冬的主要场所。该病主要由种子传播，引致上述症状，种子染病带菌成为第二年初侵染源。

3. 防治方法

1）采用配方施肥技术，施足腐熟有机肥，增施磷钾肥，提高抗病性。

2）用1∶1∶100（即硫酸铜∶生石灰∶水）的波尔多液或65%代森锌500～600倍液喷雾。

3）可用80%的炭疽福美可湿性粉剂800倍液或70%甲基硫菌灵1000倍液加75%百菌灵可湿性粉剂1000倍，隔7～9d 1次，防治1次或2次即可。

五、锈病

由真菌中的一种担子菌引起。

1. 危害状况

锈病是花卉受真菌寄生而引起的病害的总称。多种花卉上部都可发生。金银花锈病，可危害金银花上部的绿色器官，主要危害叶片和芽。春季展叶后，叶正面出现不明显的小黄点——性孢子，叶背及叶柄上出现黄色稍隆起的小斑点——锈孢子器，突破表皮后散出橘黄色粉状物——夏孢子，秋季叶背面又出现大量的黑色粉粒——冬孢子堆，嫩梢、叶柄、果实等上面的病斑明显隆起。

2. 发病特点

该病菌是单寄生病菌，以菌丝体及冬孢子在病芽、病枝、病叶上越冬。夏孢子在生长节可反复侵染，借风雨传播，由气孔侵入寄主植物。该病在生长季节皆可发生，以6～7月发病较重。四季温暖、多雨多雾的年份利于发病，偏施氮肥则加重病害。

3. 防治方法

1）施有机肥，提高植株的抗病力；选育抗病品种。

2）喷0.3°Bé的石硫合剂，每隔10d左右喷1次，连喷2或3次。

3）发病初期喷洒75%百菌清可湿性粉剂600倍液或80%敌菌丹可湿性粉剂500倍液，8～9d防治一次，视病情连续防治2或3次。

六、死棵

近年来，不少地块出现了死枝、死棵的现象，特别是金银花的老产区，如河南新乡的司庄、陈桥、獐鹿市的死棵、毁园现象更为严重，严重威胁着金银花的生产。

1. 危害状况

在早春发芽期，表现为不能正常发芽或发芽过晚，根部死亡、毛细根少、根部维管束变色。夏秋季表现为叶黄、叶小生长不良，落叶早且根系腐烂，逐渐枯死。有的虽不枯死，但抗寒性差，过冬后早春不发芽，即表现为死枝或死棵。

2．发病规律

金银花的死棵是由镰刀菌引起的枯萎病（河南省农业科学院植物保护研究所在死根里培养出了镰刀菌）。金银花在第一茬花摘后随着雨季的来临，自身抗病力下降，镰刀菌借伤口或自然伤口，侵入其根部侵染危害，并逐渐表现出症状（叶黄、落叶早且根系腐烂逐渐枯萎等）。该病发生程度，与气候条件、土壤条件、施肥情况和镰刀菌的数量及树龄有关。如果树龄过长，偏施氮肥，修剪过早或过晚，则发病较重。夏秋季连续阴雨，土壤黏重，土壤板结，透气性差，土壤积水或前茬为棉花、果树等作物，则病害发生严重，如封丘县獐鹿市乡为老棉区和苹果产区，果园淘汰后发展种植金银花，残存的根系为镰刀菌提供了丰富的食源，该乡金银花发病时间最早，毁园最严重。

3．防治方法

加强水肥管理，防治叶部病害（白粉病、斑点落叶病），延长叶片功能，合理修剪，培养健壮的树势是夺取金银花的高产措施，也会对金银花死棵起到预防和治疗效果。

1）轮作倒茬：与树木、棉花、金银花等作物轮作5年以上，可与辣茬蔬菜（如大蒜、大葱、韭菜）或豆科植物间作或轮作。

2）搞好金银花的栽植工作：新建园应挖40～60cm见方的坑，下填表层土，有机肥与下层土混合后填入中间部位，然后栽植金银花，给金银花根系创造好的环境。对老园，应注意清洁田园、中耕松土。

3）科学施肥：施肥要注意化肥与农家肥的配合施用。施肥时要氮、磷、钾混合施用，要避免偏施氮肥，适当多施钾肥，提高抗病能力。施肥时注意施肥方法：挖20～40cm深的沟条施或穴施于树冠垂直投影处，切忌施肥距根过近或一次施用量过大引起烧根，人为造成死棵。

4）对出现死棵超过1/2的严重地块，应将生长健壮的植株选择新园及时移栽（一般在10月或早春修剪后移植）。

5）对出现零星死棵的地块，应及时拔除病株，清除残留根系，用70%甲基托布津800倍液，灌坑杀菌后移栽新的植株，如不用药剂处理，移栽的植株很难成活。对表现生长不良出现死枝或死棵的植株和相邻植株，可用70%甲基托布津800倍液加入芸薹素内酯灌根，提高生命力，预防传染。

6）叶面施肥，增强抗病性。结合防病治虫，喷施时加入0.2%～0.4% KH_2PO_4 或生命素500倍液，可提高抗病性，增加产量。

七、除草剂对金银花的危害

近几年来，随着农田除草技术的普及，农田大量使用除草剂，金银花的生长和结花受到严重影响，并出现大面积死树现象，严重的达到全园毁灭的程度。

1．金银花受除草剂漂移为害情况

金银花田受农田除草剂漂移为害的种类有一次性漂移和二次性漂移两种，一次性漂移即雾滴及气流在几千米范围内的漂移，主要表现在幼茎叶和生长点上，受害时期与当地农田化学除草同步或稍延迟；二次性漂移是除草剂随地面、水面蒸发和随作物蒸腾等作用造成的更大范围的漂移，其外在表现较隐蔽，不易发现，引起慢性进行性死枝、死树，受害时间距漂移时间较长，短则几个月，长则几年。金银花受害后，健壮植株或受害轻的植株，新梢生长缓慢，幼叶变小，皱缩，叶边焦枯，花蕾畸形并轻度变色，略呈褐色，经追施尿素等速效性化肥、浇水和规范地解害用药后，多可缓解，基本恢复正常；中等受害植株上述症状程度加重，生长季节表现出树势衰弱，越冬后，翌年早春生长不旺盛，有死枝、黄叶、停长和轻度萎蔫现象，进入夏季，随着气温升高、生命活动加强，树势大部分可恢复，也能正常生长和结花，但产量明显下降，一般下降30%～50%；受害严重的和树势衰弱的树，受害后，症状持续时间较长，新梢大部分停长，生长季节即有黄叶死枝出现，越冬后，发芽不久多数植株逐渐死亡，有的仅剩下基部1个或几个新生枝条，完全丧失生长能力。个别树虽能勉强维持渡过生长季节，但到来年还会死亡。

2. 防治方法

解决金银花田除草剂漂移的危害，要从改善土壤环境、提高树体抗逆能力和有效降解土壤中的除草剂两方面着手。

1）搞好常规管理、提高树体抗逆能力，即搞好土、肥、水管理，及时防治病虫害和合理修剪。在土壤管理上，每年秋季要进行全园深翻，生长季节要多次中耕除草，以增加土壤透气性，利于土地微生物活动，这样既可给根系创造良好生长环境条件，又可利用多种微生物降解漂移沉降到土壤中的除草剂；有机肥能加速除草剂降解，要注意增施有机肥，秋季或入冬前每亩施入有机肥2～3m^3，施肥方式要沟施与普遍撒施轮换进行；浇水不但可满足金银花生长结花等正常生命活动需要，而且可稀释和淋溶土壤中的除草剂，降低树体上和土壤中的除草剂浓度，还有利于各种酶类活动加速除草剂的降解，所以入冬前、早春和生长季节要多次浇水。在搞好土肥水管理的同时，还要搞好多种病虫害的防治，及时修剪。通过上述措施，保证树体健壮，具有较高的抗逆能力。

2）在当地农田大量使用除草剂期间，及时采取应对措施。黄河故道地区农田应用除草剂的大致情况是：11月上旬至12月中旬麦田化学除草；年后2月中旬至4月上旬，麦田第二次化学除草；6月上中旬玉米田封闭除草，同时花生田、红薯田、大豆田、蔬菜田、果园也大量使用除草剂；6月下旬至7月上旬水稻田进行化学除草。根据农田使用除草的时期，金银花田要采取如下措施：11月上旬以前，全园撒施有机肥并撒施45%的硫酸钾三元复合肥10～15kg/亩，撒后翻耕；12月上旬前后灌足越冬水，然后进行冬季修剪，以减少枝叶对漂移除草剂的吸收和传导，修剪以后树体喷洒0.01%的芸薹素内酯2000倍加多元素螯合叶面肥。在金银花萌芽至新梢迅速生长期（2月中旬至4月中旬）和夏季玉米、水稻化学除草时期（6月上旬至7月上旬），分别浇水3～5次，结合灌水隔次撒施尿素8～10kg；树上喷洒解害药、肥2～4次，间隔时间10～15d，组方为：0.18%的复硝酚钠2000倍加20%的海藻精3000倍加多元素螯合叶面肥。

第三节　主要虫害及其防治

根据调查和已有的资料，为害金银花的病虫害主要有40种，其中害虫33种，主要是鳞翅目、鞘翅目和同翅目的害虫；病害7种，主要是由真菌侵染引起的褐斑病、白粉病等。

一、蚜虫

图 5-3　中华忍冬圆尾蚜　　扫码见彩图

蚜虫又叫作腻虫、蜜虫。为害金银花的蚜虫主要有 2 种：中华忍冬圆尾蚜（图 5-3）和胡萝卜微管蚜。

1. 为害状况

蚜虫主要为害叶片、花蕾和嫩梢，主要刺吸植物的汁液，危害嫩枝和叶片，使叶变黄、卷曲、皱缩，对树势、产量和花蕾品质影响很大。每年 4 月中旬至 5 月下旬是大量发生期，特别是阴雨天，蔓延更快，金银花花蕾期被害可致花蕾畸形。有的年份伏天也发生较重，严重时会造成绝收。

2. 活动规律

以卵在金银花枝条上越冬，早春越冬卵孵化，4～5 月严重危害金银花。5～7 月严重危害伞形花科蔬菜和金银花。10 月间发生有翅雌蚜和雄蚜由伞形花科植物向金银花上迁飞。10～11 月雌雄蚜交配，并产卵越冬。

3. 防治方法

1）可喷施除虫菊乳油 1000 倍液喷杀，5～7d 喷 1 次，连喷数次，采花期可用洗衣粉 1kg 兑水 10kg 或用乙醇 1kg 兑水 100kg 喷洒，蚜虫一般聚集于金银花的嫩叶、嫩梢和花蕾背处，因此应对准受害植株中上部的幼嫩部位施药。

2）3 月下旬至 4 月上旬叶片伸展开，蚜虫开始发生时，用 10% 吡虫啉 3000～5000 倍液或 50% 抗蚜威 1500 倍液喷雾，或喷施绿亨杀杀死 1000 倍液或 1.8% 阿维菌素乳油 5000 倍液。3% 啶虫脒可湿性粉剂 2000 倍液或 10% 万安可湿性粉剂 2000 倍液、扑蚜净 2000～2500 倍液或灭幼脲 3 号 1500～2000 倍液喷雾，5～7d 1 次，连喷数次。

3）用 0.2°Bé 的石硫合剂先喷一次，以后清明、谷雨、立夏各喷一次，即能根治。

4）最后一次用药须在采摘金银花前 10～15d 进行，可用香烟头 5g 掺水 70～80ml，浸泡 24h，稍加揉搓后，用纱布滤去渣滓，然后喷洒。

5）根据蚜虫对黄色有趋性的特点，可在蚜虫集中发生期设黄板诱杀，此法不污染环境和金银花产品，防治效果良好。

6）清除杂草，将枯枝、烂叶集中烧毁或埋掉，减轻虫害。

4. 注意

1）石硫合剂：石硫合剂在气温高时施用，防病杀虫的效力高，使用浓度可低些；但在 32℃ 以上或炎热中午不宜施用，以免发生药害；冬季在 4℃ 以下，也不宜施用；在稀释的药液中加入适量皂角、苦蒿、茶枯等，能显著提高防治效果；石硫合剂腐蚀性强，若皮肤和衣服被粘上，应立即用水洗净。

2）吡虫啉：本品不可与碱性农药或物质混用；适期用药，收获前两周禁止用药；如不慎食用，立即催吐并及时送医院治疗；贮藏要与食品远离，以免发生危险。

3）抗蚜威：见光易分解，应避光保存；使用不慎中毒，应立即就医，肌肉注射1～2mg硫酸颠茄碱。

4）阿维菌素乳油：施药时要有防护措施，戴好口罩等；最后一次施药距收获期20d。

5）啶虫脒：本品为低毒杀虫剂，使用本品时，应避免直接接触药液，佩戴相应的防护用品。

二、红蜘蛛

1. 为害状况

为害金银花的主要为山楂红蜘蛛，5～6月是发生发展阶段，7月大量落叶成灾。刺吸叶片，被害叶初期红黄色，后期严重时则全叶干枯，造成落叶、落花，影响树势、产量和品质。

2. 防治方法

1）发芽前喷施3～5°Bé的石硫合剂，消灭越冬成螨。

2）4月底至5月初喷施0.3～0.5°Bé的石硫合剂防治第1代若虫。

3）5月底至6月初是第2代若虫集中发生期，可喷施1∶890阿维菌素乳油5000倍液或爱福丁3号1000倍液。

4）6月下旬至7月可叶面喷施浏阳霉素或阿维菌素乳油3000～5000倍液。

5）用30%螨窝端乳油1000倍液或5%克大螨乳油2000倍液或5%尼索朗乳油2000倍液或20%卵螨净可湿性粉剂2500倍液或3%克螨特乳油2000倍液，进行叶面喷雾防治。

3. 注意

1）浏阳霉素：本品无内吸性，喷雾时应均匀周到，叶面、叶背及叶心均需着药。连续施用两次，效果最佳。为延缓抗药性产生，每季以施用两次为宜。

2）尼索朗：尼索朗无杀成螨作用，因此应掌握好防治时期。

三、棉铃虫

1. 为害状况

该虫主要为害叶片和花蕾，每头棉铃虫幼虫一生可咬食几十个甚至上百个花蕾，花蕾被棉铃虫幼虫咬食后，不但品质下降，而且容易脱落，直接造成产量损失。6月下旬至8月是为害盛期。

2. 活动规律

该害虫每年4代，以蛹在5～15cm深的土壤内越冬。次年4月下旬至5月中旬，越冬代成虫羽化，一代幼虫盛发期在5月下旬至6月上旬，一代数量虽不大，但此时正是第1茬花期，若不防治，经济损失较大，且一代数量直接影响着以后各代的数量。6月下旬至7月中旬为第2代幼虫危害期，8月上中旬、9月上中旬分别为第三、第四代棉铃虫幼虫危害期，9月下旬开始陆续进入越冬。

3. 防治方法

6月中下旬是第2代幼虫集中发生期，可喷施BT乳剂400～500倍液或3%杀铃脲

1500倍液，7月以后世代重叠，发生不集中，每隔15d左右可喷药一次，喷放BT或武大绿洲4号等农药。

4．注意

BT杀虫剂的孢子在气温为20～25℃、相对湿度为85%以上时活性最高，施用效果最好；在气温为20℃以下、日光长时间照射、强风暴雨等环境条件下活性较低，施用效果就差，因而要避开这些不利的天气施用。

四、咖啡虎天牛

咖啡虎天牛是金银花的重要蛀茎性害虫。

1．为害状况

在5月初，天牛成虫就开始出土，在枝条上端的表皮内产卵，经过夏季，虫卵逐渐孵化成幼虫。幼虫先在皮下危害，随着长大便逐渐钻入茎秆中咬食木质部，直至茎秆心，形成不规则的弯曲孔道。再向底部蛀食，秋后钻入附近的地面或根部，以成虫越冬。虫孔常被排出的粪便堵塞，有时不易被发觉。但受害花枝条往往出现衰老、枯萎，新发枝条少，并逐渐枯死等现象（图5-4）。

幼虫　　成虫

图5-4　咖啡虎天牛

扫码见彩图

2．防治方法

1）在5～7月成虫盛发期人工捕杀，并在产卵裂口处刮除卵粒及幼虫。

2）在产卵盛期用50%辛硫磷乳油600倍液或2.5%功夫乳油2000倍液喷射灭杀，7～10d喷1次，连喷数次。

3）结合冬季剪枝，清墩整穴，将老枝干的老皮剥除，以造成不利于成虫产卵的条件。

4）在夏、秋季发现天牛寄生枝条时，即可用钢丝钩杀。

5）生物防治。咖啡虎天牛的天敌有两种，一种是赤腹姬蜂（*Xylophrurus coreensis* Uchida.），寄生于幼虫体内；另一种是肿腿蜂（*Scleroderma* sp.），是幼虫的外寄生蜂，寄生率很高，经人工饲养后每亩释放1000头，防治效果明显。放蜂时间在7～8月，气温在25℃以上的晴天为好，此种生物防治方法可在产区推广应用。

6）进行糖醋液（糖1、醋5、水4、敌百虫0.01）诱杀试验。有研究人员曾把糖醋液分别装在7cm的广口玻璃瓶和直径17cm的碗中进行诱杀，结果以装在玻璃瓶中的诱杀效果较好。

五、柳干木蠹蛾

柳干木蠹蛾（*Holcocerus vicarius* Walker）又称为柳乌木蠹蛾，属鳞翅目木蠹蛾科，是金银花蛀干性害虫之一。

1. 形态特征

1）成虫全体灰褐色，雌成虫体长30mm左右，翅展55～60mm，雄成虫体长26～28mm，翅展48～58mm。头小，复眼大，圆形，黑褐色。雌蛾腹部末端较尖，雄蛾腹部末端较宽钝、多毛。前翅灰褐色，满布多条弯曲的黑色横纹，由肩角至中线和由前缘至肘脉间形成深灰色区，并有黑色斑纹。后翅也布满不规则的斑点和横纹。

2）卵呈近圆形，长1.2mm左右，短径0.8mm左右。表面有纵行隆脊，间具横行刻纹，似花生壳状花纹。初产时黄白色，产后过10h变为浅灰色，孵化前夕呈暗褐色。卵面有14条放射状纵纹。

3）幼虫体扁圆筒形，初孵幼虫粉红色，成长幼虫体长45～60mm。头部黑褐色，有不规则的细纹。前胸背板上有紫褐色斑纹一对。体侧为紫红色，有光泽。各腹节腹板色稍淡，各节间为黄褐色，腹面扁平。气门缘边暗褐色。

4）蛹及土茧蛹暗棕色，蛹体长27～38mm，蛹体稍向腹面弯曲，第2～6腹节背面均具有刺2列，前行刺列较粗，后行刺列较细，第7～9腹节背面只具有前刺列。腹末肛孔外围有刺突三对。土茧长35～55mm，土褐色，呈长圆筒状，一端较小。土茧是老熟幼虫在化蛹前吐丝缀土混合组成。

2. 发生规律

主产区2年发生一代，跨越3年，以低、中龄幼虫在植株茎秆基部或根内越冬，越冬幼虫第二年4月开始活动取食，随气温的升高，幼虫不断扩大为害。9～10月幼虫接近成熟，钻入木质部进行第二次越冬，第三年4月中旬越冬的老熟幼虫开始脱离寄主入土作茧化蛹。5月下旬开始羽化为成虫，6月中旬至8月上旬为幼虫孵化期，盛期在6月下旬至7月上旬。初孵幼虫为害至10月，在根茎内越冬。卵期13～15d，幼虫期655～662d，预蛹期10～20d，蛹期25～32d，成虫期3～6d。成虫羽化时间为每日15：00～21：00，羽化时可将半截蛹壳带出地面。羽化后的成虫次日凌晨（0：00～2：00）开始交配，次日晚间产卵。每头雌蛾一生能产卵163～786粒。卵堆产或成排块产于茎基老皮的裂缝内。成虫白天隐藏在花墩中下部不动，夜间出来活动。趋光性强。成虫在温度较低时寿命较长，反之寿命较短。

3. 为害状况

幼虫孵化后先群集于老皮下，渐次向下取食，形成弯曲的孔道。3龄幼虫开始蛀入木质部，越冬前进入根茎或根内。幼虫有吐丝习性，老熟幼虫爬出杆茎进入植株周围50～60mm的土中做一长形斜立土窝吐丝做茧，虫体逐渐缩短，不再活动，在茧内化蛹。一般为害方式是：幼虫孵化后先群居于金银花老皮下为害，生长到10～15mm后逐步扩散，但当年幼虫常数头由主干中下部和根际蛀入韧皮部和浅木质部为害，形成广阔的虫道，排出大量的虫粪和木屑，严重破坏植株的生理机能，阻碍植株养分和水分的输导，致使金银花叶片变黄，脱落，8～9月花枝干枯。据调查，10年以上的植株被害率达35%～60%，局部地区达90%以上。

4. 防治方法

1）加强对金银花的田间管理。柳干木蠹蛾幼虫多喜危害衰弱的金银花墩，幼虫大多从老皮裂缝和伤口等处侵入。因此加强对金银花的抚育管理，适时施肥、浇水，促使金银花生长健壮，以减少此虫入侵的途径，提高抗虫力。

2）合理剪枝，减少虫口基数，减轻危害程度。

3）药剂防治。枝干喷药防治初孵幼虫：幼虫孵化盛期用50%杀螟松乳油1000倍液加0.3%煤油配成药液，重点喷主杆的中下部，老皮的裂缝处。这对刚孵化未侵入韧皮部的幼虫及刚侵入韧皮部取食的幼虫有良好的防治效果，但对体长10mm以上的已蛀入枝秆的幼虫，喷药防治效果不佳。药液灌根防治幼虫：用50%杀螟松乳油按药：水=1：1的比例配成药液浇灌根部，即先在花墩周围挖坑，深10～15cm，每墩灌20ml左右，视花墩大小适量增减，然后覆土压实。由于药液浓度高，使用时要注意安全。

六、金银花尺蠖

金银花尺蠖（*Heterolocha jinyinhuaphaga* Chu）属鳞翅目尺蛾科，又名“寸寸虫”“造桥虫”，是危害金银花的一种主要食叶害虫。金银花尺蠖已成为危害封丘县金银花的主要害虫。2004年金银花尺蠖发生面积达1.33万公顷，严重发生面积0.33万公顷，危害严重的地块短时间内金银花叶片全被吃光，仅剩叶脉和叶柄，给金银花生产带来严重损失（图5-5）。

图5-5　金银花尺蠖幼虫

扫码见彩图

1. 形态特征

1）成虫雄蛾体长10～11mm，翅展11～12.5mm，触角羽状。雌蛾体长9～11mm，翅展11～12.5mm，触角线状。前、后翅外缘和后缘均有缘毛。

2）卵椭圆形，底面略平，长 0.7mm，宽 0.5mm。

3）老熟幼虫体长 21～25mm；体灰黑色，头部黑色，前胸黄色，有两排黑斑；胸足 3 对，黑色，腹足两对，黄色，外侧有不规则黑斑。

4）蛹纺锤形，长 10～13mm。初化蛹时灰绿色，渐变为棕褐色，最后变为黑褐色，尾端臀棘 8 根。

2. 发生规律

金银花尺蠖在河南省封丘县每年发生 4 代，以蛹在土表枯叶中越冬。越冬蛹在翌年 4 月上旬开始羽化，4 月中旬为羽化盛期，5 月下旬至 6 月上旬、7 月上中旬、9 月上中旬分别为一、二、三代成虫羽化盛期。成虫多在傍晚羽化，当夜即可交尾产卵，卵期 7～10d。卵散产或块产于叶片背面或嫩茎上。初孵幼虫爬行迅速或吐丝下垂，借风传播。幼虫稍受惊吓纷纷吐丝下垂，很快又沿丝爬回到枝叶上。幼虫老熟后在花丛内、枯叶下或土表 1cm 处结茧化蛹。该虫具暴食性，防治应在 3 龄之前。

3. 为害状况

低龄幼虫在叶背面啃食叶肉，使叶面出现许多透明小斑。3 龄幼虫开始蚕食叶片，使叶片出现不规则的缺刻。5 龄幼虫进入暴食阶段，为害严重时，能将整株的金银花叶片和花蕾全部吃光。

4. 防治方法

1）开春后，在花蕾周围 1m 范围内，挖土灭蛹。也可用 90% 的杀虫脒可湿性粉剂 1 两①，拌泥 30～40 斤，撒在花蕾范围，然后覆土，以杀蛹。但要注意：本品虽然对人畜毒性很低，但仍要注意安全，不能与食品或饲料贮存在一起。

2）在幼虫发生初期，1～2 龄阶段，可用 2.5% 鱼藤精乳油兑水稀释 400～600 倍后进行喷雾，但要注意不得与石硫合剂等碱性农药混合使用。

3）清除地面枯枝落叶，可消灭部分越冬蛹和幼虫，减少越冬虫源。

4）第 1 代幼虫危害盛期正是金银花采收季节，幼虫发生初期用 10% 永安可湿性粉剂 2000 倍液、10% 万安可湿性粉剂 2000 倍液、20% 杀灭菊酯 2000 倍液或 95% 晶体敌百虫 800～1000 倍液喷雾防治。尤其对未修剪的金银花应做重点防治，因其遮阴密度大，往往较冬季修剪过的发生数量大、危害重。

5）在卵孵化高峰期内喷施 100 亿活芽孢/ml 苏云金杆菌 SE（Bt）400～500 倍液，在 1～3 代的羽化期，即每年的 5 月上旬、7 月中旬和 9 月下旬，对金银花叶片集中喷雾，成虫死亡率一般达到 50% 以上，也可用 2.5% 菜喜 1500 倍液和 4.5% 高效氯氰菊酯 1500 倍液喷雾。

6）生物防治：于 1～3 代产卵期，即 4 月中下旬、6 月中下旬、9 月中下旬释放赤眼蜂。每个卵期可以分两次释放，根据花农的试验，其寄生率可达 70%。或用羽化后交尾期前尺蠖虫雌蛾腹部，放在 5ml 95% 乙醇中，密闭浸泡 20h 后，倒入研钵，研碎后用滤纸过滤，溶剂补充到原来数量，便成为性信息素的粗提物。以每毫升溶剂中浸泡五头雌蛾为最好的性诱剂量。用普通滤纸或吸水纸裁成 5cm×3cm 长条，卷在 20cm 的细铁丝中间，将性

① 1 两＝50g

信息素粗提物滴在滤纸或吸水纸上，即成诱芯。把诱芯横放在直径 17cm 的碗上，碗里放水，水中加入少量洗衣粉，水面与诱芯相距约 1cm，即成简易诱捕器。在每天 18：00 左右将简易诱捕器放在银花墩中间，距地面 30cm 左右，两个诱捕器之间距离一般为 2～3m。第二天早晨将诱芯取回室内，放玻璃瓶中密闭保存。诱芯的性诱雄蛾效果，一般可持续 8～12d（以 5d 内效果最好）。用二氯甲烷（分析纯）作溶剂比 95% 乙醇性诱效果还要好。

七、银花叶蜂

银花叶蜂（*Arge similes*）属膜翅目叶蜂科，是近年危害银花较严重的一种害虫，据调查该虫仅危害金银花。

1. 形态特征

1）成虫：雌虫体长 9～10mm，翅展 21～22mm，雄虫体长 7～8mm，翅展 18～19mm，体蓝黑色，有金属光泽。触角黑色，3 节，第 3 节较长，雄虫第 3 节的绒毛较雌虫明显。翅半透明，淡褐色，产卵器锯齿状。

2）卵乳白色，肾形，长 1.2～1.5mm，宽 0.7～0.8mm。

3）幼虫：体长 22～23mm，头和前足呈黑色，体桃红色，背中线为一条淡绿色纵带，背侧线为金黄色纵带，气门线淡绿色，体背有许多黑色小毛瘤；前排有 3 排 14 个，中后胸有 3 排 16 个，腹部 2～6 节，有 3 排 18 个，背中央的毛瘤较大。幼虫 5 龄，1 龄体长 3.5mm，头宽 0.4mm；2 龄体长 6mm，头宽 0.7mm；3 龄体长 8mm，头宽 0.9mm；4 龄体长 12.3mm，头宽 1.3mm；5 龄体长 17.4mm，头宽 1.7mm。

4）蛹：黑褐色，外附长椭圆形的茧。茧长 10～14mm，宽 5～8mm，淡金黄色，分 3 层，外面两层淡金黄色，内层为白色。

2. 发生规律

银花叶蜂以老熟幼虫在土中结茧化蛹越冬。次年 3 月上旬成虫化羽，飞到有花蜜和有蚜虫的地方取食花蜜和蚜虫分泌的蜜露。成虫晴天活动，尤以 12：00～15：00 活动最盛，飞翔力较强，可飞离地面 2m，水平距离 10～20m。阴雨天栖息在枝叶下不动。成虫活动 3～4d 后开始产卵，产卵时雌虫用锯齿状产卵器割开叶面边缘的表皮，将卵 1～3 粒产于表皮下。每雌虫产卵 6～24 粒。产卵处的叶边缘组织变成水浸状，后变为黑褐色。成虫寿命为 3～14d，雌雄性比越冬代为 3：1，第 3 代为 1.6：1。卵期 5～14d，孵化率 84%。幼虫期 10～19.5d。幼虫分散危害，主要危害嫩叶，取食后幼虫头、胸、足逐渐变为黑色，体绿色，4 龄后体呈桃红色。幼虫蜕皮多在 7：00 或傍晚。幼虫老熟后沿植株下爬，进入 0.5～1cm 深的土层或枯叶中，吐丝成茧，卷缩其中化蛹，各代蛹期为 7～19.5d，越冬代蛹期为 185d。全年以第 1 代和第 2 代危害严重，但对叶厚、茸毛长而硬的银花品种不危害。

3. 为害状况

幼虫危害叶片，初孵幼虫喜爬到叶上取食，从叶的边缘向内吃成整齐的缺刻，全叶吃光后再转移到邻近叶片。发生严重时，可将全株吃光，使植物不能开花，不但严重影响当年花的产量，而且使次年发叶较晚，受害枝条枯死。

4. 防治方法

1）人工防治：发生数量较大时可于冬、春季在树下挖虫茧，减少越冬虫源。在产卵期人工摘除有卵叶片，集中烧毁。

2）药剂防治：幼虫发生期喷90%敌百虫1000倍液或25%速灭菊酯1000倍液。

5. 注意

1）敌百虫：敌百虫不能与碱性药物配合或同时使用。因为敌百虫属于有机磷制剂，如果与碱性药物或碱性物质相遇，会增强毒性，引起家畜中毒，甚至造成死亡；不能超过治疗剂量。

2）速灭菊酯：速灭菊酯稀释时以微温（12℃）水为宜，如水温超过50℃，药液分解失效；速灭菊酯应避免用碱性水稀释，并忌与碱性药物同用或混用，以防药液分解失效；本剂稀释后，其药液比较稳定，只要妥善保管，1个月内效力不变，可以继续使用。

八、绿刺蛾

1. 形态特征

成虫体长10～12mm，翅展21～27mm。头部和胸部绿色。触角丝状。前翅绿色，肩角处褐色斑在中室下呈直角，外缘褐色带向内弯，在第一肘脉和第二肘脉间呈齿形。后翅灰褐色。

老熟幼虫体长16～20mm。头小，缩于前胸下面。体呈黄绿色。前胸背板有1对黑点，背线有双行蓝绿色点纹组成。各体节上有灰黄色肉刺瘤1对，中、后胸及第9～10腹节上的黑瘤特别大。

2. 发生规律

1年发生2代，以幼虫在茧内越冬。5～6月化蛹。成虫成块产卵于叶背。初孵幼虫群集卵壳上，不取食也不活动，2龄后先取食皮蜕，后食卵壳及叶肉，然后分散危害。8～9月出现第2代成虫，以此代幼虫在枝干结茧越冬。

3. 防治方法

绿刺蛾的越冬茧或在枝干上，或在树冠附近浅土、草丛处，且历时很长，酌情摘茧或挖茧可收到一定效果。绿刺蛾幼虫2龄前群栖危害，易于发现，可摘除消灭。绿刺蛾成虫具趋光性，可设灯诱杀。

在幼虫3龄以前施药，一般触杀剂都有较好的效果，如90%的敌百虫晶体、25%亚胺硫磷乳油、50%杀螟松乳油、菊酯类杀虫剂等，都可选用。

4. 注意

亚胺硫磷乳油：亚胺硫磷乳油对蜜蜂有毒，喷药后不能放蜂；不能与碱性农药混用；中毒后解毒药剂可选用阿托品、解磷定等。

九、蛴螬

蛴螬是鞘翅目金龟子幼虫的总称。在封丘县轩寨金银花田，以铜绿异丽金龟为主要种类，其次是华北大黑鳃金龟、暗黑鳃金龟、黄褐异丽金龟等。

1. 为害状况

主要咬食根系，造成地上部营养不良、水分供应不上使植株衰退，严重时可使植株枯萎而死。成虫则以花、叶为食（图5-6）。

图5-6　蛴螬幼虫（左）及危害植株（右）

扫码见彩图

2. 活动规律

河南封丘县蛴螬以铜绿异丽金龟为优势种类，占70%左右。铜绿异丽金龟1年1代，以幼虫越冬。春季10cm土温高于6℃时，越冬幼虫开始活动，3～5月是一个危害小高峰，5月下旬至6月下旬化蛹，6月上旬为蛹盛期，成虫出现始期为6月上旬，盛期为6月中下旬至7月上旬，7月中下旬为卵孵化盛期，孵化幼虫为害至10月中下旬，当10cm土温低于10℃时，开始下潜越冬。

3. 防治方法

1）药剂灌根可用50%二嗪农乳油500倍液或2.5%敌杀死6000倍液，隔8～10d灌根一次，连续灌2或3次。

2）撒施毒土时，每亩用5%特丁磷颗粒剂2.5～3kg，或50%辛硫磷乳油500g，或蛴螬专用型白僵菌2～3kg，拌细沙或细土25～30kg，于初春或7月中旬在根旁开沟撒入，随即覆土，或结合中耕将药土施入，也可兼治多种地下害虫。

十、忍冬细蛾

1. 为害状况

忍冬细蛾是金银花主要的潜叶害虫，以幼虫潜入叶内，取食叶片背面的叶绿素组织，仅剩下表皮，严重影响光合作用。

2. 活动规律

该害虫在河南封丘每年发生4代，以幼虫在枯叶、老叶内越冬。3月下旬至4月上旬，越冬幼虫开始活动，4月中下旬化蛹，4月下旬至5月上旬羽化为成虫。5月上中旬、6月下旬、7月上旬、8月中下旬、9月下旬至10月上旬分别为一、二、三、四代幼虫盛期，也即危害高峰期。10月中下旬陆续进入越冬期。

3. 防治方法

防治应重点在一、二代成虫和幼虫前期进行，可用25%灭幼脲3号3000倍液喷雾，在各代卵孵盛期用1.8%阿维菌素2500～3000倍液喷雾。

十一、吡虫啉防治金银花蚜虫及安全性评价

吡虫啉是一种新型的硝基亚甲基类的内吸性杀虫剂，能与乙酰胆碱受体结合，但不被乙酰胆碱酯酶分解，从而引起神经通路的阻塞，进而造成乙酰胆碱的蓄积导致昆虫衰竭死亡。由于吡虫啉为内吸性低毒杀虫剂，且持效期长，因此近年来在我国各大药材产区普遍应用。现将吡虫啉对药用植物病虫害防治的高效、低残留、合理、安全使用研究做简要介绍。

吡虫啉防治金银花蚜虫田间药效实验结果，见表5-1。

表5-1 吡虫啉防治金银花蚜虫田间药效实验结果

观察项		10%吡虫啉 WP 2000倍	20%吡虫啉 SL 4000倍	50%好家伙 EC 500倍	清水对照
药前虫口/(头/枝)		74.7	105.2	22.3	55.7
药后1d	活虫数	17.7	13.4	3.7	56.7
	防效/%	76.3	87.3	83.4	
药后3d	活虫数	0.7	4.2	0.3	56.7
	防效/%	99.1	96.0	98.7	
药后5d	活虫数	0	0	0	60.7
	防效/%	100	100	100	
药后7d	活虫数	0	0	0	61.7
	防效/%	100	100	100	

注：WP为可湿性粉剂的简写；SL为悬浮剂的简写；EC为乳油的简写

结果表明，三种不同剂型农药均可有效地防治金银花蚜虫，药后1d即明显见效，其中20%吡虫啉的防效高达87.5%；药后3d防效均达96%以上，药后5d 3种药剂均可将蚜虫完全控制住。3种农药对金银花蚜虫都具有很好的防治效果，10%吡虫啉WP2000倍液与20%吡虫啉SL4000倍液有效成分含量相当，它们药后第1天防效的差异可能是剂型不同导致药效释放缓急有别，但两者都在药后5d将蚜虫有效控制，药效是极其显著的。

吡虫啉在金银花中的残留动态：对残留动态数据进行回归处理，残留动态曲线符合一级动力学方程，见图5-7。20%吡虫啉SL4000倍可溶性液剂在金银花中的残留动态方程为：$Ct=4.5213e^{-0.4383t}$（$r=0.9970$），$t_{0.5}=1.6$，$t_{0.9}=5.3$；施药后2h的原始沉淀量为4.3025mg/kg，10d后残留量为0.048 18mg/kg，14d后未检出。

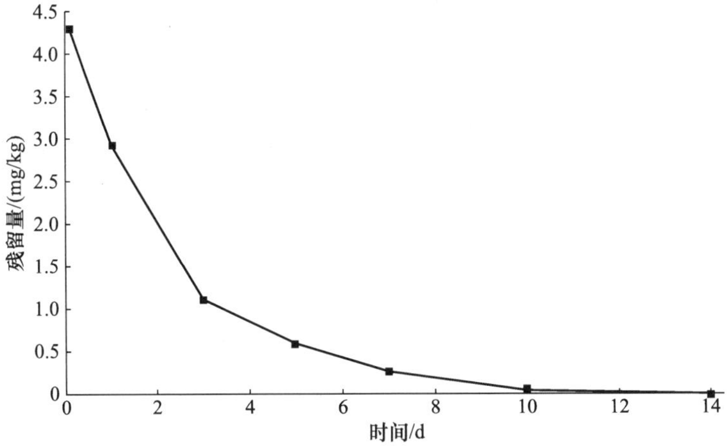

图 5-7　吡虫啉在金银花中的残留动态曲线

不同浓度吡虫啉对金银花主要成分绿原酸含量的影响（图 5-8）：对喷施吡虫啉的金银花样品与对照样品进行绿原酸含量比较，结果喷施 8000 倍药剂的样品与对照相比增加 1.06%，$P=0.455>0.05$，无显著性差异；喷施 4000 倍药剂的样品与对照相比增加 6.73%，$P=0.008<0.01$，有极显著性差异。

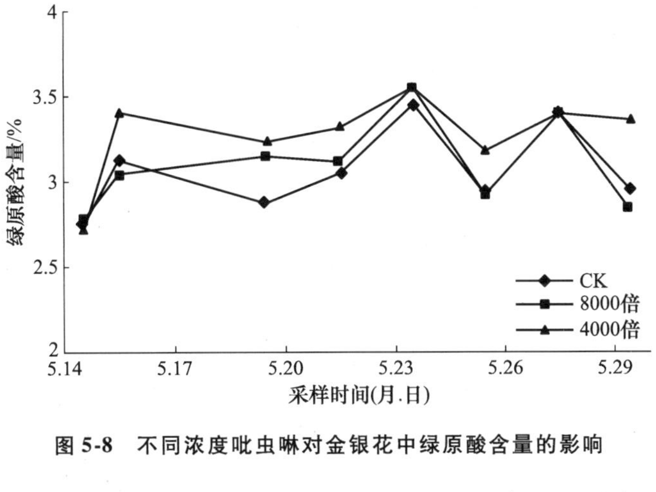

图 5-8　不同浓度吡虫啉对金银花中绿原酸含量的影响

吡虫啉对金银花中绿原酸的含量有一定的影响，施药后含量呈升高趋势，而且施用不同浓度吡虫啉 1d 后，金银花绿原酸的含量即开始有不同程度的变化，施用吡虫啉浓度越高，绿原酸含量增加越明显。

由图 5-8 可知，施药样品的绿原酸含量并不是一直都高于对照样品，有时与对照样品含量相当，甚至在喷施低浓度吡虫啉的样品中，还出现了含量比对照样品低的情况。这可能与采样的均匀性有关，而且绿原酸含量随时间也有一定的波动性，但含量升高的总体趋势是明显的。

对木犀草苷含量的影响：不同浓度吡虫啉对金银花中木犀草苷含量测定结果，见表 5-2。

表 5-2 不同质量浓度吡虫啉对金银花中木犀草苷含量的影响（$n=3$）

采样时间/d	木犀草苷/%		
	对照组	8000 倍	4000 倍
0	0. 1356	0. 1322	0. 1275
1	0. 1181	0. 1121	0. 1126
3	0. 0685	0. 0720	0. 0804
5	0. 1043	0. 1199	0. 1105
7	0. 1200	0. 1234	0. 1209
9	0. 1577	0. 1529	0. 1444
11	0. 1465	0. 1540	0. 1543
13	0. 1579	0. 1582	0. 1672
15	0. 1449	0. 1435	0. 1442

喷施吡虫啉的样品与对照样品木犀草苷含量比较，$P>0.05$。

由表 5-2 可以看出，第 3 天采收样品中木犀草苷的量明显低于其他时间采集样品的量，且低于《中国药典》2015 年版标准，这可能因为该天样品烘制过度而变黑，导致木犀草苷的量降低。说明在金银花药材加工过程中，调控好温度是保证药材质量的关键步骤。

以上研究表明：吡虫啉对木犀草苷的量没有显著影响，而吡虫啉对金银花中绿原酸的影响为施药后绿原酸的量有所升高，而且施药浓度越高，影响越明显。导致以上不同的原因可能是两者代谢途径不同，在植物体内所起的作用也不同。通常认为，绿原酸是植物保护素之一，具有较好的抗菌作用，金银花植株在受到外物侵害后，绿原酸含量有所提高，这是其抗御伤害进行自我保护的机制之一。内吸性杀虫剂吡虫啉喷施到金银花上以后，可能对植株产生一定刺激，而使其次生代谢发生一些改变，使绿原酸含量升高，但其具体机理有待进一步研究。

在中药国际化的进程中，保证中药材有效成分含量的同时更要控制其有害物质含量，限制中药材出口的因素早已不再是中药材的质量和有效成分，而是农药和重金属等有害物质的残留，中药材现代化栽培过程中不可避免地会遭遇病虫为害，以目前的技术水平完全不施用农药难度很大。但是，对于现有农药，只要了解和掌握农药的降解周期及对药用植物产生的影响，使用方法得当，就可以在防治中药材病虫害的同时，保障中药材产量与品质，保证药用、食用的安全性。

目前我国种植的 200 多种中药材，病虫害防治仍以化学防治为主，但每年在农业农村部农药鉴定所登记的上千种农药中没有一种农药在中药材上登记，而这些农药却在药材生产中普遍使用。近年来市场上不断有高效、低残留、选择性强的农药面市，国内外学者已经对部分农药在非标靶生物、害虫天敌、哺乳动物、环境的毒性及安全性评价方面做了大量的工作，中药材生产者应努力利用这些资源，针对不同的药用植物进行药效和降解动态试验，制订切实有效的施用浓度和安全采收间隔期，保障中药材的安全生产。

第四节　农药使用

一、农药使用原则和注意事项

1）目前市场上农药种类、剂型、厂家品牌等纷繁众多，各种农药的使用时期、剂量及方法，应根据不同的农药剂型、有效成分含量、病虫害发生情况、金银花长势等情况综合考虑决定。

2）最后一次施药距采收间隔天数不得少于该种农药分解规定的日期，防止农药残留。

3）农业农村部历年报告规定禁止使用的农药，不得在中药材上使用。

4）混配的农药只允许选用符合国家农药安全使用标准的农药。

二、农药的购买、运输操作要求

农药的购买操作要求：购买农药应到指定的农药经销部门购买，购买时应根据农药产品的外观好坏，直接判断产品质量的优劣，不能购买劣质农药。

农药的运输操作要求：装运农药前必须将运输工具清理干净，检查农药的包装是否有破损、标志不全等现象，装运多品种农药时要分类按码装放，不得混杂。

三、农药种类及其性质

1. 按原料来源分类

常分为生物源农药、矿物源农药和有机合成农药等。

（1）生物源农药　是指直接利用生物活体或生物代谢过程中产生的具有生物活性的物质，或从生物体中提取出的物质作为防治病、虫、草害的农药。其中又可分为如下几种。

1）植物源农药：是指以植物为原料，经过溶剂提取而制成的农药。具有对人畜安全，对药用植物没有药害和污染，可就地取材等优点。植物源农药是当前大力推广的绿色农药，包括杀虫剂鱼藤酮、除虫菊素、茼蒿素、烟碱、植物油乳剂；杀菌剂大蒜素；驱避剂苦楝素、川楝素；增效剂芝麻素等。

2）动物源农药：有昆虫信息素（或昆虫外激素）如性信息素；活体制剂寄生性、捕食性的天敌动物等。

3）微生物源农药：包括农用抗生素和活体微生物或其代谢物的农药。其有效物质是细菌、病毒、真菌孢子或抗生素。此类农药的药效较高，选择性强，使用后不伤害天敌，对人畜无毒，对药用植物安全，长期使用不产生抗药性。但应用范围不够广泛，作用较缓慢，往往受季节和环境条件的限制。此类农药无污染，是大力推广的农药。其中农用抗生素防治真菌病害的有灭瘟素、春雷霉素、多抗霉素（多氧霉素）、井冈霉素、农抗120等；防治螨类的有浏阳霉素、华光霉素等。活体微生物农药真菌剂有绿僵菌、鲁保1号；细菌剂有苏云金杆菌、乳状芽孢杆菌；拮抗菌剂有“5406”、菜丰宁B；线虫有昆虫病原线虫；

原虫有微孢子原虫；病毒有核多角体病毒、颗粒体病毒等。

（2）矿物源农药　又称为无机农药。有效成分来源于矿物的无机化合物和石油类农药。又分为矿物油乳剂和无机杀螨杀菌剂等。

1）矿物油乳剂，是由天然矿物质中提取的油乳剂，如低磺酸值机油乳剂、蒽油乳膏、煤油乳膏等。

2）无机杀螨杀菌剂，又分铜制剂和硫制剂，铜制剂包括硫酸铜、氧氯化铜、氢氧化铜、波尔多液；硫制剂包括硫悬浮剂、可湿性硫黄、石硫合剂等。

（3）有机合成农药　有机合成农药是用化学方法生产的有机化合物，其种类多、药效高、用途广。目前生产上使用的大多数农药属于此类，包括杀虫杀螨剂、杀菌剂、除草剂等，在中药材无公害栽培生产中可限量使用。中药材生产中可以使用的农药种类，见表5-3。

表5-3　中药材生产中可以使用的农药种类

农药名称	急性口服毒性	剂型	防治对象	施用量和稀释倍数/(次/亩)	施药方法	每季最多使用次数	最后施药距采收间隔
马拉硫磷(malathion)	低毒	50%乳油	蚜虫、鳞翅目害虫	1500～2500倍液	喷雾	1	不少于7d
辛硫磷(phoxim)	低毒	50%乳油	蚜虫、鳞翅目害虫	1500～2500倍液	喷雾	1	不少于5d
敌百虫(trichlorphon)	低毒	90%固体	地下害虫、鳞翅目害虫等	500～1000倍液	霉草土喷雾	5	不少于7d
苦参碱(matrine)	低毒	0.3%水剂	蚜虫	600～800倍液	喷雾	3	不少于5d
藜芦碱(veratrue)	低毒	0.5%乳油	蚜虫	70～100g	喷雾	3	不少于5d
定虫隆(抑太保)(chlorfluazuron)	低毒	5%乳油	鳞翅目幼虫	40～140倍	喷雾	3	7d
除虫脲(diflubenzuron)	低毒	20%悬浮剂	鳞翅目幼虫	320～1600倍	喷雾	2	30d
噻螨酮(尼索朗)(hexythiazox)	低毒	5%乳油 5%可湿性粉剂	螨	200～1500倍	喷雾	2	30d
克螨特(propargite)	低毒	73%乳油	螨	300～2000倍	喷雾	6	不少于21d

续表

农药名称	急性口服毒性	剂型	防治对象	施用量和稀释倍数/(次/亩)	施药方法	每季最多使用次数	最后施药距采收间隔
抗蚜威(辟蚜雾)(pirimicarb)	中等毒	50%可湿性粉剂	蚜虫	10～20g	喷雾	2	14d
高效氯氟氰菊酯(lambda-cyhalothrin)	低毒	2.5%乳油	鳞翅目、鞘翅目和半翅目等多种害虫和其他害虫	1000～2000倍液	喷雾	1	不少于7d
氰戊菊酯(fenvalerate)	中等毒	20%乳油	蚜虫、螟虫、食心虫	20～40ml	喷雾	1	10d
百菌清(chlorothalonil)	低毒	75%可湿性粉剂	霜霉病	500～600倍	喷雾	4	3d
甲霜灵(瑞毒霉)(metalaxyl)	低毒	58%可湿性粉剂	霜霉病	500～800倍	喷雾	3	21d
多菌灵(carbendazim)	低毒	25%可湿性粉剂	霜霉病、菌核病	500～1000倍	喷雾	2	不少于5d
异菌脲(扑海因)(iprodlone)	低毒	25%悬浮剂	菌核病	140～200ml	喷雾	2	50d
腐霉利(二甲菌核利)(procymidone)	低毒	50%可湿性粉剂	灰霉病、菌核病	40～50g	喷雾	3	1d
三唑酮(粉锈宁)(triadimefon)	低毒	25%可湿性粉剂	锈病	500～1000倍	喷雾	2	不少于3d

2. 按用途和作用方式分类

(1) 杀虫杀螨剂　杀虫剂是用来防治药用植物、农、林、卫生及仓储害虫的药剂。杀螨剂是用来防治植食性螨类的药剂，如克螨特等。这两类药剂按作用方式又可分为以下几种。

触杀剂：通过接触主体（昆虫、螨的表皮）而引起毒杀作用的药剂，如辛硫磷等。

胃毒剂：昆虫取食后经肠道吸收而引起毒杀作用的药剂，如敌百虫等。

熏蒸剂：以气体状态经昆虫呼吸器官进入体内而引起毒杀作用的药剂，如磷化铝，其可释放出磷化氢气体杀死害虫，在中药材仓储中使用较多。

内吸剂：可被植物的根、茎、叶等部位吸收，并在植物体内运转，害虫取食植物或吸取植物汁液后而引起中毒的药剂。

杀卵剂：能阻止卵内的胚胎发育，使幼虫或蛾不能孵化的药剂，如扑虱灵等。

（2）杀菌剂　对植物病原真菌、细菌具有杀死或抑制作用的药剂，如百菌清、波尔多液等。杀菌剂又可分为保护剂和内吸治疗剂两类。

保护剂：在植物发病前施用，以消灭病菌或防止病菌侵入，使植物得到保护的药剂，如波尔多液、百菌清、硫黄制剂等。此类杀菌剂在植物发病后使用往往效果较差。

内吸治疗剂：此类药剂有治疗作用，可在植物发病后施用，如多菌灵、粉锈宁等。内吸治疗剂自问世以来，在植物病害防治中发挥了突出作用，但也存在病原菌对此类药剂易产生抗性的问题。因而近年来人们十分重视将保护剂与内吸剂制成混合剂或混用，以达到延缓发生抗药性的目的。

四、常用农药品种简介

1. 杀虫杀螨剂

在现在使用的农药中这是一类比较多的农药，在中药材栽培上常见的种类有如下几种。

（1）吡虫啉　属硝基亚甲基类内吸杀虫剂，是烟碱乙酰胆碱受体的作用体，干扰害虫运动神经系统使化学信号传递失灵，无交互抗性问题。用于防治刺吸式口器害虫及其抗性品系。吡虫啉是新一代氯代尼古丁杀虫剂，具有广谱、高效、低毒、低残留，害虫不易产生抗性，对人、畜、植物和天敌安全等特点，并有触杀、胃毒和内吸多重药效。害虫接触药剂后，中枢神经正常传导受阻，使其麻痹死亡。速效性好，药后1d即有较高的防效，残留期长达25d左右。药效和温度呈正相关，温度高，杀虫效果好。由于它的优良内吸性，特别适于用种子处理和撒颗粒剂方式施药。一般亩用有效成分3～10g，兑水喷雾或拌种。安全间隔期20d。施药时注意防护，防止接触皮肤和吸入药粉、药液，用药后要及时用清水清洁暴露部位。不要与碱性农药混用。不宜在强光下喷雾，以免降低药效。

（2）辛硫磷　属硫代磷酸酯类有机磷杀虫剂。高效低毒，具有触杀和胃毒作用，无内吸作用。对光线敏感，在光下易分解失效。制剂有45%、50%乳油、5%颗粒剂等。用5%乳油1000～2000倍液防治黄芪食心虫、茴香螟、蛴象等害虫有较好的效果。用50%乳油闷种（薏苡、红花种子等）或做成毒土或洗灌防治蛴螬等地下害虫效果显著。在傍晚或阴天施药可提高防治效果。在作物收获前5d禁止使用。每季作物只能使用1次。

（3）乙酰甲胺磷　又名杀虫灵，是一种高效低毒广谱性有机磷杀虫剂，能被植物内吸传导，具有胃毒、触杀、熏蒸及杀卵作用，适用于药用植物上的飞虱、介壳虫、食心虫等的防治。剂型有30%、40%乳油、30%可湿性粉剂。乳油一般用300～600倍液喷雾，在药用植物上的安全间隔期为7d。

（4）抗蚜威　又名辟蚜雾，属氨基甲酸酯类杀虫剂，中等毒性，具有触杀和渗透叶面的作用。温度高时（20℃以上）有熏蒸作用。该药剂速效性好，残效期短，不杀伤天敌。但是，在中药材种植中应尽量限量使用。杀虫谱仅限于蚜虫，对药用植物等作物的蚜虫防治效果好，剂型有50%可湿性粉剂、10%发烟剂、50%可分散微粒剂。每亩可用50%可湿性粉剂17～47kg兑水50kg喷雾。安全间隔期为8d。

（5）高效氯氟氰菊酯　又叫三氟氯氟氰菊酯、功夫菊酯。它的药效特点，抑制昆虫神经轴突部位的传导，对昆虫具有趋避、击倒及毒杀的作用，杀虫谱广，活性较高，药效迅速，喷洒后耐雨水冲刷，但长期使用易对其产生抗性，对刺吸式口器的害虫及害螨有一定防效。2.5%乳油，防治鳞翅目、鞘翅目和半翅目等多种害虫和其他害虫，稀释1000～2000倍液喷雾。它对螨虫有较好的抑制作用，在螨类发生初期使用，可抑制螨类数量上升，当螨类已大量发生时，就控制不住其数量，因此只能用于虫螨兼治，不能用于专用杀螨剂。

（6）克螨特　　又名丙炔螨特，属有机硫类杀螨剂，低毒，具有胃毒和触杀作用，无内吸和渗透传导作用，对多种作物的成虫、若虫、螨有特效，持效期长。剂型为73%乳油，一般使用浓度为2000～3000倍液。在幼嫩作物上或嫩梢上使用，稀释倍数不宜低于3000倍，以免产生药害。喷雾施药，每季作物最多使用6次，最后一次施药距采收中药材间隔期不少于21d。此药不宜与碱性农药混用。

2. 杀菌剂

在中药生产中使用的品种较多，现仅介绍常用的6种。

（1）百菌清　　为高效，广谱性低残留杀菌剂，兼有保护和治疗作用。耐雨水冲刷，残效期长而稳定。制剂有75%可湿性粉制、4%粉剂、45%烟剂。适用于防治多种药用植物病害，用于防治瓜类霜霉病、白粉病、炭疽病、黑星病、轮纹病等效果也很好。可用75%可湿性粉剂500～1000倍液叶面喷雾。每季作物最多使用4次。

（2）粉锈宁　　又称三唑酮、百里通，是一种高效、内吸性强的杂环类杀菌剂，具有预防、治病、熏蒸等作用，能被中药材植物的各个部位吸收、传导。对各种药用植物的锈病、白粉病有特效，对黑穗病、根腐病也有效。持效期长，对作物安全。制剂有25%可湿性粉剂、20%乳油。用25%可湿性粉剂拌种，100kg种子用药量为300～500kg，每亩用25%可湿性粉剂兑水500～1000倍喷雾。药用植物在收获前半个月停止用药。每季作物最多使用2次。

（3）多菌灵　　又称棉萎灵、苯并咪唑44号。为高效广谱内吸性杀菌制，兼有防治和保护作用。易被作物根部、种子吸收，也可缓慢通过叶片表皮角质层。可杀死种子内外病菌。耐雨水冲刷，药效期长。对防治人参等药用植物根部病害效果好。每亩用50%可湿性粉剂500～1000倍液防治霜霉病、灰霉病、炭疽病等都有良好效果。每季度作物喷雾使用2次，间隔时间不少于5d。

（4）瑞毒霉　　又称甲霜灵、甲霜安、雷多米尔，是一种高效、低毒、内吸性杀菌剂，能上下传导，兼有保护和防治作用。对由霜霉菌，疫霉菌、腐霉菌引起的病害有效。剂型有50%、25%可湿性粉剂、35%拌种剂，每亩用25%可湿性粉剂兑水500～800倍喷雾。每季作物最多使用3次。

（5）波尔多液　　是一种杀菌力强、药效范围广、作用持久的常用无机杀菌剂。该药剂黏着力强，不易被雨水冲刷，药效期可达15d左右，具有很好的保护作用。主要用于防治霜霉病和各种叶斑病等，也可用以处理种苗。波尔多液是一种由硫酸铜、生石灰和水混合而成的天蓝色胶状悬浮液，根据不同情况可采用不同比例，1∶1∶100（硫酸铜∶生石灰∶水）为等量式波尔多液，1∶2∶100为倍量式波尔多液。幼嫩植物组织对铜元素较敏感，可用较低浓度或生石灰过量式及倍量式配制方法。对石灰敏感的植物可用石灰少量式和半量式的各种稀释倍液。该药剂要现配现用，不能贮存，以将稀硫酸铜倾倒于石灰乳的配法为好。

（6）石硫合剂　　是用硫黄与生石灰加火熬制而成的一种硫元素保护剂，呈深红色，具臭鸡蛋味，呈强碱性，遇酸易分解。石硫合剂对白粉病和锈病效果较好。白粉病一般每隔7d左右喷1次，共喷2或3次。石硫合剂的熬制方法，常用的配制比例为：生石灰1份，硫黄2份，水10～12份，先将生石灰放进旧铁锅中，用少量水化开，并加足水量。在石灰放热升温时，加热煮石灰乳，在近沸腾时，再将事先调成稠糊状的硫黄浆自锅边缘缓缓倒入，边倒边搅拌，记下水位线，用强火煮沸40min～1h，待药液熬成枣红色，渣滓呈黄绿色时停火即成。熬煮期间不宜过多搅拌。用热水补足蒸发散失的水，冷却后滤出渣滓，即得到枣红色透明原液。使用前须用波美比重计测量原液的波美比重（波美度），然后再根据需要的浓度加水稀释。

五、中药材种植中禁止使用的农药

具有剧毒、高毒、高残留和“三致”（致癌、致畸、致突变）特性的农药不能在无公害中药材生产中使用。中药材生产中禁止使用的化学农药科类，见表5-4。

表5-4　中药材生产中禁止使用的化学农药种类

种类	农药名称	禁用原因
无机砷杀虫剂	砷酸钙、砷酸铅	高毒
有机砷杀菌剂	甲基胂酸锌、甲基胂酸铁铵（田安）、福美甲胂、福美胂	高残毒
有机锡杀菌剂	薯瘟锡（三苯基醋酸锡）、三苯基氯化锡和毒菌锡	
有机汞杀菌剂	氯化乙基汞（西力生）、醋酸苯汞（赛力散）	
氟制剂	氟化钙、氟化钠、氟乙酸钠、氟乙酰胺、氟铝酸钠、氟硅酸钠	剧毒、高毒、易药害
有机氯杀虫剂	滴滴涕、六六六、林旦、艾氏剂、狄氏剂	高残毒
有机氯杀螨剂	三氯杀螨醇	我国生产的工业品中含有一定数量的滴滴涕
卤代烷类熏蒸杀虫剂	二溴乙烷、二溴氯丙烷	致癌、致畸
有机磷杀虫剂	甲拌磷、乙拌磷、久效磷、对硫磷、甲基对硫磷、甲胺磷、甲基异柳磷、治螟磷、氧化乐果、磷胺	高毒
有机磷杀菌剂	稻瘟净、异稻瘟净	高毒
氨基甲酸酯杀虫剂	克百威、涕灭威、灭多威	高毒
二甲基甲脒类杀虫杀螨剂	杀虫脒	慢性毒性、致癌
拟除虫菊酯类杀虫剂	所有拟除虫菊酯类杀虫剂	对鱼毒性大
取代苯类杀虫杀菌剂	五氯硝基苯、稻瘟醇（五氯苯甲醇）	国外有致癌报道或二次药害
植物生长调节剂	有机合成植物生长调节剂	慢性毒性
二苯醚类除草剂	除草醚、草枯醚	
除草剂	各类除草剂	

六、国家全面禁止生产、销售与使用的农药

到目前，国家全面禁止生产、销售与使用的农药已经有 24 种，到 2013 年 11 月将达到 34 种。

六六六、滴滴涕、毒杀芬、二溴氯丙烷、杀虫脒、二溴乙烷、除草醚、艾氏剂、狄氏剂、汞制剂、砷类、铅类、敌枯双、氟乙酰胺、毒甘氟、毒鼠强、氟乙酸钠、毒鼠硅（中华人民共和国农业部公告第 199 号，公告日期 2002.6.5，国家明令禁止使用的农药，18 种）。

甲胺磷、甲基对硫磷、对硫磷、久效磷、磷胺（中华人民共和国农业部公告第 274 号，自 2004 年 6 月 30 日起严禁销售、使用的农药；中华人民共和国农业部公告第 322 号，自 2007 年 1 月 1 日起禁止销售的高毒高残留农药，5 种）。

八氯二丙醚（中华人民共和国农业部公告第 747 号，自 2008 年 1 月 1 日起不得销售含有此成分的农药，1 种）。

苯线磷、地虫硫磷、甲基硫环磷、磷化钙、磷化镁、磷化锌、硫线磷、蝇毒磷、治螟磷、特丁硫磷（中华人民共和国农业部公告第 1586 号，自 2011 年 10 月 31 日起停止生产，自 2013 年 10 月 31 日起停止销售和使用的农药及其混配制剂，10 种）。

七、农药常见符号及含义

PC：百分比浓度，表示药剂中有效成分的百分含量。

SS：种子处理用水溶性溶剂。

ppm：百万分之一浓度。现已废止，改用 10^{-6}、mg/kg 或 mg/L 表示。

LS：种子处理用溶液。

LC：致死浓度，能引起受试验动物死亡的浓度。

LC_{50}：半数致死浓度。

TL_{50}：耐药中浓度。

FS：拌种用胶悬剂。

PS：外涂种子的农药。

AC：水剂。

OL：油剂。

EC：乳油。

MED：最小有效浓度，即刚能引起效应的阈浓度。

MAC：最大允许有效量。

DP：粉剂，有一定规格和含量的细粉状农药。

FO：微粉剂，更小的粉剂，适用于室温病虫的防治。

WP：可湿性粉剂，加有一定湿润剂，有一定规格含量，能被水所湿润的药剂。

SP：可溶性粉剂，可兑水稀释，以代替乳油作喷雾用的粉剂。

SL：悬浮剂。

SC：胶悬剂。

VC：超低溶量液剂。

SV：超低溶量悬剂。

EO：水在油中的乳液。

EW：油在水中的乳液。

WG：水中分散颗粒剂。

ME：膏剂。

ES：乳剂、乳胶、乳化液、乳浊液。

EP：乳粉。

ME：微乳粉。

WS：水悬剂。

GF（GM）：气雾剂。

KG（HA）：施用量，就是每公顷农田可施用多少千克农药。

GR（G）：颗粒剂，附着或含有一定量的药剂，有药效长、使用方便、粉尘飞扬少、对益虫安全等特点。

第六章 金银花的采收、加工和贮藏

第一节 金银花的采收

金银花的采摘和干制，关系着产量的高低、质量的好坏，所以应做到采收适时，精采细摘，及时干制，保证质量，以便达到丰产、丰收的目的。金银花的采收期，一般在 5 ~ 8 月，主要在 5 ~ 6 月。金银花第一茬花蕾采收期，大约经历 10d，第二、三、四茬花蕾采收期逐次缩短。由于现蕾期不一致，要分期、分批采收。采摘后要立即干制。

一、开花习性和花的发育

（一）开花习性

金银花具有多次抽稍、多次开花的习性。中原地带的开花期，从 5 月中旬开始到 9 月底，长达 4 个月。在不加管理、放任自然生长的情况下，一般第一茬花在 5 月中、下旬现蕾开放，6 月上旬结束，花量大，花期集中。以后只在长壮枝抽生二次枝时形成花蕾，花量小，且花期不整齐。若加强管理，经人工修剪，合理施肥和灌水，则每年可控制其分期，使其较集中地开花 3 或 4 次。

（二）花的发育

金银花从孕蕾到开放需 5 ~ 8d，大致可分为幼蕾（绿色小花蕾，长约 1cm）→三青（绿色花蕾，长 2.2 ~ 3.4cm）→二白（淡绿白色花蕾，长 3 ~ 3.9cm）→大白（白色花蕾，长 3.8 ~ 4.6cm）→银花（刚开放的白色花，长 4.2 ~ 4.78cm）→金花（花瓣变黄色，长 4 ~ 4.5cm）→凋花（棕黄色）7 个阶段，商品中常包括 5 个不同发育阶段的花。农民根据发育阶段将其分为幼蕾期、三青期、二白期、大白期、银花期及金花期等不同时期。

二、采收时间的确定

经验认为，采收二白期和大白期花蕾入药质量最好。绿原酸含量依次为三青>二白>大白>枝端叶>金花>银花。张燕等测定不同花发育阶段（幼蕾期、三青期、二白期、大白期、银花期和金花期）花的生长，结果表明幼蕾（米花）的长度、单花鲜质量都最小，三青（青花）和二白期上部膨大成棒状，长宽较米花有了一定增加，大白期的单花质量达到最大 0.14g。而对于绿原酸和木犀草苷两种有效成分，米花质量分数最小，二白期的绿原酸达到最高，大白期的木犀草苷量达到最高，两种有效成分在银花期和金花期又开始下降。因此，综合考虑金银花在发育几个阶段的产量和质量，二白至大白期采摘最适宜。采摘时间性很强，采摘是否适时，同花蕾产量、花蕾的药用化学成分含量、经济价值、经济效益都有密切的关系，即便是相差半天，甚至2h也是这样。为此，采摘金银花蕾一定要掌握好时机。

采摘标准：实践经验证明，并经赵忠勤等科技工作者研究确认，最适宜的采摘标准是“花蕾由绿色变白，上白下绿，上部膨胀，尚未开放。”这时的花蕾，按花期划分，是着生在开头花（开放的花蕾称开头花）以上的第二棚花蕾。

根据五指岭金银花产区的经验和近年来的试验证明，黎明至9：00以前，采摘花蕾最为适时，干燥后呈青绿色或绿白色，色泽鲜艳，干制率高，平均2.1kg鲜品出干品0.5kg。10：00以后采摘的花蕾由于当天水分散失量小，不能及时干燥，干后大多呈淡黄色，干制率下降；12：00以后和下午采摘的花蕾，则色泽更差，干制率继续下降，影响金银花的产量和质量。采摘方法：采摘金银花使用的盛具必须透气，一般使用竹篮、竹筐，不用不透气的布包或塑料袋等，以防花蕾身湿或发热、发霉、变黑等。采摘的花蕾均轻轻放入盛具内，不加压力，以防相互挤压摩擦。擦伤则破坏细胞，组织液中的单宁氧化变黑，影响干品质量。

采摘金银花时间关系到其产量和质量，适时采摘的金银花，大约每4kg鲜花，就可以干燥成1kg干花；若稍有开放的花，要4.25kg鲜花，才能干燥成1kg干花；若全开放的花，要7kg鲜花，才能干燥成1kg干花。9：00以前采花，干燥后色泽最白；10：00以后采花，由于当天不能干燥，大多呈淡黄色。因此，采花以选择晴天、清晨露水刚干时为适宜。但采摘时注意保护植株，只采花蕾，不能连花带枝、叶一齐采下，以免影响植株发育。

三、不同物候期金银花的产量与质量

徐迎春等对河南封丘潘店乡屯里村人工栽培的7年忍冬进行了观察，忍冬第一茬花的产量最高，约占全年产量的56.98%，以后各茬花的产量逐渐降低，第二茬花产量占总产量的28.14%，为第一茬花产量的49.39%，第三、四茬花产量显著降低，仅分别为总产量的8.39%和6.48%。不同物候期花蕾的质量也存在显著差异，以千蕾重计，第一茬花的千蕾重最高，第二和第三茬花差别不明显，第四茬花最低。绿原酸含量也基本符合这一规律，但第四茬花的绿原酸并不是一年内最低的，比第二、三茬花还要高。花蕾的含糖量以第二茬花最高，第一茬花次之，第三茬以后显著降低，第四茬最低（表6-1）。

表6-1 不同物候期金银花的产量与质量

	一茬花	二茬花	三茬花	四茬花
单株产量/g	454.41	224.43	66.94	51.64
占总产量/%	56.98	28.14	8.39	6.48
千蕾重/g	20.15	14.92	15.15	16.58
绿原酸/%	7.57	5.09	4.83	5.73

四、不同物候期忍冬植株的花芽及枝叶

一般以新生枝开始萌发作为忍冬花芽分化起始时间。通过观察封丘的忍冬新枝萌发至

花蕾采收经历的时间，推算各茬花芽分化的历时分别为：2 月 14 日至 5 月 8 日，5 月 10 日至 6 月 17 日，6 月 18 日至 7 月 24 日，7 月 23 日至 8 月 28 日。第一茬花花芽分化历时明显较后几茬花时间长，为 84d，其后几茬花分化的时间只有 37 ~ 39d。

叶片的绿原酸含量在第四茬时最高，第二茬叶最低，第一茬和第三茬居中，说明秋季叶片积累绿原酸明显高于夏季。开发利用金银花叶片中的绿原酸，可考虑采收秋后的叶片或者第一茬花后修剪下的枝条叶片（表 6-2）。

表 6-2　不同物候期忍冬植物的花芽及枝叶

	一茬花	二茬花	三茬花	四茬花
花芽分化历时/d	84	39	37	37
花枝级次	一级	二级	三级	四级
长枝比例/%	45	11	6	8
中枝比例/%	16	26	20	23
短枝比例/%	25	28	32	37
顶花短枝比例/%	14	35	42	32
叶面积/cm^2	12.75	10.77	7.50	5.68
叶绿素/(mg/g)	2.73	2.33	1.92	1.72
绿原酸/%	4.57	2.69	3.98	5.71

五、忍冬各物候期的气候因子

日平均温度达到 4℃以上开始萌芽，此后随温度回升，光合有效辐射（PAR）及日照时数增加，新梢进入旺长和花芽分化。进入 5 月中旬，日均温达 22.98℃、PAR 为 5.97μmol/(m^2 · s)、日照时数为 6.94h 时进入第一茬花期。此后经历近 4 个月的花期至 9 月中旬以后，由于气温降低，不再抽生新梢及形成花芽。12 月初随着气温降至 0℃以下，开始进入越冬期，直至次年 2 月中旬重新萌发新枝，进入下一个生长季。

第一茬花发育期间，气温逐渐回升，但日均温不超过 20℃，较适宜新梢的生长和花芽分化；此时降水量很小，气候较干燥，而日照时数逐渐增加，有利于金银花的绿原酸积累。第二、三茬花发育期处于夏季高温多雨季节，不利于枝叶组织充实和花芽分化；而且降雨量大，也不利于绿原酸的积累。第四茬花发育期处于秋季，气温回落，降水减少，有利于枝叶生长、花芽发育，也利于绿原酸的积累，因此第四茬花的绿原酸含量较第二、三茬花高。

河南省封丘县潘店金银花萌芽时间为 2 月 14 日前后；各茬花采收期：一茬为 5 月 13 ~ 29 日，二茬为 6 月 19 日至 7 月 3 日，三茬为 7 月 25 日至 8 月 8 日，四茬为 8 月 29 日至 9 月 12 日。

六、金银花采摘器

1. 由张祥汉发明的金银花采摘器（专利号：CN201504422U）

这一采摘器包括一方形或长方形的框架，其特征在于：框架内设置相对框架固定的静夹板，与静夹板平行设置可相对静夹板移动的动夹板，框架上设置固定柄和活动柄，二者通过铰轴铰接，活动柄的结构为中位支撑的杠杆结构，其一端作为杠杆驱动力臂的手柄，另一端为可驱动静夹板与动夹板并紧或远离的作为杠杆阻力臂的拨杆，铰轴为杠杆支点，动、静夹板设计为多排，本采摘器新型小巧轻便，可对金银花、枸杞果实进行快速采摘，通过多个动、静夹板的设置，可同时实现批量花朵或果实采摘，避免手工单个采摘的弊端，提高工作效率，减轻劳动强度（图 6-1）。

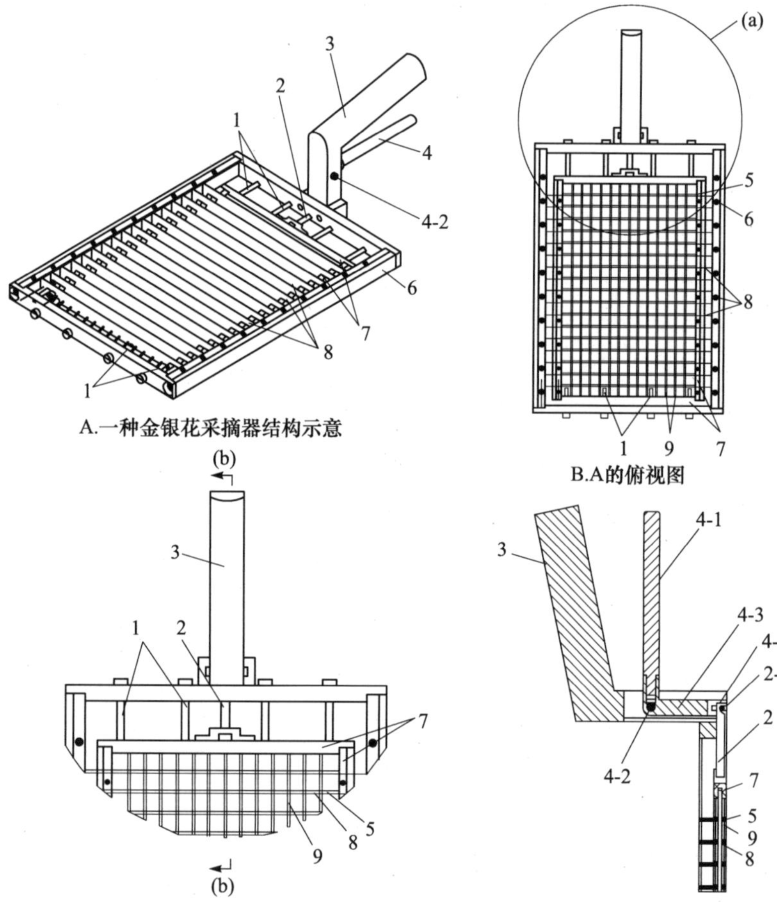

A.一种金银花采摘器结构示意　B.A的俯视图

C.B的(a)部放大图　D.C的(b)部剖视图

图 6-1　由张祥汉发明的金银花采摘器

1. 导向柱；2. 拉杆；2-1. 滑块；3. 固定柄；4. 活动柄；4-1. 手柄；4-2. 铰轴；4-3. 拨杆；4-4. 拨叉；5. 动夹板；6. 框架；7. 动夹板边框；8. 静夹板；9. 连接杆

还有学者研究出了金银花筛选机，利用筛筒与分离器相互反向旋转，对带枝叶的金银花产生力，将花叶从枝上分离开；再利用风力将花叶分开达到选花的目的。

2. 由郭清辉发明的负压收集式金银花采摘机（专利号：CN203289905U）

此采摘机提供一种方便快速且省力的采摘方法，结构中包括采摘机头、与采摘机头出料口连接的负压驱动机构、与采摘机头连通的收集箱。其关键在于：所述采摘机头结构包括设置在采集头外壳前端的弧面状或平面状进料口，在进料口处沿弧线或直线平行设置的导引辊组，采集头外壳上定位有驱动电机，借助于电机轴与主动导引辊实现连接，并借助齿轮组成的中间传动机构与从动导引辊形成关联导引辊的同步反向转动，采集头外壳上定位有金银花导引管接头。本实用新型的有益效果是：彻底解放人工双手，实现了快速采摘，提高了采摘效率，降低了金银花的种植成本（图 6-2）。

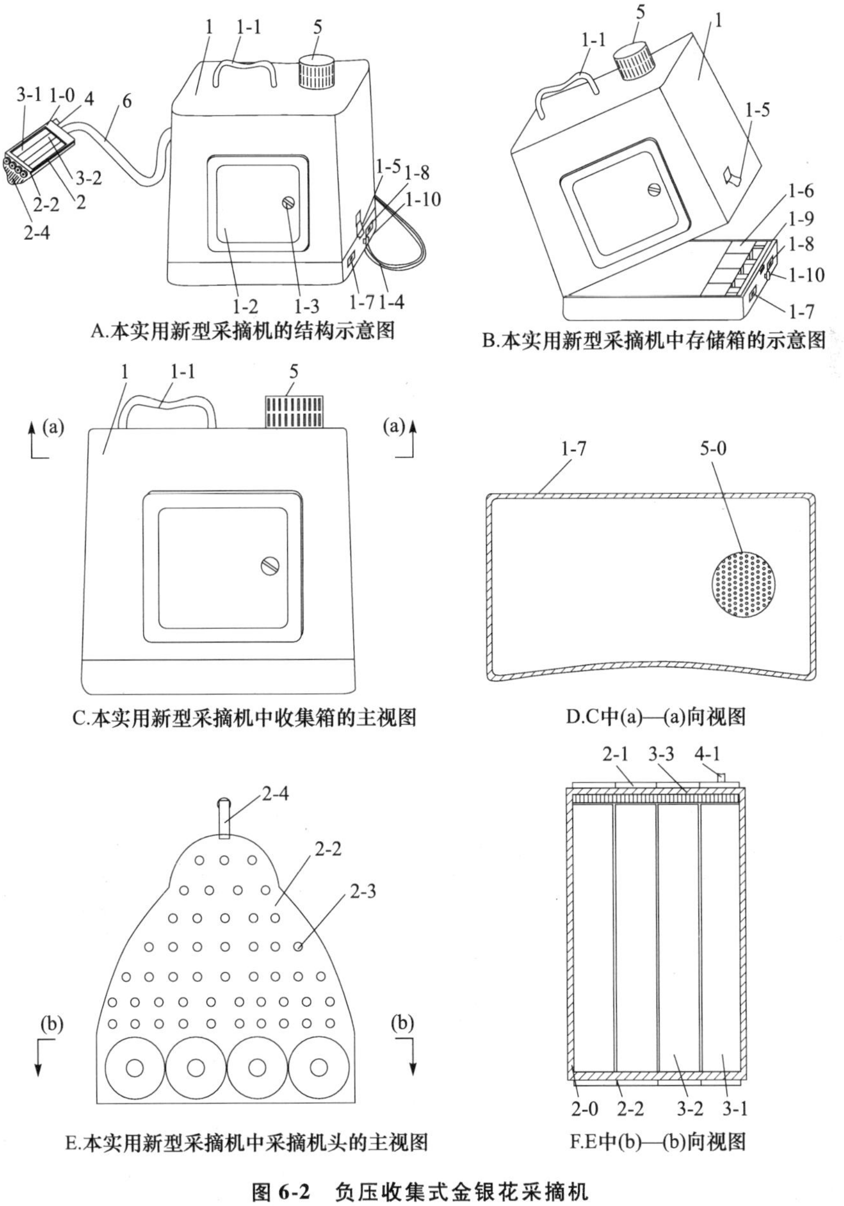

A.本实用新型采摘机的结构示意图

B.本实用新型采摘机中存储箱的示意图

C.本实用新型采摘机中收集箱的主视图

D.C中(a)—(a)向视图

E.本实用新型采摘机中采摘机头的主视图

F.E中(b)—(b)向视图

图 6-2　负压收集式金银花采摘机

1. 收集箱；1-0. 采摘机头的进料口；1-1. 提手；1-2. 卸料门；1-3. 门栓；1-4. 双肩背带；1-5. 锁扣；1-6. 蓄电池；1-7. 开关按钮；1-8. 充电插孔；1-9. 电路板；1-10. 调速旋钮；2. 采集头外壳；2-0. 槽底板；2-1、2-2 端板；2-3. 进气孔；2-4. 手握柄；3-1. 主动导引辊；3-2. 从动导引辊；3-3. 齿轮；4. 驱动电机；4-1. 电机轴；5. 抽风机；5-0. 滤网；6. 输送软管；

第二节 金银花加工方法的研究

历代本草著作、各部《中国药典》中记载了金银花的各种加工方法，近年又出现了许多新的加工方法。这些加工方法各有利弊，最新研究显示，杀青烘干法加工的金银花质量最好，是推广应用前景最好的一种加工方法。

一、晒干法

晒干法是《中国药典》1963 年版一部金银花项下规定的加工方法："夏初采摘花蕾，晒干即得"。晒干温度不宜超过 40℃，当温度高于 40℃，鲜花晒 1h 就会变黑，温度高于 45℃，鲜花晒 40min 左右就变黑。晒时应尽量少翻动，以免花蕾断碎及变黑，一般数天即可晒干。虽然该法操作简便、成本低廉，但对天气的依赖较强，气温太高或遇到阴雨天都会严重影响加工金银花的质量。

（一）场地晾晒法

将采摘的鲜花撒在干净的场地上，越薄越好，不需要翻动，一天就能晒干。厚度以不露出地面为宜。可以根据太阳光强弱情况灵活掌握，若太阳光强时，可以厚些，太薄了虽然干燥快，但质量不佳，其干花俗称"煳头"或"油条货"；若阳光弱，撒得厚，则易变黑。要注意：①花未晒至八、九成干时，切忌翻动，否则会变黑；②翻动时，切忌直接用手翻动（应用其他器具），否则花沾汗手后也会变黑。如当天未晒干或突然下雨，可移入室内摊晾，天晴继续晒。

（二）筐晒法

做长 2m，宽 1m，四周高 6～10cm 的木架，底部用带托叶鞘的高粱秸或芦苇席（反过来使用）钉好，做成晒盘，将鲜花均匀地撒入筐内约 1cm 厚，晒时切忌用手翻动，否则颜色变黑影响质量，翻动时可用干净的高粱秸或木棒，每天 3～5 次，当天晒不干时可堆起来，最上层用芦席盖上，第二天再晒，直至晒干。

晒制成的干品，以呈现为绿白色质量最佳，色黄者次之，发黑者为劣。干品含水率为 5% 左右，此时的干品，用手抓起握之有声，一搓即碎，一折即断，这时可装入塑料袋或其他盛具内贮藏。

二、阴干法

阴干法是将金银花摊成薄层，置阴凉通风处自然干燥的方法。该法在古代本草文献上很早就有记载，《本草纲目》载："四月采花阴干；藤叶不拘时节，阴干"。《炮炙大法》载："花四月采，藤叶不拘时采，俱阴干，不见日火。"

阴干法的加工质量受天气影响大，加工的金银花含水量高不利于贮存，且干燥周期较长（约 1 周），无法适应大生产的需要，仅在小量加工或在没有专门加工设备的情况下采用。

三、烘干法

烘干法加工的金银花，从外观到内在质量都比较好。烘干法并不是采用恒温烘烤，而是温度由低到高变温烘烤。但各地报道的烘干方法存在差异，常见的有以下几种。

方法一：首先，花蕾塌架阶段，由室内常温很快升至37～40℃，使干湿球温度差保持在6～8℃，经过4～5h，花体软缩塌架后，打开排气窗和进风口，使室内湿气迅速排出；其次，花蕾缩身阶段，温度升高到45～48℃，使室内干湿球温度差保持在8～10℃，经过10h；最后，花蕾干燥阶段，温度上升至50～55℃，经过8～9h，花蕾即可完全干燥。

方法二：点火迅速升温至干球温度42～45℃，待鲜花开始软化，出汗脱水，干表温度与湿表温度相差1～2℃，房内充满水蒸气时，室内干球温度保持在47～50℃。2～3h后鲜花水分大部分蒸发，干表温度与湿表温度相差14～16℃、升温至55℃时，逐渐关闭通风排湿设施，保持温度1～2h，在干表温度与湿表温度相差16～18℃时停火。停火后关闭全部通风、排湿及能散热的所有设施1～1.5h，使金银花花蕊中水分蒸出，以利久置而不变质。待干表温度下降至48～50℃时，打开全部通风、排湿系统迅速排湿、降温，待干表温度下降至38～40℃时，打开房门即可出花。

方法三：烤房3段变温技术。第一阶段，烘干温度控制在35～40℃，烘8～9h；第二阶段，将温度提高到50～55℃，烘烤6～8h；第三阶段，将温度升到60～70℃，烘烤5～6h。

有的地区，烘金银花时采用蜂窝煤炉明火直接加热，但煤里含有硫、磷、重金属等杂质，会对烘烤的金银花造成污染，虽然污染程度远远低于硫熏，但也应引起注意，最好改用对金银花无污染的加热方式。

除具体的工艺参数存在差别外，不同地区金银花烘烤时所用的加工设施也有差异。到底哪一种烘烤工艺及设备更科学，加工出来的金银花质量更好，应继续进行研究，确定最佳的工艺及设备，进一步提升烘干法加工金银花的质量。

四、强制通风干燥法

强制通风干燥，可将鲜金银花在12h内干燥至含水率7%以下。经测定，该法加工的金银花绿原酸含量在2.03%～2.05%，含量不高，可能与该法的干燥温度设在45～65℃，正好是多酚氧化酶活性较强的阶段，易造成绿原酸损失有关。强制通风干燥工艺条件，见表6-3。

表6-3　金银花强制通风干燥工艺条件

阶段序号	干燥温度/℃	持续时间/h
1	45	3.0
2	50	2.0
3	55	1.5
4	60	1.5
5	65	4.0

五、真空干燥和真空冷冻干燥法

真空干燥和真空冷冻干燥试验结果显示，这两种方法加工的金银花色泽都不好，分别呈浅褐色和褐色，紫外法测定绿原酸含量远低于晒干、烘干和微波干燥，且设备费用贵，干燥时间长，不适合推广应用。

六、硫熏法

硫熏法是《中国药典》1977年版、1985年版、1990年版、1995年版中规定的金银花加工方法："夏初花开放前采收，干燥；或用硫磺熏后干燥"。

由于硫熏法存在很多问题，《中国药典》2000年版、2005年版、2010年版对金银花的加工方法改为："夏初花开放前采收，干燥"，摒弃了金银花硫熏加工法。

七、蒸法

以绿原酸含量为指标，将蒸法加工的金银花药材与自然晾晒、烘干等方法加工的药材及市售药材进行对比试验，结果蒸法加工的金银花药材绿原酸含量最高，药材质量稳定。同时，该法所用设备取材方便，操作方法简单可靠，易于推广。

方法：采收当天清晨至10：00的鲜金银花，选用有笼屉式普通钢精锅（直径400mm），加水2000ml，加热至沸，取鲜金银花500g置笼屉中，平铺均匀，盖上锅盖，加热至蒸汽均匀快速冒出时，计时，蒸至规定时间，取出，晾干或晒干。蒸法加工金银花中绿原酸的含量，见表6-4，其他加工方法金银花中绿原酸的含量，见表6-5。

表6-4 蒸法加工金银花中绿原酸的含量

时间/min	1	2	3	4	5	6	7	8	9	10	15
含量/%	3.62	3.61	3.76	3.93	3.97	3.87	3.51	3.49	3.51	3.51	3.20

表6-5 其他加工方法金银花中绿原酸的含量

方法	自然晾晒			烘干法/℃				市售		
	1	2	3	45	60	70	80	1	2	3
含量/%	1.83	2.08	2.17	2.18	1.79	1.44	1.37	0.90	1.95	1.45

注：表中1、2、3为3个重复

结果显示，不同采收加工方法金银花中绿原酸的含量差别很大。以蒸法样品中绿原酸含量最高。与蒸法比较，自然晾晒法样品中绿原酸含量减少近50%；烘干法样品的含量受温度影响明显；市售金银花因产地采收加工方法的随意性和天气等条件的不确定性，绿原酸的含量低且波动大。在蒸法加工样品中，以蒸1～6min的样品绿原酸含量较高且稳定；7min以后，随时间的延长，样品的绿原酸含量呈下降趋势。蒸法加工的金银花收干率最高。

蒸法的本质是蒸汽杀青，但试验所用的设备为普通钢精锅，无法适应大生产要求，仅小量加工时可用。用该法加工金银花时应注意，一定要待蒸汽量较大时再将花置于笼屉上蒸，花的放入量也不宜太多，以使花能短时间内升温，起到快速抑酶的作用，以保证加工质量。

八、杀青烘干法

金银花含有多酚氧化酶等酶类，加工时如果采用的方法不当，如不适宜的烘干温度、频繁翻动等，很容易激活多酚氧化酶的活性，造成绿原酸的大量氧化缩合而损失，花的颜色也变成褐色、黑色，这是困扰金银花加工的主要难题。如果在烘干前有合适的方法灭活花中所含的酶类，将大大提升金银花的加工质量。

茶叶中也含有多酚氧化酶，在绿茶加工中，如果不灭活鲜叶中所含的酶类，会造成茶叶中多酚类化合物的氧化缩合，影响茶叶的质量，这跟金银花加工所遇到的问题非常类似。绿茶加工时采用杀青的办法解决这一问题，杀青是绿茶加工的第一道工序，通过在短时间内快速升温来破坏和钝化鲜叶中酶类的活性，从而保证多酚类物质在后续加工过程中的稳定，提升了绿茶的加工质量。加工金银花时完全可以借鉴加工绿茶的办法，通过杀青来火活鲜花所含的酶类，然后再进行干燥以得到高质量的金银花。

杀青的要点即必须快速升温，这与多酚氧化酶的性质有关。一般温度从 0℃ 升至 55℃，酶的活性随温度升高而增强，到 55℃ 活性达到最大，到 65℃ 开始突然下降，85℃ 基本上失去活性。因此，杀青时要提供足够的热能，使金银花内部的温度迅速上升，短时间内越过酶活性较强的阶段，达到酶钝化的临界温度，使酶失活。目前应用较多的几种杀青方式及特点如下。

1）滚筒杀青设备价格低廉，操作方便，产量较高，但杀青温度易波动，需依靠操作者的不断调整控制，有各种规格大小的机型可供选用，较易推广，是目前应用最广泛的杀青方式。

杀青后要立即进行烘干，近年来，用于烘干的机械设备很多，如百叶箱烘干机、全自动烘干机等。烘干原理相同。

2）蒸汽杀青具有杀青匀、透的特点，产量较高，是一种较有前途的杀青方式，但价格比较昂贵，影响了该机的推广应用。

3）微波杀青：目前推广较快，杀青质量较好，并且可杀青后接着干燥。但产量较低，设备昂贵，用电量大，生产成本高，仅适合少量或补杀青等场合使用。

除以上 3 种杀青方法外，胡尚钦等还报道了用沸水杀青和炒制杀青的方法加工金银花，绿原酸含量与蒸汽杀青相近。

金银花杀青处理时间很短，仅需几分钟，杀青后的金银花可以用热风快速烘干，完成整个加工过程只需 0.5h，是目前金银花加工方法里生产周期最短的，加工质量相对较好。宋健等曾比较杀青烘干、鲜品晒干、鲜品阴干金银花中绿原酸、木犀草苷含量，结果杀青烘干金银花中绿原酸比晒干高 12.8%，比阴干高 24.9%；木犀草苷比晒干高 7.8%，比阴干高 54.3%。因此认为从加工方法操作的可行性及技术发展前景来看，杀青烘干法是目前研究发现的最佳产地加工方法，该方法可以作为金银花种植基地规模化加工干燥的 GAP 方法。

九、低温阶梯式静止烘干工艺

编者团队与封丘县贾庄金银花种植合作社合作研发的低温阶梯式静止烘干工艺分为 10

个阶段：① 40℃维持1h；② 42℃维持1h；③ 44℃维持2h；④ 46℃维持1h；⑤ 48℃维持1h；前5个阶段需要立即升温至所需温度。⑥ 用1h从48℃缓慢升温至50℃，50℃维持2h；⑦ 用1h从50℃缓慢升温至53℃，53℃维持1h；⑧ 用1h从53℃缓慢升温至56℃，56℃维持1h；⑨ 立即升温至60℃，维持1h；⑩ 用1h从60℃缓慢升温至65℃，65℃维持1h。研发的金银花智能烘干机可以方便快捷的控制金银花烘干的任一阶段，具有节能环保、省工、省时、易操作、烘出的金银花品质高等诸多优点（表6-6）。

表6-6 低温阶梯式静止烘干工艺

工艺条件	阶段									
	1	2	3	4	5	6	7	8	9	10
温度/℃	40	42	44	46	48	50	53	56	60	65
静止时间/h	1	1	2	1	1	2	1	1	1	0~3
过渡时间/h		0	0	0	0	1	1	1	0	1

低温阶梯式静止烘干工艺加提香技术是未来发展方向。在低温阶梯式静止烘干工艺的基础上，75℃维持1~2h，或85℃维持0.5~1h，可以提高金银花香气和木犀草苷含量。

十、金银花发酵红茶

金银花在茶饮方面一直以来都是比较单一的金银花茶，由于金银花性甘寒，脾胃虚寒者不宜日常饮用，而红茶性为温热，可以暖胃、帮助消化，有御寒作用。金银花为中草药，有苦涩味，而红茶为全发酵类茶，具有一定的花香气味。以金银花鲜花蕾为原材料按照传统红茶工艺生产制作出的金银花红茶，具有协同保健功效，可改善品质，也可以调和口感，具有很好的普适性，更适合普通大众的需求。

1. 萎凋

将新鲜的茶叶采摘下来，盛放一段时间，让其散发水分，茶叶的香味、内质均发生变化，皱缩，茶叶的颜色从鲜绿色变成暗绿色，这个过程称为萎凋。萎凋对于金银花红茶的色泽、香气、滋味和外形的综合品质形成非常重要。金银花红茶的萎凋往往受萎凋时的温度、萎凋所需的时间、萎凋湿度等影响，另外，还有萎凋叶的摊放厚度等因素的控制。金银花萎凋的适度标准主要还是通过测定萎凋叶的含水量及结合制茶者的制茶经验来判断。判断鲜叶萎凋的适度主要是以萎凋叶的含水量为标准，再结合萎凋叶的叶相、颜色和香气确定萎凋叶是否萎凋适宜。萎凋的适度一般控制在含水量60%~62%为宜，用手紧握萎凋叶容易成团状，松手不易弹散，叶片软绵绵，手握叶片无沙沙响声，，颜色从鲜绿色变成暗绿色，萎凋叶的表面没有光泽，没有焦边，没有焦尖现象，而且有清香味。

2. 揉捻

揉捻是在外力的作用下，使揉捻的叶片弯曲，成条状，破坏揉捻叶细胞的组织，是红茶塑造外形和形成内在品质的重要工序。金银花红茶品质的揉捻受揉捻的时间和揉捻的压力，还有揉捻的次数等因素的影响。其中，影响揉捻结果的重要因素是揉捻时所受的压力大小。揉捻的主要目的就是破坏、损伤叶细胞组织，茶汁充分往外面溢，使茶鲜叶多酚类化合物的氧化反应加剧，为形成红茶优质的内在品质做铺垫；揉捻还可使叶片卷缩成条索，外形美观；茶汁溢集在叶条的表面，形成油润的外形，在成品茶叶冲泡的时候让其较溶于水，使茶汤的浓度高。揉捻能够使金银花的香气产生，并且让茶叶成形美观。

3. 发酵

发酵是金银花红茶生产加工工艺中最重要的一道工序，是红茶形成红叶红汤外在和内质品质的关键。发酵过程中茶叶内的多酚类物质发生酶促氧化反应及其后继的聚合作用，多酚类物质是指叶片中水溶性氧化产物茶红素、茶黄素及茶褐素物质，这三种物质的成分多少直接影响到红茶的色泽、滋味，对红茶的品质有非常重要的影响。金银花红茶的发酵工序是形成金银花红茶色泽、香气和滋味品质特点的比较重要的工序。红茶的发酵程度主要是以发酵叶片的颜色变成铜红色，茶叶没有青气味，透发出浓郁的茶香味，茶叶的叶脉及溢出来的汁液都出现泛红现象时，才达到发酵的适度标准。在生产实践中，一般都是通过查看叶底来检验发酵的程度，发酵的程度掌握“宜轻不宜重”的原则。

4. 干燥

干燥就是将发酵过后的金银花红茶进行烘干的过程。干燥的目的主要是使发酵过的金银花的水分散去，将其外形加以固定并发展金银花红茶的香气和滋味的过程。与此同时，烘干过程也是金银花红茶生产加工工艺的最后工序，更是金银花红茶品质把关的最后一步。干燥的作用主要是终止发酵，散发青气，蒸发水分，发展余香，固定品质，烘干茶叶，以利于贮存包装。

第三节 金银花的炮制与贮藏

一、金银花的炮制

金银花在临床应用中主要有生药、炒药、炭药 3 种不同的炮制品，性味和功效有差别，在应用上也各有擅长，现介绍如下。

（一）生药

生药即把鲜品金银花经过日晒、阴干或烘烤等方法制成干品，也指鲜品金银花。因其味甘微苦，性寒，善清解上焦和肌表之毒邪，常用于温病初期，治疗痈疽疔毒、红肿疼痛。

1. 温病初期

金银花常与连翘、薄荷、淡豆豉等同用，具有清热解毒、疏风解表的作用，可用于温病初期，发热微恶风寒，口微渴，如银翘散。

2. 痈疽疔毒

金银花常与蒲公英、紫花地丁、野菊花等同用，能增强清热解毒作用，可用于痈疽疔毒、红肿疼痛，如五味小毒饮。

（二）炒药

把金银花置于锅内，用文火将花炒至深黄色为度。因其味甘微苦，性寒偏平，具清热解毒之功，善走中焦和气分，多用于温病中期或邪热内盛引起的发热、烦躁口渴等。

温病中期：常与黄芩、栀子、石膏、竹茹、芦根等同用，具有清热解毒、透邪外出、和胃止呕的作用，可用于治疗邪热壅阻，胃气不和，发热烦躁，胸膈痞闷，口渴干呕，舌红苔燥，脉象滑数。

（三）炭药

用武火清炒（但火力不宜过大），将金银花炒至焦黄色或焦黑，喷水少许，熄灭火星，盛出凉透，贮存备用。因其味甘微苦涩，性微寒，重在清下焦及血分之热毒，主要用于赤痢和疫痢。

1. 赤痢

金银花常与黄连、赤芍、木香、马齿苋等同用，具有清热理肠、化滞和血作用，可用于治疗湿热中阻，损伤肠络脂膜，下痢脓血，血多于脓，腹痛，里急后重。

2. 疫痢

金银花常与生地黄、赤芍、丹皮、黄连、黄柏、白头翁等同用，具有清热解毒、凉血止痢的作用，可用于疫毒侵袭肠胃，与气血搏结，痢下鲜紫脓血，壮热口渴，烦躁不安，甚至神昏谵语。

除以上 3 种外，还有煅法，原药置瓦上，用火煅透。此种方法很少使用。

用生药写银花、金银花、二宝花、双花、二花、忍冬花、河南花、山东花；用炒药写炒银花、炒双花、炒忍冬花；用炭药写银花炭、二花炭等。

用量：生药 10 ~ 30g；炒药 10 ~ 20g；炭药 10 ~ 15g。

二、金银花的分级贮藏

金银花贮藏的关键是必须充分干燥，密封保存。金银花药材易吸湿受潮，特别是在夏秋两季，空气中相对湿度比较大，此时金银花含水量达到 10% 以上时，就会出现霉变和虫蛀现象。适宜的含水量为 5% 左右，因此金银花在贮藏前必须充分干燥，然后经过风选，去花叶杂质，按等级标准分级，密封保存。与大量药材的保管贮藏不同，应先将金银花装入塑料袋内，再放入密封的纸箱中，少量贮存时可趁热置于缸坛中密封。产区群众常把晒干后的药材装入塑料带，把缸晒热，将袋装入缸内，埋在干燥的麦糠中，这样可贮存一年不受虫蛀，并能基本保持原品色泽。薛志平等采用 HPLC 测定金银花中绿原酸的含量，以初均速法得到其活化能 Ea 和分解速率常数 *K*，预测有效期。结果显示：金银花在 25℃ 下有效期为 1.29 年。

根据国家中医药管理局制订的《七十六种药材商品规格标准》[（国药联材字 184）第 72 号文“附件”]将金银花分为 4 个等级。具体标准如下。

一等干货：花蕾呈棒状、肥状，上粗下细，略弯曲。表面黄、白、青色。气清香，味甘微苦。开放花朵不超过 5%。无嫩蕾、黑头、枝叶、杂质、虫蛀、霉变。

二等干货：花蕾呈棒状，花蕾较瘦，上粗下细，略弯曲。表面黄、白、青色。气清香，味甘微苦。开放花朵不超过 15%。黑头不超过 3%、无枝叶、杂质、虫蛀、霉变。

三等干货：花蕾呈棒状，上粗下细，略弯曲。花蕾瘦小，表面黄、白、青色。气清香，味甘微苦。开放花朵不超过25%。黑头不超过5%、枝叶不超过1%、无杂质、虫蛀、霉变。

四等干货：花蕾或开放的花朵兼有。色泽不分，枝叶不超过30%，无杂质、虫蛀、霉变。

第四节　金银花贮藏中的主要害虫

在贮藏过程中，引起金银花虫蛀的害虫主要有两类，一类是甲虫类的药材甲、锯谷盗和烟草甲，这些虫形体小，喜阴湿环境，一般在药材内部危害，危害较轻。另一类是螟蛾类害虫，它能引起金银花有明显的虫蛀孔洞，造成花蕾中空、破碎、丧失香气，危害比较严重。

一、药材甲（药谷盗）（*Stegobium paniceum* Linnaeus）

（一）形态特征

成虫：体长2～3mm，长椭圆形，黄褐色至栗色，密被灰黄色细毛，头隐于前胸下，触角腮叶状，前胸背板近三角形，隆起似帽状。鞘翅上有明显的纵行刻点。

幼虫：与下文介绍的烟草甲相似，不同之处是全体被有稀而短的白色细毛，腹部背面有排列的小短刺。前胸无硬皮板。

（二）生活习惯

一年发生2～4代，通常以幼虫越冬。成虫通常产卵于中药材表面凹褶的部分或碎屑中。成虫善飞，有假死性，喜黑暗，耐干力强，常将中药材蛀成孔穴。幼虫蛀入中药材内部，形成很深的孔道，并在其中化蛹。幼虫能在碎屑和粉末中结成小团危害。药谷盗的繁殖最适温度为24～30℃。

（三）防治方法

1. 密封、防潮、降氧

药材自身、微生物及有害虫体都消耗氧气，在密封的环境条件下，氧气消耗后不能再补充，缺氧则导致呼吸作用停止，故能防虫、灭虫。一般氧气浓度在8%以下，就能防虫。密封同时能阻挡外界湿气进入，并有降湿作用，保持药材干燥。药材干燥对防霉变和虫蛀都有作用。

2. 日光曝晒，高温杀虫

在夏季选择晴天，将药材摊在干燥的水泥场地上，厚度为3cm左右，在烈日下曝晒。曝晒时勤加翻动，幼虫可部分被杀死；没死的幼虫隐伏在药材下部的碎屑和粪便中，在15：00前，可将上层药材收起，清除下部碎屑、粪便、幼虫尸体。连续曝晒2次，可基本控制其危害。

3. 自然冷冻，低温杀虫

如粉斑螟的各个虫期，处在0℃以下低温，历经7d，便自然死亡。故天气寒冷地区，都可利用冬季低温杀虫。其做法是：根据天气预报，选择低温连续时机，于 16：00～17：00，将带虫药材置于室外干场地，或在严冬的晴天，将贮药仓房门窗全部打开，连续冷冻 1 周以上，即可达到杀虫目的。

4. 药剂熏蒸

通常使用磷化铝熏蒸，注意避免用氯化苦熏蒸，因为氯化苦熏蒸后花蕾易变色发黑。磷化铝有片剂和粉剂两种，片剂每片重 3g，主要成分为磷化铝和氨基甲酸铵，可放出 1g 磷化氢有毒气体。磷化铝有较强的扩散性和渗透性，散气快，有强烈的杀虫作用，是当前主要的化学防治药剂。

（1）使用方法　可用塑料帐幕密封药材垛，或将仓库房密封熏蒸。根据药材垛体积或库房容积，设多点投药，药片放在盘皿中，把药材摊开。帐幕熏蒸时用药量为 5～7g/m^3，仓库熏蒸时用药量为 2～3g/m^3。当温度在 12～15℃时，须密闭 5d；16～20℃时，须密闭 4d；20℃以上时，须密闭 3d（不能少于 3d）。熏后排毒，先打开下通风口，再打开上通风口，排气通风不少于 3d，使用后的磷化铝残渣，应拿到空旷处深埋。

（2）注意事项　贮藏磷化铝应防潮，并远离火源及易燃品，操作人员应具有防毒设备。施药要先上后下，先里后外。开筒取药时，不要正对面部。每立方米空气中磷化铝超过 26g，温度在 25℃时，能自然爆炸，故在常温下每个投放点，不应超过 30 片。

5. 无虫药材要严加隔离，杜绝传播途径

金银花贮藏的关键是充分干燥，花蕾含水量应保持在 5% 左右，并防止受潮。另外，发生虫害的药材和未发生虫害的药材要分库贮藏，分别放置，严加隔离，杜绝传播。

二、锯谷盗

（一）形态特征

成虫：体长 2.5～3.5mm，扁长形，深褐色，无光泽。触角棍棒状，11 节，前胸背板纵长方形，两侧各有锯齿状突起 6 个。背面有明显的纵隆基 3 条，两侧的两条呈弧形。翅鞘被有金黄色细毛，各有纵刻点列 10 条和纵细脊纹 4 条。雄虫后足腿节近端部内侧有一尖齿。

幼虫：成虫后体长约 4mm，长扁形，头淡褐色，胴部灰白色，胸部背面具节，有 2 个近长方形暗褐色至黑褐色斑，其余各节背面中央横列一半圆形至椭圆形黄褐色斑，无臀叉。

（二）生活习性

一年发生 2～5 代，多以成虫在中药材的碎屑或细小的中药材中和仓外砖石、杂物下潜伏越冬，少数在仓内各种缝隙中越冬，第 2 年春暖时在仓内繁殖危害。成虫产卵于药材碎屑中，每雌虫产卵 35～100 粒，多的可达 265 粒。成虫抗寒性强，能飞，但不常飞翔，爬行迅速。成、幼虫食性杂，喜在碎屑、粉屑或其他仓虫危害后的中药材中危害。幼虫行动活泼，有假死性，老熟幼虫在碎屑中化蛹。在 25～27℃时完成一代需 25～30d，在 27～28℃时仅需 22d。

（三）防治方法

1. 密封、防潮、降氧

同粉斑螟。

2. 日光曝晒，高温杀虫

同粉斑螟。

3. 药剂熏蒸

同粉斑螟。

4. 越冬成虫防治

根据成虫越冬时多数爬至仓外附近的墙缝中、砖石下、树皮缝内、杂物下越冬，翌春再返回仓内的习性，在初冬及早春及时在仓房周围喷药打蛀虫线，以阻隔和杀死越冬成虫。

三、烟草甲（*Lasioderma serricome* Fabricius）

（一）形态特征

成虫：体长2.5～3mm，棕黄色至赤褐色，密生白色细毛，头隐于前胸背板下方，背面看不清头部。触角11节，锯齿状。从背面看，前胸背板近半圆形。

幼虫：体长约4mm，淡黄白色，蛴螬形，密生金黄色细毛，前胸硬皮板褐色，胸部多皱纹，末节向腹部弯曲。

（二）生活习性

一般一年发生6～8代，以幼虫在中药材内部蛀成虫室越冬，成虫产卵于中药材的皱缝或凹陷处，成虫善飞，有假死性，白天多潜伏不动，在黄昏或高温潮湿时飞翔。幼虫也喜黑暗，耐饥力强，在中药材内部取食或在外部啮食。幼虫老熟后结半透明茧粘牢在被害物中化蛹，也有的不作茧即化蛹。烟草甲生长的最适温度为28～32℃，相对湿度70%～80%。

（三）防治方法

同药材甲。

四、粉斑螟（*Epheseia cautdlla* Walker）

（一）形态特征

粉斑螟属鳞翅目卷螟科粉斑螟属昆虫。成虫体长6～7mm，翅展14～16mm。前翅长三角形、灰黑色，翅面近至翅基部约1/3处，有1条不甚明显的淡色纹横断前翅，纹线至翅后的外缘色泽较重，后翅灰白色。幼虫老熟时，虫体长12～14mm，头赤褐色，单眼每侧6个，前胸盾板及腹末臀板为褐色至淡黑褐色，其他部分均为乳白色或粉红色。

（二）生活习性

1 年发生 4 代，以幼虫越冬，翌年春暖化蛹，5 月中旬前后成虫出现，产卵于药材包装品上。以后成虫相继于 6 月中、下旬，8 月中旬和 10 月中、下旬出现，幼虫危害期为每年 5 ~ 10 月。幼虫先蛀食花蕾内部花丝、雌蕊，将花蕾蛀食成孔洞，严重时将内部蛀空，甚至全部吃光。幼虫有吐丝结网的习性，将药材缠绕固结成团，隐伏其中危害，成熟幼虫在墙壁角落、梁柱缝隙处或包装品边缘吐丝，做成松软的丝茧，越冬幼虫吐丝结茧，喜成行排列。成虫寿命 8 ~ 14d，在 25℃时，从卵到成虫需 41 ~ 45d。幼虫惧怕高温，在夏季烈日下可被晒死；不耐严寒，在冬季 0℃下，各虫期经 1 周则死亡。

（三）防治方法

同药材甲。

第七章　金银花的药理作用及研究

第一节　金银花的药理作用

金银花的药理作用非常广泛，一般认为金银花中抗菌消炎的主要成分是绿原酸及异绿原酸。金银花有效成分的研究主要围绕绿原酸等进行，绿原酸是由咖啡酸与奎尼酸组成的缩酚酸，异名咖啡鞣酸，又名3-咖啡酰奎尼酸，化学名3-*O*-咖啡酰奎尼酸，是植物体在有氧呼吸过程中经莽草酸途径产生的一种苯丙素类化合物。绿原酸具有较强的药理活性，研究表明它对消化系统、血液系统和生殖系统均有药理作用，具有广泛的抗菌消炎、利胆、止血及增高白细胞数量等作用，其他有效成分及防治疾病的机制研究报道较少。临床方剂中使用金银花的药效物质基础及作用机制有待深入探讨。

一、金银花的抗菌谱

迄今许多报告表明，金银花在体外试验中对多种致病性细菌有不同程度的抑制作用，少数报告证明体内试验也有一定疗效。这些研究报告所涉及的细菌包括引起中医热毒证的金黄色葡萄球菌、溶血性链球菌、肺炎双球菌、百日咳杆菌、脑膜炎双球菌；引起肠道急性感染的伤寒杆菌、副伤寒杆菌、志贺痢疾杆菌、福氏痢疾杆菌、施氏痢疾杆菌、大肠杆菌、霍乱弧菌；另外还有白色葡萄球菌、肺炎双球菌、乙型链球菌、变形链球菌、科代葡萄球菌、表皮葡萄球菌、绿脓杆菌、结核杆菌、变形杆菌、放线黏杆菌、幽门螺杆菌、洋葱假单胞杆菌、枯草芽孢杆菌、短小芽孢杆菌、伴放线嗜血菌、产黑色素杆菌、牙龈类杆菌、钩端螺旋体、皮肤真菌等。

金银花在临床中被广泛应用于微生物感染的治疗。实验证实，金银花在体外对多种临床分离菌株有一定的抗菌活性。金银花提取物对标准金黄色葡萄球菌、短小芽孢杆菌、枯草芽孢杆菌和临床分离菌肺炎双球菌、表皮葡萄球菌、金黄色葡萄球菌、大肠杆菌、乙型链球菌、科代葡萄球菌和洋葱假单胞杆菌均具有较强的抑菌作用，最小抑菌浓度（MIC）在37～100mg/ml。

动物实验表明，20g/kg和40g/kg的金银花提取物可延长金黄色葡萄球菌感染小鼠的存活天数，降低其死亡率。40g/kg的金银花提取物可降低肺炎双球菌感染小鼠的死亡率。这些证据表明，金银花提取物对金黄色葡萄球菌、肺炎双球菌感染小鼠具有一定的保护作用。金银花对致龋病的变形链球菌、放线黏杆菌和引起牙周病的产黑色素类杆菌、牙龈类杆菌及伴放线嗜血菌也显示了较强的抗菌活性；对口腔病原菌如变形链球菌、幽门螺杆菌等有抗菌作用；对双歧杆菌、乳酸杆菌，则于高浓度时抑制而于低浓度时促进其繁殖。

金银花在体外可使敏感细菌菌体膨大而革兰染色性质不受影响。金银花水煎剂能抑制于体外复制的绿脓假单胞菌的黏附能力及生物膜的形成，并能破坏已形成的生物膜，还可增强头孢他啶及庆大霉素对生物膜内该菌的清除效果。体内外试验证实，金银花可消除绿脓杆菌 P29 株 R 质粒。

金银花的复方制剂也有显著抗菌效果，如金银花与连翘合用时抗菌范围可以互补，金银花还能增强青霉素对耐药金黄色葡萄球菌的抗菌效果。

金银花对皮肤真菌有一定的抑制作用。对于痤疮短棒菌苗，大黄、黄芩、金银花的 MIC 均为 12.5mg/ml，绿原酸于 50μg/ml 时未产生抑菌效果。

金银花的抗菌活性水浸剂强于煎剂，煎剂经高压灭菌处理后抗菌活性降低。但有实验发现，金银花经热烘制后抗痢疾杆菌、变形杆菌作用明显增强，对白色葡萄球菌的抑制也呈增强趋势，对金黄色葡萄球菌则不明显。

金银花于体外有一定的抗钩体作用，比千里光作用更强。因此，以金银花、千里光配伍制备的金九合剂皮下或腹腔注射于豚鼠的实验性钩端螺旋体病或家兔的半体内抗钩体实验中均显示一定的保护效果。

金银花所含挥发性成分，如双花醇有较强的体外抗菌活性，芳樟醇、香叶醇、α-松油醇等也具明显抗菌、抗病毒作用。

金银花的有效抗菌成分，一般认为是绿原酸类化合物，且习惯以绿原酸含量的高低来评价金银花质量的优劣。绿原酸确实具有抗病毒及广谱抗细菌活性，但这种活性并不太强，一般剂量很难于体内达抗生浓度。金银花抗生作用强弱与其所含绿原酸量是否完全平行也未见严谨研究报告。加之绿原酸本是植物界较为广泛存在的成分，多科亲缘关系甚远的植物均含有，可见有关金银花的抗生成分尚待进一步研究。金银花的抗菌活性除可能与绿原酸有关外，还可能与所含黄酮类成分有关，是金银花活性成分的综合作用。

二、抗病毒作用

在金银花抗病毒作用的研究中所提到能抗的病毒种类有流感病毒、甲型流感病毒、乙肝病毒、疱疹病毒、单纯疱疹病毒、合胞病毒、巨细胞病毒、腺病毒、狂犬病毒、鸡新城疫病毒、禽流感病毒、柯萨奇病毒、人类免疫缺陷病毒（HIV）等。

金银花在人胚肾原代单层上皮培养细胞中能抑制流感病毒京科 68-1 株、孤儿病毒 ECH011 及单纯疱疹病毒的致细胞病变作用。鸡胚试验于感染病毒前或后给药均能明显抑制流感病毒增殖，但对副流感病毒无效。金银花还能保护感染流感病毒小鼠免于死亡，并明显抑制流感病毒所致小鼠肺部炎症，降低感染鼠肺中病毒血凝素的效价及细支气管内病毒特异性荧光颗粒，表明金银花水提物于体外、体内均显示抗病毒活性。近年经谱效学关系研究发现，金银花指纹图谱中的原形进入血液的峰形中 2 号峰（绿原酸）是金银花抗流感作用的主要成分之一，另外还有 3 或 4 个重要成分参与这一过程。25mg/ml 金银花可完全抑制病毒的增殖。近年的研究也表明，金银花体外对腺病毒、疱疹病毒、伪狂犬病毒、巨细胞病毒、鸡新城疫病毒、禽流感病毒等均有不同程度的抑制作用。另有实验表明，金银花纯品对于合胞病毒（RSV）的抑制作用为 1∶20 480，对柯萨奇病毒 3 型为 1∶12 240，对腺病毒 7 型为 1∶2560，对腺病毒 3 型和柯萨奇病毒 5 型为 1∶1280，但对流感病毒及副流感病毒无效。金银花还能延缓呼吸道合胞病毒的细胞病变（CPE），金银花作用于合胞病毒感染主要是通过直接灭活、阻止病毒吸附和生物成活 3 种方式，但不能阻止合胞病毒侵入细胞。绿原酸体外抗人巨噬细胞病毒作用较好，有可能成为治疗孕期活动性感染，阻断宫内传播的药物。金银花具有很宽的抗菌谱，特别是水浸剂较煎剂好。金银花 1：20 的水煎剂对流感病毒、疱疹病毒有效，具有细胞外抑制柯萨奇病毒、埃可病毒的作用。

金银花及金银花与连翘配伍对甲型流感病毒 FM1 所致鸡胚病变有明显的预防与治疗作用，适当比例的金银花与黄芪或虎杖合用对于Ⅰ型疱疹病毒所致人喉癌上皮细胞（HEp-2 细胞）病变可呈现协同效果，金银花与黄芪合用对伪狂犬病毒的抑制作用也增强。此外，作为滴眼液，金银花与鱼腥草合用对单纯疱疹病毒和Ⅲ型腺病毒所致非洲绿猴肾细胞或海拉细胞系病变有显著抑制作用，并可使单纯疱疹病毒感染所致兔眼结膜炎症明显减轻。

金银花水煎剂（1：20）在人胚肾原代单层上皮培养细胞中，对流感病毒、孤儿病毒、疱疹病毒增多有抑制作用。

金银花有一定的抗猴免疫缺陷病毒（SIV）的作用，对抗 HIV 显示中等活性。最近报道，德国柏林自由大学 Eich 教授在研究有些植物次生代谢物作为抗逆转录病毒剂时，认为绿原酸是有希望的抗 HIV 先导化合物。这与杜仲树皮或叶的碱性提取物治疗和预防 HIV 感染很有效果的结论相一致。

三、抗细菌毒素作用

金银花有一定的抗内毒素作用。金银花腹腔注射可明显减少绿脓杆菌内毒素所致小鼠死亡，其蒸馏液静注对绿脓杆菌内毒素所致家兔的白细胞下降和核左移等有明显的对抗作用。金银花注射液在体外无明显的直接抗内毒素活性，但对内毒素所致家兔发热有明显的解热作用，对内毒素所致播散性血管内凝血（DIC）家兔肾小球微血栓的检出率及密度则均可减少，表明金银花有一定的拮抗内毒素毒性的效果。金银花大鼠含药血清对内毒素所致大鼠腹腔巨噬细胞、原代小胶质细胞一氧化氮（NO）的释放具有显著抑制作用。此外，银黄口服液对大肠杆菌肠毒素所致小鼠小肠积液量及乳小鼠肠道水肿均有显著的抑制效果，金银花、连翘对大肠杆菌所致家兔肠袢液体蓄积及 Na^+、K^+的净分泌和菌数均有显著抑制，且对前者的作用强于后者，表明其对大肠菌热敏肠毒素的生成或毒性有明显的抑制作用，显示具有一定的抗大肠杆菌外毒素效果。上述结果表明，金银花的抗细菌毒素作用可能在其清热解毒功效的发挥上具有一定意义。

金银花在因外感、感染、炎症等多种因素导致的发热症状的治疗中广泛应用，可抑制炎性渗出和炎性增生，起到明显抗炎、解热的作用。

对金银花抗炎、解热、免疫等进行的药理研究显示：其水煎液、口服液和注射液对角叉菜胶、三联菌苗致热有不同程度的退热作用。对蛋清、角叉菜胶、二甲苯所致水肿有不同程度的抑制作用，并能明显提高小鼠腹腔巨噬细胞吞噬巨红细胞的吞噬百分率和吞噬指数，提高血清凝集毒物的抗体积数水平，通过调节机体的免疫功能，实现清热解毒治疗感染性疾病的目的。

注射给药可明显抑制新鲜鸡蛋清、角叉菜胶等所致大鼠脚爪水肿，能明显抑制巴豆油性肉芽囊大鼠的炎性渗出和炎性增生。金银花水提物显著抑制角叉菜胶所致大鼠足肿胀时还可显著降低渗液中前列腺素 E2（PGE2）、组胺、血清素（5-HT）与丙二醛（MDA）含量，但不影响肾上腺中维生素 C 的含量，表明金银花的抗炎机理与抑制炎性介质合成释放有关。金银花水提液能显著促进白细胞的吞噬功能，使受损淋巴细胞抗体产生能力显著增强。金银花具有体外抑制血球蛋白的 Ca^{2+} 引发热变性。

金银花总皂苷对二甲苯诱导的小鼠耳廓肿胀有一定的抑制作用，且在一定浓度范围内，抑制率与浓度呈正相关。应用药效指纹图谱的研究发现，金银花甲醇提取物对二甲苯致小鼠耳廓肿胀的抗炎作用最佳，药效指纹图谱抗炎相关成分除绿原酸外，尚有其他成分，金银花的挥发性成分也具较强的抗炎活性，外用 1mg/ml 或灌服 8mg/kg 对二甲苯鼠耳炎症的抗炎活性与 2.5 倍量氢化可的松作用相近。注射与外敷金银花也呈一定抗炎活性。

金银花对于酵母所致大鼠发热的解热试验显示，金银花、连翘均具有解热作用，20g/kg 金银花煎剂和银翘药对，都具有明显解热作用，以银翘对作用最强，明显强于单独应用，而单用连翘未见明显作用，

金银花静脉注射，对内毒素、白细胞介素 1β（IL-1β）所致家兔发热有明显的解热作用，能增加 IL-1β 作用下热敏神经元的放电频率，而减少冷敏神经元的放电频率。实验观察金银花对 IL-1β 致新西兰兔发热模型的解热作用，并用免疫组织化学技术检测静脉注射金银花对 IL-1β 作用下新西兰兔视前区——下丘脑前部（preoptic anterior hypothala-mus，POAH）组织中前列腺素受体 EP3（E-type prostaglandin receptor 3）表达的影响，发现金银花静脉注射后对正常新西兰兔结肠温度没有明显影响，与生理盐水组相比，最大体温上升高度（ΔT）及 1h 体温反应指数（TRI）间无统计学意义（$P>0.05$），IL-1β 组在静脉注射 IL-1β 后，结肠温度逐渐升高，ΔT 及 TRI 与生理盐水组比较，有统计学意义（$P<0.01$），而金银花+IL-1β 组结肠温度上升峰值明显低于 IL-1β 组，两组 ΔT 及 TRI 有显著性差异（$P<0.05$）。另外，新西兰兔 POAH EP3 在生理状态下仅有少量表达，而静脉注射 IL-1β 诱导实验动物发热时，EP3 表达明显增强（$P<0.01$），且金银花能减少 IL-1β 引起的 EP3 表达（$P<0.05$），证实金银花对 IL-1β 性发热新西兰兔的解热作用机制与其抑制视前区——下丘脑前部 EP3 的表达有关。

绿原酸［C_{50}（50% 聚集抑制浓度）分别为 1.85mmol/L 和 2.25mmol/L］有较强的抑制透明质酸酶（HAase）激活的作用。HAase 是裂解黏多糖的酶之一，可催化透明质酸（HA）的分解，关系到血管系统的通透性和炎症反应。HA 是由糖醛酸和乙酰氨基葡萄糖组成的一种黏多糖，具有多种功能，如治愈创伤、使皮肤润湿健康、润滑关节和防止炎症等。因此，从天然产物中发现多种抑制 HAase 激活的成分，同时又具有较强的抗变态反应活性，有望作为先导化合物，进一步开发为新的抗变态反应药物。

四、免疫调节作用

金银花和益生菌均可缓解致敏小鼠小肠炎症，改善肥大细胞聚集和脱颗粒，提高腹腔巨噬细胞吞噬率与吞噬指数；使肠道双歧杆菌、乳酸杆菌增多；使致敏小鼠血清特异性免疫球蛋白 E（sIgE）下降，sIgG2a 增加，致 sIgE/sIgG2a 值下降，肠道总免疫球蛋白 A（IgA）、分泌型免疫球蛋白 A（sIgA）水平增加，高浓度金银花作用更明显，证实金银花与益生菌均可明显改善致敏小鼠的过敏症状作用，且高浓度金银花治疗效果更好。另外，

金银花通过增加双歧杆菌和乳酸杆菌来促进 sIgA 产生，增加肠道免疫屏障功能，肠道双歧杆菌和乳酸杆菌还可以通过修饰抗原的摄取、提呈、降解食物蛋白，产生对 T 细胞反应起抑制作用的肽，降低食物的变应原性，诱导 Th1、Tr1、Th3 型细胞因子表达增加来平衡食物过敏的 Th2 型免疫反应，改善过敏性炎症，缓解乳酸杆菌治疗卵清蛋白（OVA）介导的速发型变态反应。观察分离小鼠淋巴结细胞，以荧光标记的单克隆抗体染色结合流式细胞术，检测金银花提取物对刀豆蛋白 A（concanavalin A，ConA）刺激的小鼠淋巴细胞活化的影响；利用羧基荧光素乙酰乙酸琥珀酰亚胺酯（CFDA-SE）染色，分析滤泡性淋巴瘤（FL）对淋巴细胞的增殖情况。结果显示，金银花提取物对 ConA 诱导的小鼠淋巴细胞 CD69、CD25 和 CD71 表达均有明显的抑制作用，且这种抑制程度与其药物浓度呈正相关（$P<0.05$）。CFDA-SE 染色分析显示，不同浓度的金银花提取物均能明显抑制淋巴细胞的增殖（$P<0.05$）。可见，金银花提取物对 ConA 诱导下的小鼠淋巴细胞体外活化和增殖均有明显的抑制作用，是一种有潜在能力的免疫抑制剂。

金银花具有促进白细胞和炎性细胞的吞噬功能，降低豚鼠 T 细胞 α-醋酸萘酯酶（ANAE）的百分率，降低中性粒细胞（PMN）体外分泌功能，恢复巨噬细胞功能，调理淋巴细胞功能，显著增强白细胞介素 2（IL-2）的产生等作用。硝酸铈与金银花配合使用对烫伤小鼠细胞免疫的调理作用较单味药效果更好。在体外试验或腹腔给药时的体内试验中可见，金银花能促进外周血细胞和小鼠腹腔炎性细胞对异物的吞噬能力。金银花灌服可显著增高小鼠血清溶菌酶的含量。对于小鼠腹腔巨噬细胞吞噬鸡红细胞的能力，用金银花煎剂连续灌胃 7d，可提高其吞噬百分率与吞噬指数。对于免疫性复发性口疮大鼠，外周血 $CD4^+$ 及 $CD4^+/CD8^+$ 降低，金银花灌服有一定的调节作用。对于变态反应，近来有报道称金银花可抑制 2,4-二硝基氟苯所致小鼠耳廓肿胀，降低外周血白细胞数的升高、γ-干扰素（IFN-γ）及可溶性白细胞介素-2 受体（sIL-2R）含量的下降。另有报道，金银花 35% 乙醇提取物的水溶性组分，具有显著的抗过敏活性，其有效成分之一为绿原酸，其抗过敏机制与抑制诱导型一氧化氮合酶（iNOS）、环氧化酶-2（COX-2）的表达及通过抑制血栓烷 A2（TXA2）抑制血小板聚集等有关，除绿原酸外，抗过敏活性还与所含环烯醚萜苷有关，如番木鳖苷、当药苷等。另有研究表明，绿原酸在体外具有较强的诱生人外周血白细胞中 α-干扰素（IFN-α）的作用，这可能与其抗病毒作用有关。金银花水提取物对变态反应具有一定治疗作用，煎剂能增加白细胞、炎性细胞的吞噬能力，提高免疫功能。

五、抗氧化作用

金银花内含高含量的以绿原酸为代表的多酚类化合物，是有效的酚型抗氧化剂，具有显著的抗氧化作用。生物化学发光试验显示，金银花多种溶媒提取物对超氧阴离子自由基（$O_2^-\cdot$）、羟自由基（$\cdot OH$）、过氧化氢（H_2O_2）3 种自由基系统均具显著清除作用，尤其对 $\cdot OH$ 和 $O_2^-\cdot$。

绿原酸抗氧化能力要强于咖啡酸、对羟苯酸、阿魏酸和丁香酸，与常见的抗氧化剂，如丁基羟基茴香醚和生育酚、丁基羟基甲苯的抗氧化能力相当。

绿原酸及其衍生物具有比抗坏血酸、咖啡酸和生育酚更强的自由基清除效果，可有效清除 1,1-二苯基-2-三硝基苯肼自由基（DPPH）、羟自由基和超氧阴离子自由基，还可抑制低密度脂蛋白的氧化。绿原酸对体内自由基的有效清除，对于维持机体细胞正常的结构和功能，防止和延缓肿瘤、突变和衰老等现象的发生具有重要作用。

DPPH 是一种很稳定的自由基，在甲醇溶液中呈深紫色，在 517nm 波长处有最大吸收峰，当有自由基清除剂存在时其颜色减退，褪色程度与清除剂的清除能力及数量呈定量关系。因此，可用分光光度法进行定量分析，从而评价抗氧化物质的抗氧化能力。

金银花水提物在体外对 H_2O_2 具有直接的清除作用且呈线性量效关系，能使烫伤小鼠中性粒细胞合成和释放溶酶体酶的能力相应减少，说明其具有抗氧化反应的作用。用油脂过氧化值检测（POV）法和过氧化氢氧化法考察金银花叶提取物的抗氧化活性，最小抑菌浓度试验考察提取物对金黄色葡萄球菌和大肠杆菌的抑制作用，结果表明绿原酸粗提物和粗黄酮对油脂的过氧化反应均有一定的抑制作用，两者的氧化还原容量分别是化学合成抗氧剂丁基羟基茴香醚（BHA）的 2.0 倍和 2.8 倍。分离物最小抑菌浓度试验表明，金银花叶中的黄酮类物质对金黄色葡萄球菌和大肠杆菌的抑制作用分别是绿原酸的 4 倍和 2 倍。

金银花水煎液灌胃，大鼠血浆中总抗氧化能力（T-AOC）、谷胱甘肽过氧化物（GSH-Px）、谷胱甘肽（GSH）、超氧化物歧化酶（SOD）明显增高，MDA 明显下降，而对 NO、一氧化氮合酶（NOS）未见明显影响。正常人 RBL 肝细胞增高，金银花对其 H_2O_2 所致过氧化损伤有保护作用，其机理与抑制 HSP-70 和 NF-κB 表达，阻抑 NF-κB 信号转导和提高细胞内抗氧化防御酶水平等有关。对于 H_2O_2 所致人脐静脉内皮细胞损伤，绿原酸仅有预防性保护作用，而咖啡酸、异绿原酸类成分有剂量依赖性保护作用。金银花的抗氧化成分与所含绿原酸类成分、SOD、过氧化物酶（POD）及过氧化氢酶（CAT）有关。金银花提取液具有抗氧化酶活性和清除自由基的能力，金银花可通过上调体内抗氧化酶体系，下调 NF-κB 信号传导途径而呈现抗氧化、抗凋亡的保护作用。金银花提取物对于油脂的抗氧化也有显著效果，其中，黄酮类化合物可阻断亚油酸和猪油的自氧化作用。人参与金银花的抗氧化活性比人参单煎要好。机体代谢时会产生一定量的活性氧族（reactive oxygen species，ROS），衰老和应激状态下，会导致清除能力下降或产生过量的活性氧，进而导致细胞膜和细胞器膜损伤，出现脂质过氧化反应并产生大量有害代谢产物——MDA，加速细胞凋亡等病变过程。可见，增强机体清除自由基的能力或者给予外源性自由基清除剂对于防治疾病和保健有着重要意义。用超声波处理和直接水煮制备金银花水提液，采用碘量法、番红褪色光度法和氯化硝基四氮唑蓝（NBT）法分别测定两种水提液对 H_2O_2、·OH 和 O_2^-· 的清除作用，发现超声波处理的提取液对羟自由基的清除作用随提取液浓度的增加而增强，水煮处理的提取液中以 1∶50 的浓度对羟自由基的清除作用最强。二者对 O_2^-· 有较强的清除作用，且作用的趋势和能力一致，在加入量不超过 250μl 时，其清除率随加入量的增加呈线性上升，以后基本不再增加。利用猪油和亚油酸体系测定分离并精制得到的金银花黄酮类化合物的抗氧化活性，发现金银花中的黄酮类可阻断亚油酸和猪油的自氧化作用，且黄酮类的添加量越大，纯度越高，抗氧化效果越好。

六、保肝利胆作用

金银花含有绿原酸类等多种化合物，具有显著的利胆作用，可增进大鼠胆汁分泌，咖啡酸也有显著的利胆作用。忍冬总皂苷能抑制肝中毒后血清谷丙转氨酶的升高，明显减轻肝脏病理损伤程度。从金银花水溶性部分分离得到3个具有保肝活性的三萜皂苷，对四氯化碳（CCl4）引起的小鼠肝损伤有明显的保护作用，并明显减轻肝脏病理损伤的严重程度，可降低血清中MDA含量和谷草转氨酶（AST）活力，提高SOD活力，预防肝大，且表现出一定的剂量依赖性。

金银花总黄酮对脂多糖（BCG）+卡介苗（LPS）所致免疫性肝损伤小鼠血清中谷丙转氨酶（ALT）、谷草转氨酶（AST）、肝匀浆中MDA的升高有显著抑制作用，同时升高SOD，并显著抑制肿瘤坏死因子α（TNF-α）和NF-κBp65在肝中的表达；改善肝组织的病理学改变，降低肝匀浆中NO、NOS水平。

七、降血脂作用

金银花能显著降低多种模型小鼠血清胆固醇（TC）及动脉粥样硬化指数（AI），提高高密度脂蛋白——胆固醇（HDL-C）含量，保护胰腺β细胞及弱降糖作用。金银花在体外可与胆固醇相结合而阻止其于肠道中吸收，灌服金银花煎剂可降低血中胆固醇水平，对正常家兔有降血脂作用。

八、降血糖作用

金银花提取物能降低血糖，对于正常小鼠，蔗糖、四氧嘧啶所致小鼠高血糖与高脂血症，能使TC降低，HDL-C升高，AI明显降低。可使大鼠血清及肝组织甘油三酯（TG）水平降低。

绿原酸被确认为大鼠肝微粒体中葡萄糖-6-磷酸位移酶（G-6-P translocase，G1-6-P）第一个新型特异性抑制剂。葡萄糖-6-磷酸酶体系（G-6-Pase）在体内平衡血糖调控中发挥重要作用，它承担着由糖原异生和糖原分解，形成内源性葡萄糖的作用。通过测定正常大鼠肝微粒体中G-6-P的水解程度，可测定绿原酸及其合成类似物对位移酶活性的抑制强度。

九、抗紫外线辐射作用

大气臭氧层的破坏等因素，导致紫外线辐射过量而使人们发生多种疾病。金银花对紫外线照射诱导的人黑色素瘤细胞A375. S2凋亡有明显的保护作用，所含绿原酸、4-*O*-咖啡酰奎尼酸等作用较强，对于人黑色素瘤细胞A357. S2的酪氨酸酶活性及黑色素生成也有剂量相关的抑制作用。对紫外线照射极为敏感的人，以黑色素瘤细胞A375. S2为研究细胞，发现A375. S2经紫外线照射继续培养12h后，细胞的凋亡率达到86. 2%。而加入以乙酸乙酯或丁醇为溶媒的金银花化学成分的不同浓度萃取物后，会对紫外线诱导的细胞凋亡具有不同程度的抑制作用。选择金银花化学成分3-*O*-咖啡酰基奎尼酸（绿原酸）、4-*O*-咖啡酰基奎尼酸、5-*O*-咖啡酰基奎尼酸丁酯和芦丁4个单体的正丁醇萃取物为研究对象，在不同浓度下，4个单体化合物对紫外线诱导的细胞凋亡具有不同程度的抑制作用，其中，前两者对紫外线照射诱导的细胞凋亡抑制作用更为明显。

十、升压作用

绿原酸能轻微增加肾上腺素及去甲肾上腺素对猫与大鼠的升压作用，但对猫的瞬膜反应无影响。

十一、血小板凝集止血作用

金银花炭水煎液、混悬液具有显著的止血作用，且混悬液的作用强于水煎液。金银花炭中鞣质的含量仅为生品的1/2，但其止血作用却明显优于生品，从而提示鞣质并非金银花炭止血作用的唯一物质基础。金银花及其有机酸类化合物绿原酸的同分异构体、咖啡酸、异绿原酸类均具有较强的抗血小板聚集作用。金银花及6个有机酸类化合物可抑制二磷酸腺苷（ADP）诱导家兔血小板聚集，其中金银花提取物IC_{50}（50%聚集抑制浓度）为0.028g/ml，6个有机酸类化合物（绿原酸的同分异构体2个、咖啡酸、异绿原酸类3个）IC_{50}分别为0.0286g/L、1.707g/L、2.411g/L、0.026g/L、0.328g/L、0.539g/L。化合物的浓度剂量越大，作用越明显，剂量和作用呈现正相关性。

异绿原酸B具有较强的促进大鼠前列环素（PGI2）的释放和抗血小板聚集作用；对豚鼠肺碎片感应的抗体诱导SRS-A（过敏性缓慢作用物质）释放抑制率达62.3%。此外，对血小板血栓素生物合成和氢过氧化物诱导的内皮素细胞损伤有极强的抑制作用。

十二、抗胃溃疡作用

金银花具有体外抗幽门螺杆菌的作用。金银花提取物口服对大鼠实验性胃溃疡有轻度的预防效果，口服大剂量绿原酸能增加胃肠蠕动，促进胃液及胆汁分泌。

十三、抗肠道病作用

血清药理学研究表明，金银花对金黄色葡萄球菌和大肠杆菌有抑制作用。对于粪肠球菌生物膜，金银花醇提液可使其活菌比例明显下降，说明对粪肠球菌生物膜有一定的抑制作用。金银花对鸡大肠杆菌引致鸡雏死亡有保护作用。金银花叶对于治疗急性腹泻也有很好的效果。

实验发现，金银花的抗菌活性水浸剂强于煎剂，煎剂经高压灭菌处理后抗菌活性降低。金银花经热烘制后，绿原酸含量有所下降，但抗痢疾杆菌作用反而明显增强。金银花水提醇沉物对家兔离体小肠运动呈显著抑制作用。

十四、兴奋中枢神经系统作用

动物实验研究结果表明，金银花中所含绿原酸可引起大鼠、小鼠中枢神经系统兴奋。

十五、抗肿瘤作用

有研究表明，金银花具有细胞类抗肿瘤作用，能够诱导癌细胞分化，抗癌侵袭、转移，抗信息传递，转移肿瘤的多药耐药性，抑制端粒酶活性，作为抗癌性增效剂等作用，在肿瘤疾病防治中具有非常大的潜能和前景。金银花的这一良好的抗肿瘤作用，与金银花提高免疫功能的作用，增加白细胞、炎性细胞的吞噬能力有关。动物实验表明，金银花的主要成分绿原酸对胃癌及结肠癌的发生具有预防及抑制作用。嗜铬粒蛋白A（CGA）抗诱变及抗癌作用机制可能与其促氧化作用、增强芳烃羟化酶的活性、抑制8-羟基脱氧鸟苷（8-OH-dG）的形成、抑制致癌物-DNA加合物及氧化自由基等因素有关。金银花所含绿原酸对模拟人体胃液条件下亚硝酸的清除及*N*-亚硝胺合成的阻断呈一定的量-效关系。金银花黄酮类提取液对亚硝胺的合成阻断率高于维生素C与芦丁。

绿原酸具有较强的抑制突变能力，可抑制黄曲霉毒素Bi引发的突变和亚硝化反应引发的突变，并能有效地降低γ射线引起的骨髓红细胞突变。同时，绿原酸还可通过降低致癌物的利用率及其在肝脏中的运输来达到防癌、抗癌的效果，并能抑制由苯并芘、氧化硝基喹啉（4-NQQ）引发的癌症，绿原酸对大肠癌、肝癌和喉癌具有显著的抑制作用，被认为是癌症的有效化学防腐剂。

十六、抗结核作用

研究证实，金银花有抗结核活性。对于结核杆菌，其对金色分枝杆菌的最小抑制浓度（MIC）、最小杀菌浓度（MBC）分别为0.83mg/ml、1.75mg/ml，于结核分枝杆菌的MIC和MBC均为0.18mg/ml，而绿原酸对两种分枝杆菌的MIC和MBC均为0.18mg/ml。但异烟肼对两种分枝杆菌的MIC和MBC均为10.5μg/ml，异烟肼配伍金银花对两种分枝杆菌的MIC和MBC均为5.25μg/ml，提示金银花在体外有抗结核活性，与异烟肼联合使用可降低其MIC和MBC。

十七、抗生育作用

注射金银花乙醇提取后的煎剂，对小鼠、狗、猴等多种动物具有抗生育作用。小鼠腹腔注射、孕期20～22d的犬静滴，均有较好的抗早孕作用，且随剂量的增加而增强。对孕期3个月的猴、羊膜腔给药也有抗早孕作用。腹腔注射金银花提取物（660mg/kg）有终止小鼠早、中、晚期妊娠的作用。注射24h后的早孕大鼠，外周血孕酮浓度可降至给药前的30%，表明有对抗黄体激素的作用。金银花能明显抑制假孕小鼠脱膜瘤的形成，此作用可被黄体酮所对抗，前列腺素抑制剂吲哚类产物能干扰金银花的抗孕作用，表明金银花抗生育作用不但涉及前列腺素机制，还与其对称性激素的影响密切相关。

十八、毒副作用

有报道，金银花水煎剂灌服对小鼠的LD_{50}（半数致死剂量），密银花为（81.19±0.041）g/kg，金银花为（72.95±0.040）g/kg，按食品安全性评价，金银花未有明显毒性。金银花水浸液灌服对家兔、犬等均无明显毒性，对呼吸、血压、尿量等也均无影响。小鼠皮下注射金银花浸膏的LD_{50}为53g/kg。绿原酸对幼大鼠灌服的LD_{50}大于1g/kg，腹腔注射大于0.25g/kg。咖啡酸小鼠腹腔注射的LD_{50}为1583mg/kg，家兔静脉注射每日14mg/kg，连续10d，对心脏、肝脏、肾脏功能及病理切片均未见明显毒性。金银花急性、亚急性毒性实验结果表明，其LD_{50}为（100±12.9）g/kg，使用是安全的。小鼠骨髓嗜多染红细胞微核试验和鼠沙门氏菌/哺乳动物微粒体酶试验、小鼠精子畸变试验及抗早孕试验也均未见明显毒性。

第二节　金银花的药理研究

一、绿原酸代谢研究

（一）绿原酸的体内代谢过程

1．药动学过程

何心等研究表明，绿原酸经大鼠颈静脉给药后在体内呈二室开放模型分布，中药复方中绿原酸的药动学仍呈二室模型，但药动学参数不同。高荣等研究比较了大鼠单次静脉注射银黄注射液和灌胃给予银黄口服液后表明，静脉注射后绿原酸在大鼠体内呈三室模型分布，口服后血浆中几乎检测不到绿原酸，分析可能是被肠道菌群转化为各种酚酸后被吸收。Li 等采用直肠给药方式给予大鼠银黄颗粒，测定给药后血药浓度，拟合药时曲线表明，绿原酸在体内是一个非线性分布的过程。这些文献说明，绿原酸的药动学过程与药物剂型、剂量和给药方式密切相关。不同的剂型、剂量和给药方式，绿原酸的药动学参数可能存在着较大差别，提示临床用药时必须注意这些问题。

2．吸收

胃结扎大鼠口服绿原酸 30min 后，在胃动脉和静脉中只发现了绿原酸，表明其在胃中以原形迅速吸收，并提出吸收可能是通过胆移位酶转运进行的。但 Caco-2 细胞模型（一种人克隆结肠腺癌细胞）研究表明，绿原酸的吸收机理也可能是被动转运。绿原酸进入小肠后，几乎以原形吸收（水解成咖啡酸的量约 1%），小肠吸收和排泄的量进一步经 MaFgreet 等的大鼠回肠造口术试验得到了阐述：约 1/3 口服绿原酸在小肠中吸收入血液循环；而约 2/3 的绿原酸则进入盲肠、结肠部位。这些部位中的菌群酯酶经另项试验证实具有水解活性，可对绿原酸进行广泛的微生物转化，形成各种代谢物（无游离咖啡酸和奎尼酸）后进入血液循环，因此可以说口服绿原酸的生物利用度很大程度上取决于肠道菌群的代谢，即生物利用度低的原因可以归结为绿原酸在肠道中的广泛代谢。此外，绿原酸经大鼠腹腔注射后，因易于透过血管，吸收迅速，在血浆中很快检测到了绿原酸。

3．分布

绿原酸进入体内循环后，可和人血清清蛋白（HSA）的 HA 位点结合，并随药物和 HSA 摩尔数之比不同而异。当比值为 1～10 时，绿原酸和 HSA 以 1∶1 结合，而比值为 10～30 时，则以 2∶1 结合。

4．代谢

绿原酸在肠道中的代谢：绿原酸经口服后，在胃液和十二指肠液中稳定性很好，99% 不水解。进入小肠后，因该部位的酯酶无水解活性，99% 绿原酸以原形存在。2/3 未在小肠中吸收的绿原酸进入盲肠、结肠后，在肠道菌群酯酶的水解作用下生成咖啡酸和奎尼酸，然后各自经进一步微生物转化产生各种代谢物。许多文献对这一过程做了报道，Conthier 等经体外粪样共孵发现，绿原酸经菌群转化的最终产物主要是 3-羟基苯丙酸（3-HPP）和苯甲酸，并没有发现有游离咖啡酸和奎尼酸的存在。但 Rechner 等则未检测到苯甲酸，测到的主要降解产物为二氢咖啡酸（DHCA）、3-HPP 和 3-苯丙酸，并发现降解产物的种类及组成随绿原酸浓度和个体肠道菌群组成的不同而不同。此外，在整体动物或人口服绿原酸后，在 β-葡萄糖醛酸酶和硫酸酶处理后的尿样中，发现了一系列微生物转化来源的苯甲酸、苯丙酸、马尿酸衍生物及间位香豆酸等酚酸代谢物，这些文献说明口服绿原酸的代谢主要在肠道菌群中发生。

绿原酸在肝脏中的代谢：Azuma 等实验发现，大鼠腹腔注射绿原酸后，在血浆中迅速检测到了咖啡酸的葡萄糖醛酸结合物，说明绿原酸在体内组织中水解生成了咖啡酸。但血浆和肝脏中的酯酶并无水解活性，因此相应的水解机理仍不清楚，同时也不清楚是在血浆还是在肝脏发生了绿原酸的水解及咖啡酸的结合。此外，经体外分离大鼠肝微粒体温孵发现，绿原酸可在肝细胞色素 P450（CYP）2E1 催化作用下同谷胱甘肽（GSH）结合，这个过程可被细胞色素 P450 的非特异性抑制剂苄基咪唑（benzyl imidazole）所抑制；同时结合放射性同位素标记法，确定儿茶酚-*O*-甲基转移酶（COMT）参与了绿原酸的 *O*-甲基化反应，但 CYP2E1 和 COMT 的代谢产物未见报道。另一项体外研究表明，线粒体对绿原酸的氧化代谢发生在结构中的奎尼酸部分上，即 C-2 位或 C-6 位发生了羰基化，生成了相应的羰基化物，但参与代谢的具体氧化酶种类则未提及。另外，Ⅱ相代谢中的葡萄糖醛酸或硫酸结合也是绿原酸的肝代谢途径之一，因为在血样或尿样分析中发现了两者同绿原酸结合物的存在，其中静脉注射后的绿原酸与葡萄糖醛酸结合率为（6.2±3.9）%。但绿原酸在肝脏中的Ⅰ相及Ⅱ相代谢仍存在着许多不确定性。

5. 排泄

肾参与了绿原酸的排泄。研究发现，尿液中绿原酸的回收率随给药途径（口服或静脉注射）不同而异。同时不同的文献对同一种给药途径的结果报道也不尽一致，如口服绿原酸后，尿样中绿原酸的回收率为（0.29±0.15）% 或 0.8% 或 1.7%，也有在尿液中未检测到绿原酸的。而经大鼠静脉注射绿原酸后，在尿液中则回收了绿原酸，包括游离态和葡萄糖醛酸结合态。此外，绿原酸在肠道菌群转化并得以吸收入血的大量酚酸代谢物也在尿液中检测到，其中马尿酸量最多（约 50%），3-羟基苯丙酸（3-HPP）和间位香豆酸的量次之，其他酚酸代谢物的含量均较低。以上结果说明，肾参与了少量绿原酸和大量酚酸代谢物的排泄过程。

此外，蔡青等对绿原酸经肾的排泄机理进行了研究，发现绿原酸和氨苄西林合用 24h 的排出率较单用时有明显下降，同时因氨苄西林是通过肾小管主动分泌排泄的，因此推测绿原酸的排泄也可能通过肾小管分泌进行。

目前的研究中，只发现肾参与了绿原酸的排泄。而在胆汁中未能回收到绿原酸，其他的排泄途径未见报道。

（二）绿原酸可能存在的药物相互作用

肠道菌群失调会使绿原酸的吸收发生障碍。而抗菌药物的使用和菌群失调有着密切的关系，特别在抗生素使用时间过长、同时合用多种抗生素及抗生素作用较强（尤其是碳青霉烯类和第三代头孢类抗生素）的情况下，更易发生菌群失调。绿原酸和氨苄西林合用后，还会导致两者的排出量比单用时明显减少，因此口服含绿原酸制剂后必须谨慎使用抗菌药物。

人血清清蛋白（HSA）的ⅡA位点很容易和中等大小的有机阴离子（如阿司匹林、苄基青霉素、华法林等）及胆红素和汉黄芩素相结合。因此在绿原酸和这些药物合用时，可能会相互影响各自血浆中游离药物的浓度，进而改变药物原有的药理效应，甚至产生不良反应。

绿原酸可能通过肾小管主动分泌排泄，因此经此种途径排泄的药物（如丙磺舒、噻嗪类利尿药、水杨酸盐、保泰松等），在合用含绿原酸制剂时，可能会导致药物原有疗效的增强或降低。体内嘌呤的代谢物尿酸也是通过肾小管分泌排泄的，绿原酸的存在会减少尿酸的排泄，从而诱发痛风。

（三）存在问题和研究方向

绿原酸是一种抗氧化性很强的多元酚化合物，具有广阔的应用前景。它不但在中药中普遍存在，而且还是咖啡等饮料和食物中含量丰富的成分。目前国内外对绿原酸的研究正逐步深入，新的药理作用及机制不断被发现，但体内过程（即吸收、分布、代谢和排泄）的研究却存在着诸多问题：①绿原酸和人血清清蛋白（HSA）的结合率为多少还不清楚，体内分布情况也未见文献报道；②绿原酸同体外肝细胞及其线粒体和微粒体共孵的结果并不能完全真实反映绿原酸在体内肝细胞中的代谢概况，同时肝细胞中参与相关代谢的酶（特别是细胞色素P450方面）的种类、代谢机制及代谢产物尚未研究清楚；③绿原酸在胃及小肠中的原形吸收量高达1/3，而最后尿中的原形回收率却很低（2%），甚至检测不到，到底是通过胆汁排泄了，还是经其他途径消除了，仍然不了解；④口服绿原酸有2/3的量进入了结肠及其菌群，但最后经粪便的原形排出量尚不清楚；⑤现有对绿原酸体内过程的研究大多基于动物实验的结果，而动物和人具有种属上的差异，因此这些结果并不能完全符合绿原酸在人体内的真实过程。这些方面的研究有待进一步开展，以阐明绿原酸体内过程的详细信息及每一环节可能存在的药物相互作用，从而为其在新药开发及临床上的合理应用提供参考依据，这是未来研究的重要方向。

二、关于金银花中绿原酸有无致敏性

近年来，中药注射剂的品种、应用范围、使用频率增加，与其相关的不良反应的报道也呈上升趋势，其中类过敏反应和过敏反应（主要表现为Ⅰ型超敏反应）是出现最多、危害较大的不良反应。据统计报道，清热解毒类中药注射剂出现过敏反应相对较多，占中药注射剂引起的不良反应的50%以上。分析发现，这些制剂均含有绿原酸成分，报道称这与绿原酸具有致敏原性有关，但对于绿原酸是否是致敏原存有争议，并没有得出确切的研究结论。

绿原酸是金银花等多种中药的有效成分，在清热解毒类中药注射剂处方中，金银花、忍冬藤、鱼腥草、茵陈、栀子等药材均含绿原酸。对目前已上市的呼吸系统中药注射剂进行分析，统计了20个复方制剂，药味出现频率以金银花（或其提取物）最高，共有12个，占60%，鱼腥草、栀子等也有较高频率，说明含有绿原酸类成分的药味出现频次较高。对已上市的17个呼吸系统中药注射剂进行文献分析，不良反应最多者为过敏反应，占报道文献的90%左右。出现的过敏反应表现多样，程度不一，如皮肤瘙痒、皮疹、药热、过敏性哮喘、急性肺水肿，严重者过敏性休克，直至死亡等。

1. 国外研究情况

对绿原酸致敏性的研究，起于20世纪60年代。暴露于咖啡豆粉尘中的咖啡厂工人经常发生呼吸道哮喘、鼻炎或皮炎，这引起了人们对过敏反应原因的研究。当时主要有2个研究小组：加拿大的Freedman研究小组和美国的Layton研究小组。他们分别对绿原酸的致敏性进行了研究，并在1961～1968年发表了一系列文献。这两个小组对绿原酸是否为变应原，持相反的意见，前者认为是变应原，而后者则认为不是变应原。

Freedman小组研究认为，绿咖啡豆的水提取液高度致敏，皮肤直接接触0.02～5ml的水溶液（含量5g/L）即产生明显的阳性水疱和红斑反应。水提取液通过Sephedex G-25柱进行分离，发现中间部分可产生强烈的被动转移阳性反应，通过三氰化铁反应认为，致敏性活性物质中存在高浓度酚类化合物。对已知咖啡中的酚类化合物进行系统的评价，将可疑化合物注入已知对绿咖啡过敏的10个工人的皮肤中，只有绿原酸产生了阳性反应，在试验者中1μg的绿原酸足以引起水疱和吞噬细胞突起的红肿反应。交叉中和试验则表明，绿咖啡的抗体可被绿原酸中和，试验者认为该结果提示绿原酸可能是绿咖啡中的主要过敏原。因绿原酸广泛存在于多种植物中，Freedman等对其他含绿原酸的植物蓖麻子和橙子进行了研究，蓖麻子有致敏性，如呼吸道症状、荨麻疹等。有报道称对咖啡粉尘过敏的患者对蓖麻油也产生皮内阳性反应，对蓖麻油和绿咖啡过敏的大部分患者，对橙子也产生阳性的皮内反应。通过纸色谱和红外色谱分析方法进行研究，认为绿原酸也是蓖麻油和橙子中的组分，绿原酸可与蓖麻油和橙子水提取物得到完全的交叉中和反应。对于口服绿原酸常不引起过敏而静注或吸入引起过敏的现象，经过研究表明，志愿者或家兔口服给予含绿原酸的浓黑咖啡，血中未检出绿原酸，但家兔静脉注射给药，血中则可检出绿原酸，因此推测绿原酸进入哺乳动物组织通过胃肠道不能直接到达循环血，可能在肠中被破坏或转化。进一步研究绿原酸的过敏性，家兔以绿原酸-弗氏佐剂联合物致敏表现出明显的抗体形成，而仅绿原酸（不与弗氏佐剂结合）不产生抗体形成，对致敏的家兔进行皮内试验，可见Arthus型反应，ASA试验（骨骼肌自身抗体试验）则表明致敏家兔心内注射绿原酸攻击产生不平静、极度呼吸困难直到死亡，PCA试验（心内注射药物进行攻击）则表明当抗血清稀释度为1∶10、1∶100、1∶1000时产生反应，稀释度为1∶5000、1∶10 000不产生反应。因绿原酸为小分子物质，认为其致敏机理与磺胺嘧啶、氯胺-T等类似，即是半抗原物质，进入体内与蛋白质结合，而产生致敏活性。

对绿原酸是否有致敏性持反方观点的主要为Layton研究小组。他们在猴身上进行试验，对2只猴子在蓖麻子过敏患者血清被动致敏部位以1%浓度绿原酸进行攻击或以5%绿咖啡提取固形物溶液进行攻击，未产生反应，随后注入蓖麻子油蛋白则产生明显反应。豚鼠身上进行的PCA反应试验也表明对绿原酸、绿咖啡或脱敏的蓖麻油饮食未产生反应，而以蓖麻子油蛋白和大荨麻蛋白攻击可在豚鼠身上立即引起阳性反应。通过这些试验，Layton等认为被动转移蓖麻子抗体血清的部位缺乏对绿原酸和绿咖啡的反应，提示绿原酸不是蓖麻子过敏的重要因素。他们对绿咖啡的过敏性进行了研究，认为对蓖麻子油蛋白在1∶100 000稀释度下临床皮肤划痕试验阳性结果患者身上，只在2/9对1∶100稀释度的绿咖啡提取物表现出强的阳性反应，而对1∶100重结晶的绿原酸均未产生明显的皮肤反应。将敏感患者血清被动转移至猴，对于CCDCA（通过200管反向逆流制备而来）或MSCA（通过绿原酸的无水甲醇可溶部分制备而来）无反应，而对粗绿原酸样品有反应，5mg绿咖啡的不扩散性的渗出物在所有对留存的绿咖啡过敏的患者的血清均产生强烈的反应。进一步研究表明，采用化学分析方法如核磁共振（NMR）等分析成分，认为CCDCA为绿原酸，因此认为绿原酸不是过敏原。采用法国和加拿大患者抗血清被动转移的P-K试验，对任何绿原酸样品的可扩散者不产生反应，但是从绿原酸中分离而来的不扩散性的杂质（contaminant）对绿咖啡过敏者的P-K试验可产生过敏，因此认为纯绿原酸和绿咖啡中的扩散性物质不是过敏原，导致过敏者是绿原酸中分离而来的不扩散性的杂质。另外，在志愿者和猴身上进行试验，志愿者（12个加拿大人和4个法国人）进行P-K试验，皮肤致敏血清以1%的CCD（交叉反应性糖类决定簇）纯化的绿原酸攻击，未产生反应；4个加拿大人的血清致敏部位以1%商购的绿原酸则产生明显反应；7个以加拿大人血清被动致敏者，当1%绿咖啡残留物进行皮试时出现明显的水疱和发红。在猴身上以加拿大人或法国人咖啡过敏者的血清被动致敏部位对CCO（细胞色素氧化酶）纯化的绿原酸或18h绿咖啡渗出液不产生反应，通过以上试验Layton等认为真正致敏原是高分子物质。

对以上二者的分歧所带来的矛盾，Layton等认为，在其研究中没有证据表明绿原酸以半抗原形式存在，与人血清蛋白或牛血清蛋白甚至绿咖啡蛋白结合形成复合物而致敏。但Freedman推测认为，两者试验样品不一致是导致结果不一致的重要原因，并再次确定在他们所进行的试验中得到阳性结果，采用Layton的样品（CCD柱制备）重复其试验也得到与之相同的结果，认为绿原酸常来源于咖啡和其他植物来源，在常温下暴露于空气中易氧化，而且指出自己的试验中只是说明绿原酸是变应原，但是没有称绿原酸是唯一的变应原。

2. 国内研究情况

近几年，国内也有一些绿原酸是否为致敏原的相关研究报道。国内关于绿原酸是否存在致敏性的讨论，源于近几年出现的中药注射剂安全性问题。

有人分析引起不良反应的中药注射剂的品种和成分，发现含有绿原酸的注射剂容易发生不良反应，推测绿原酸可能是中药注射剂引发变态反应的可疑致敏成分。对838例中药注射液不良反应进行分析，其中某些中药注射剂的不良反应与绿原酸引起的变态反应有关。

又有报道，双黄连注射剂作为复方制剂存在具有致敏性的其他抗原或半抗原物质，如黄芩苷，认为绿原酸并不是双黄连注射剂引起的变态反应的唯一致敏原。李瑾翡用双黄连过敏原性，用大鼠、小鼠、豚鼠等同种、异种动物间的被动皮肤过敏反应试验，比较绿原酸和注射用双黄连过敏原性。结果，注射用双黄连致敏性高于绿原酸，推测注射用双黄连作为一个复方引起不良反应的可能性大于绿原酸。

对不同提取纯化工艺制备的金银花提取物注射液进行的免疫毒性试验，认为金银花粗提取物注射液出现类过敏反应的原因，绿原酸、异绿原酸是致敏原的说法，是值得商榷的，可能与注射液中含有的蛋白质、树脂、鞣质等杂质有关。

采用豚鼠全身主动过敏试验和大鼠被动过敏试验对不同纯度绿原酸提取物的致敏性试

验，结果绿原酸纯度<92%时，出现不同程度的过敏反应，绿原酸纯度>92%的提取物及其注射剂均未发生过敏反应。证明低纯度绿原酸提取物可引起过敏反应，致敏原与提取物中存在的大分子杂质密切相关，与绿原酸及小分子类似物无关。

有研究显示，含有绿原酸的清开灵注射液的致敏性与绿原酸的纯度有关，采用豚鼠全身主动过敏试验和大鼠被动皮肤过敏试验方法，对不同纯度绿原酸提取物的致敏性试验表明，低纯度绿原酸提取物出现的过敏反应与其中的大分子物质密切相关，与绿原酸本身和小分子类似物无关。

采用体内豚鼠过敏休克模型和体外被动致敏豚鼠腹腔肥大细胞模型，对绿原酸完全抗原（CA-BSA）的过敏作用及其机制进行研究，发现绿原酸作为半抗原本身不具备免疫原性，同蛋白质结合形成的绿原酸完全抗原具有致敏性，其机制属于Ⅰ型超敏反应。绿原酸对白变种实验小鼠 PLN（受磷蛋白）细胞表型、激活标志物没有影响。报告抗原腘窝淋巴结（RA-PLNA）检测，无论与三硝基苯基卵蛋白还是与三硝基苯聚蔗糖一起注射，绿原酸均不能诱导三硝基苯（TNP）特异性抗体构成细胞形成。这表明绿原酸对白变种实验小鼠不具有致敏潜能，证实了直接法腘窝淋巴结（d-PLNA）和 RA-PLNA 结果一致。提示移除中药注射剂 TCMI 中的绿原酸或许不会显著降低其不良反应的发生，有助于消除一些研究者对绿原酸全身暴露时安全性的担忧。

应用碳二亚胺法体外制备绿原酸完全抗原，以大鼠嗜碱性粒细胞白血病细胞株 RBL-2 H3 细胞作为致敏性评价模型，选用反映肥大细胞活化脱颗粒程度的特异性指标（组胺、β-氨基己糖苷酶的释放，膜联蛋白 AnnexinV 表达和形态学改变），比较绿原酸和绿原酸完全抗原对未致敏和致敏 RBL-2 H3 细胞脱颗粒的影响。结果显示，肥大细胞 RBL-2 H3 与含抗原特异性 IgE 的动物血清共孵育致敏后，用 20mg/L 绿原酸和绿原酸完全抗原再次攻击时，绿原酸完全抗原可引起 RBL-2 H3 细胞脱颗粒。绿原酸-HSA 刺激后，肥大细胞的组胺释放率、β-氨基己糖苷酶释放率明显增加（$P<0.01$）；Annexin V 阳性细胞率升高；中性红染色肥大细胞脱颗粒率明显增加（$P<0.01$）；但绿原酸组未见明显改变。RBL-2 H3 细胞未明显脱颗粒释放过敏介质，说明血清中成分对过敏介质释放没有排除致敏血清中成分对 RBL-2 H3 细胞的影响。在预实验中对正常未致敏动物血清、绿原酸致敏动物血清和双黄连致敏动物血清对 RBL-2 H3 细胞的影响进行研究，结果发现，同台式液孵育相比，正常豚鼠血清和致敏豚鼠血清孵育后，有显著性影响。因此，本实验结果推测，绿原酸作为小分子物质，以半抗原形式存在，本身不具有致敏性，与人血清清蛋白结合形成复合物而产生免疫原性，从而引起过敏反应。此结果与文献一致。

有报道，通过研究双黄连注射液对未致敏/致敏 RBL-2 H3 细胞脱颗粒反应和动物过敏或类过敏反应的影响，证明双黄连注射液的过敏反应是有 IgE 参与的，推测可能是药物中存在抗原或半抗原物质所致。本实验选择经双黄连注射剂致敏血清致敏的 RBL-2 H3 细胞模型，比较绿原酸和绿原酸-HSA 对肥大细胞脱颗粒释放过敏介质和中性红染色脱颗粒率的影响。结果发现，同双黄连血清+绿原酸组比较，双黄连血清+绿原酸-HSA 组的组胺释放率、氨基己糖苷酶释放率和中性红染色肥大细胞脱颗粒率明显增加（$P<0.05$）。由此推测，绿原酸是双黄连注射剂引起的变态反应的一种致敏原，双黄连注射剂的致敏机制之一可能是绿原酸进入体内与蛋白质结合形成具有免疫原性的复合物，引起Ⅰ型超敏反应，从

而激活肥大细胞释放过敏介质。

有研究，应用大鼠腹腔肥大细胞模型，评价绿原酸的类过敏反应，同台氏液组比较，结果显示绿原酸致肥大细胞组胺释放率无显著差异。实验用绿原酸和绿原酸完全抗原直接刺激 RBL-2 H3 细胞，比较肥大细胞脱颗粒情况。结果显示，10～120mg/L 绿原酸和绿原酸完全抗原刺激 RBL-2 H3 细胞 60min 后，同台氏液组相比，组胺释放率、β-氨基己糖苷酶释放率、Annexin V 阳性率和中性红染色脱颗粒率均未见明显改变。因此，在体外 RBL-2 H3 细胞脱颗粒评价体系中，绿原酸及绿原酸完全抗原不会直接刺激肥大细胞脱颗粒，引起类过敏反应。

目前对含绿原酸的中药注射剂引起不良反应的报道中，多数为首次用药即发生类过敏反应。药物直接作用于肥大细胞和嗜碱性粒细胞，引起大量过敏介质释放，从而出现无免疫系统参与的，与过敏反应相似症状的临床反应。

3. 总结与评述

综上所述，国内外对绿原酸致敏性的研究，认为绿原酸本身无致敏性可以定论，如吴晓冬等总结 Francis Lowell 和 Karr 的临床试验，表明“至此，绿原酸不是致敏原在国外形成了定论。”并指出“在 1998 年和 2006 年又报道咖啡酸及多酚类化合物可通过降低血管通透性发挥抗过敏作用，表明绿原酸不仅不具有致敏性，而且还具有抗过敏的作用。”

对含绿原酸中药注射剂引起过敏反应的原因，是否与绿原酸有关存在的争论，主要有以下几种观点。一种观点认为致敏性与绿原酸无关，而与低纯度绿原酸提取物中的大分子物质密切相关，与绿原酸本身和小分子物质没有关系并与中药注射剂生产过程中加入的增溶剂吐温-80 有直接关系。

另一种观点认为绿原酸本身虽无致敏性，但绿原酸是小分子半抗原物质，进入人体内与蛋白质结合，形成的绿原酸完全抗原具有致敏性，从而产生致敏活性，其机制属于 I 型超敏反应。也有人对上述观点持反对意见，早在 20 世纪 60 年代 Freedman 等进行的咖啡酸和奎尼酸被动皮肤转移试验，结果均为阴性。并分析绿原酸是咖啡酸和奎尼酸的缩合物，如果绿原酸为半抗原，则咖啡酸或奎尼酸中至少应有一个部位与蛋白质结合会使被动皮肤转移试验呈阳性，然而，阴性的试验结果证明了绿原酸没有与蛋白质结合的活性部位，因此绿原酸作为半抗原的可能性不大。

在实验体外 RBL-2 H3 细胞脱颗粒评价体系中，绿原酸及绿原酸完全抗原不会直接刺激肥大细胞脱颗粒，引起类过敏反应。

结论：绿原酸本身无致敏性可以定论。含绿原酸中药注射剂引起过敏反应的原因与低纯度绿原酸提取物中的大分子杂质相关。绿原酸是否为半抗原物质，进入体内与蛋白质结合，形成完全抗原而具有致敏活性，目前的相关报道不一致，尚待系统、深入研究。

第八章　金银花的应用

第一节　金银花在临床医疗中的应用

金银花的药理作用非常广泛，所以在临床医疗中的应用也极为广泛。从常见的内科、外科、皮肤科等疾病，到心血管疾病、中毒急救，甚至抗肿瘤、抗艾滋病等，都有与金银花有关的应用。金银花的应用历史已有2000多年，传统用药方法和范围在临床比比皆是，在此仅对近年来的临床应用新成果做简要概述。

一、金银花治疗内科疾病

（一）金银花治疗心血管系统疾病

金银花可以用于治疗心血管疾病，其可通过抗炎、抗氧化、抗血小板聚集、降脂、降血糖等发挥作用，在心血管疾病的防治上有非常好的前景。

在用青霉素治疗风湿性心脏病的同时，加服银翘白虎汤有较好疗效。一般治疗3周后可见症状改善，1个月后血沉下降或恢复正常，心律不齐消失。风湿性心脏病与A族乙型溶血性链球菌咽喉部感染有密切关系，是感染后的变态反应损伤心肌和心瓣膜所致。金银花对溶血性链球菌有抑制作用，与青霉素合用能发挥协同作用，增强疗效。

（二）金银花治疗神经系统疾病

金银花可以用于治疗的神经内科疾病有脑卒中、急性脑梗死、脑出血、病毒性脑炎、流行性脑脊髓膜炎、小舞蹈病、面神经炎等。

1. 治疗脑卒中

杨利认为脑卒中是毒邪深入血络，与瘀血相搏，形成毒瘀互结，损伤脑髓、脑脉，因此治疗上除一般的活血化瘀之外，还应重视解毒。由金银花、当归、玄参、甘草四味药物组成的方剂四妙勇安汤契合这一治法。方中金银花清热解毒，当归活血散瘀，玄参泻火解毒，甘草清解百毒。四药合用，既能清热解毒，又可活血散瘀。通塞脉片是在四妙勇安汤的基础上研制而成的，保持了原方的独特功用，由当归、川牛膝、黄芪、党参、石斛、玄参、金银花、甘草组成。

2. 治疗急性脑梗死

丁邦厚等在常规治疗基础上加用脉络宁注射液静脉点滴治疗急性脑梗死53例。与同期随机单纯应用西药治疗53例对照，脉络宁注射液治疗组总有效率为94.34%，对照组总有效率为81.13%，明显优于对照组。脉络宁注射液是由金银花、玄参、石斛、牛膝等中药材提取的复方制剂，具有清热养阴、滋补肝肾、活血化瘀等作用。现代药理研究具有扩张血管、改善微循环、增加血流量及抗凝血、溶血栓等作用。

3. 治疗脑出血

曾凯军用清开灵注射液配合西药常规治疗脑出血120例，与只用西药常规治疗100例对照，清开灵注射液组总有效率为85.8%，对照组总有效率为72%，明显优于对照组。清开灵注射液是安宫牛黄丸衍化而来，主要成分有金银花、板蓝根、栀子、水牛角、珍珠母、黄芩苷、胆酸、猪去氧胆酸等，具有清热解毒、化痰通络、醒神开窍等功效，有治疗急性出血性和缺血性脑血管病的双重疗效，能改善脑循环，减轻脑水肿，增强脑细胞缺氧耐受力。张展峰等采用清热凉血法（金银花、黄芩、生地黄、石决明、夏枯草等）治疗中重度脑出血早期56例，并设对照组对比。结果显示治疗组总有效率为92.9%，对照组总有效率为71.4%，治疗组显著优于对照组（$P<0.05$），这提示清热凉血法对中重度脑出血早期运用具有良好疗效。

4. 治疗病毒性脑炎

鱼金注射液是由金银花、鱼腥草组成的纯中药复合制剂，具有清热、解毒、抑制细菌与病毒生长，促进白细胞的吞噬作用，增强机体免疫等功能。张桂玲等用鱼金注射液结合西药常规疗法治疗病毒性脑炎患儿50例。治疗组与对照组均按常规治疗，包括静点利巴韦林，并根据病情应用脱水剂、激素、抗生素及止惊、降温等对症和支持治疗。治疗组同时加用鱼金注射液，对照组除常规治疗外不行特殊处理，每7d为1疗程，根据主要症状和体征的持续时间观察疗效。结果显示，治疗组的发热、头痛、嗜睡、抽搐、昏迷持续时间均比对照组明显缩短，差异有显著性意义，但两组肢瘫时间无显著差异。

5. 治疗流行性脑脊髓膜炎

以银黄三黄解毒汤（金银花、连翘各12g，黄芩、黄柏、栀子、板蓝根各9g，薄荷3g，生石膏、鲜芦根各60g）为主治疗13例流行性脑膜炎，全部治愈。用药最长者8d，短者3d，平均5d，无后遗症。

6. 治疗小舞蹈病

治疗证属阳热炽盛，瘀血阻络的小舞蹈病1列，采用清热解毒，活血凉血，通络为治则，方选四妙勇安汤（金银花、玄参、当归、甘草）加减。经过半月余的治疗，症状缓解，随访4个月，病情无复发。

7. 治疗面神经炎

面神经炎属中医“面瘫”范畴。韩冰等提出中药分期治疗面神经炎，急性期（1周以内）属风邪入中化火，治宜祛风清热活血。以银翘牵正散为主加减治疗，其中金银花、连翘以清热；防风、蝉蜕以祛风；牵正散以解痉；丹参、赤芍以活血。配合针灸以通达经络。恢复期（2~8周）属气虚血瘀，补气祛风，活血化瘀为治疗关键，采用黄芪牵正散加减，重用黄芪以补益经络之气，当归、川芎、赤芍、地龙以活血，加以牵正散祛风解痉，配合针灸治疗。对照组牵正散方加活血化瘀药加减，配合针灸外敷等治疗。治疗4周后，结果显示：治疗组35例，痊愈22例（62.86%）；显效7例（20.00%）；好转4例（11.43%）；无效2例（5.71%），总有效率为94.29%。对照组30例，治愈12例（40.00%），显效3例（10.00%），好转1例（3.33%），总有效率为53.33%。两组疗效有显著性差异（$P<0.05$），治疗组优于对照组。

（三）金银花治疗泌尿系统疾病

金银花可以用于治疗的泌尿系统疾病有泌尿系统感染、小便频数、尿道疼痛、热涩不利、尿痛、尿频等。

防治导尿管相关性尿路感染：导尿管短期留置时，用金银花水煎液进行尿道冲洗，则感染发生率为0，感染率明显低于未进行尿道冲洗者。尿道冲洗还可明显减少尿道口分泌物及不适，说明在严格无菌操作的基础上进行金银花水煎液尿道冲洗，模拟了正常的排尿活动，对接种于尿道的细菌及黏蛋白起冲洗作用，减少尿道分泌物，达到预防细菌感染的作用。

（四）金银花治疗内科其他疾病

金银花可以用于治疗的内科其他疾病：细菌性疾病有风热感冒、呼吸道感染、肺炎、肺脓肿、慢性支气管炎、扁桃体炎、百日咳等；病毒性疾病有病毒性感冒、腮腺炎、肝炎、病毒性心肌炎、流行性乙型脑炎（乙脑）、流行性脑脊髓膜炎（流脑）等；消化道疾病有热痢、热血毒痢、急性细菌性痢疾、婴幼儿腹泻、胆道感染等。

银黄清口服液治疗上呼吸道感染：有效率为98.5%，对照组有效率为38.8%，治疗组退热时间及症状体征消失或减轻明显优于对照组，住院时间明显缩短。该组方具有清热解毒、抗菌、抗病毒的作用。

治疗脑卒中继发肺部感染：肺部感染是急性脑卒中患者主要且严重的并发症，也是脑卒中急性期死亡的主要原因之一。肺部感染的病机为痰热毒邪壅遏肺气，气道不利，肺气上逆，携痰蒙蔽清窍，则变症蜂起，险象丛生。张爱莲等将116例脑卒中并发肺炎患者分为治疗组58例和对照组58例，治疗组在常规护理的基础上实施金银花代茶饮，对照组接受常规护理，对2组患者护理的情况进行观察与比较。结果发现，治疗组总有效率为93.10%，明显高于对照组的63.42%（$P<0.01$），结果证实金银花代茶饮对于脑卒中患者伴发的肺炎具有安全可靠的护理效果。

痰热清注射液治疗急性脑卒中合并肺部感染：赵君颖应用痰热清注射液治疗急性脑卒中合并肺部感染患者50例，结果显示，治疗组总有效率高于对照组（$P<0.01$）；两组治疗前后主要症状、体征均有程度不同的改善，治疗组优于对照组（$P<0.01$ 或 $P<0.05$）；两组血白细胞、血气分析比较，治疗后较治疗前均有改善，治疗组改善程度优于对照组（$P<0.05$）。

治疗脑卒中后遗症患者坠积性肺炎：痰热清注射液由金银花、黄芩、熊胆粉、山羊角、连翘组成，具有清热解毒、化痰解痉功效。现代药理研究表明，痰热清注射液对感染所致急性肺损伤、肺泡炎性渗出和微血管损伤的低氧血症等病理状态有明显药理作用。丁军红对痰热清治疗脑卒中后遗症患者坠积性肺炎28例进行疗效观察，结果显示治疗组发热、咳嗽、咳痰、肺部体征、胸片病变吸收的总有效率均明显高于对照组，治疗组治疗后白细胞减少比对照组明显。

二、金银花治疗外科疾病

金银花可以用于治疗的外科疾病有急性阑尾炎、阑尾脓肿、深部脓肿、刀伤、伤口感染、疮痈、丹毒、疔疮及一切肿毒（无论已溃、未溃，还是疮久不愈成漏）、颌面部化脓性炎症、风湿性关节炎、风湿痹痛等。

三、金银花治疗皮肤科疾病

金银花可以用于治疗的皮肤科疾病有痤疮、毛囊炎、湿疹、过敏性皮炎、荨麻疹、杨梅疮、丹毒、蜂窝组织炎、脓疱病、天疱疮、酒渣鼻、结节性红斑、变应性皮肤血管炎、过敏性紫癜、血栓闭塞性脉管炎、银屑病等。

治疗毛囊炎：用金银花200g加水1000ml，煎煮30min后洗头，药物停留在头部时间为10min，每天1次；同时用金银花150g、甘草100g水煎服，每天2次，疗程为7～12d，治疗头部马拉色菌毛囊炎，总有效率为93.4%。金银花水提取物对皮肤真菌有不同程度的抑制作用，且能抑制和延缓细胞病变，因此对脂溢性皮炎有较好的临床疗效。

治疗新生儿痤疮：用金银花药浴，取金银花50g，马齿苋30g，苦参、地肤子、生地龙、麸苍术、白鲜皮、蛇床子、苍耳子、黄柏各20g，装入白棉布袋内扎紧口，放入电煮锅内，用清水浸没药面3～5cm，浸泡30min，先用武火煮沸后改文火煮30min，每日1包，每包煎2次，浸浴全身，每天2次，每次15～20min，温度38～40℃，浸浴后用洁净柔软干毛巾吸干身上的水，并用炉甘石搽剂外涂，治疗重度新生儿痤疮30例，获得的疗效较好。

治疗新生儿红疹：观察组，随机挑选100名皮肤红疹（痱子）的7～20d足月新生儿（其中6例并发脓疱疮，30例并发臀部湿疹，8例皮肤并发轻微糜烂、少许渗液）。对照组，随机挑选100名皮肤红疹（痱子）的同期7～20d足月新生儿。治疗过程：观察组6例脓疱疮，突出皮肤的小红疹上带有黄白色的小脓点，脓疱疮较大的局部用75%乙醇消毒后用消毒针头刺破排出脓点。除6例有脓疱疮的和8例臀部湿疹伴有少许渗液者，每天2次用金银花水冲凉外，其余86例每天1次，经过及时适当处理，2～3d后红疹明显好转的有98例，显效率达98%，4～5d红疹完全消退的有77例，6～7d后完全消退的有23例，总有效率达100%，无1例感染或发展成败血症。红疹消退时间和显效统计分析，观察组均明显优于对照组。

治疗银屑病：以金银花配伍生槐花、白茅根、茯苓等，治疗寻常性银屑病进行期，获得满意效果。银屑病的发病与链球菌感染有关，是对细菌毒素的变态反应，特别是儿童急性点滴状银屑病。金银花能抑制链球菌生长，并能降解链球菌产生的毒素，从而控制变态反应，达到治疗目的。

四、金银花治疗肛肠科疾病

金银花可以用于治疗的肛肠科疾病有肛周脓肿、炎性外痔、肛裂、顽固性肛门瘙痒等。

五、金银花治疗男性疾病

金银花可以用于治疗的男性疾病有前列腺炎等。

重用金银花治疗慢性前列腺炎：以金银花为主加减，金银花50g、菟丝子15g、乌药

12g、车前子 10g（包煎）、海金沙 12g、当归 15g、穿山甲 10g、生地 15g、荔枝核 15g、茴香 6g、王不留行 10g，水煎服，每日 1 剂，分两次服用；另外给予金银花 60g、红花 15g、苦参 15g、土茯苓 30g、败酱草 15g，水煎 2500ml，坐浴，每次 20min，每日 1 次，治疗 12 周。能够缓解前列腺炎症反应症状，减少前列腺的慢性充血，改善局部的血流循环和血管通透性，对减轻慢性前列腺炎临床症状具有显著效果。

六、金银花治疗妇科疾病

金银花可以用于治疗的妇科疾病有子宫颈糜烂、产后恶露不尽、急性乳腺炎等。产后恶露不尽是由产后子宫收缩复旧不良或由瘀血内阻所致，临床以产后流血不止、淋漓不断为特征。金银花中的绿原酸、咖啡酸等有明显的止血作用，能使凝血及出血时间缩短，经炒炭炮制后止血功能更强。

七、金银花治疗五官科疾病

金银花可以用于治疗的五官科疾病有睑腺炎、副鼻窦炎、口腔溃疡、舌炎、急性咽炎、咽喉肿痛、声带息肉、声音嘶哑等。

治疗睑腺炎：金银花配黄芩，水煎服，每日 1 剂，一般 1 ~ 2d 即愈。配蒲公英煎汤外洗也颇有效，一般 2 ~ 3d 可愈。睑腺炎多为金黄色葡萄球菌感染，金银花抗金黄色葡萄球菌和抗炎症作用显著。

预防化疗口腔溃疡：将接受大剂量化疗的恶性肿瘤患者随机分组，实验组 97 例，于化疗前 3 天开始饮用自煎金银花、甘草汤剂，每天 4 ~ 6 次，并用其漱口，连用 10d。对照组 93 例，于化疗当日给予复方硼砂漱口液漱口，每天 4 ~ 6 次，至化疗结束。结果显示，实验组共完成化疗 380 例次，发生口腔溃疡共 74 例次；对照组共完成化疗 340 例次，发生口腔溃疡共 290 例次。两组口腔溃疡发生率比较 $P<0.01$，这说明金银花、甘草汤剂含漱、口服对大剂量化疗后口腔溃疡的发生有明显的预防作用。

治疗化疗口腔溃疡：金银花 50g，用 100℃沸水 500ml 浸泡 15min，冷却后过滤，置于无菌输液瓶内，含漱治疗化疗后口腔溃疡，效果理想。

治疗慢性移植物抗宿主病口腔溃疡：用金银花漱口液治疗慢性移植物抗宿主病口腔溃疡，治疗组 15 例，有效 6 例（40%），显效 9 例（60%），总有效率为 100%，认为金银花解毒消炎、利咽喉，对局部黏膜有收敛、止痒、止痛作用，可抑菌杀菌，防止微生物在口腔内生长繁殖。口腔病原性微生物体外抑菌实验表明，金银花提取液对变形链球菌、放射黏杆菌、产黑色素类杆菌、牙龈炎杆菌及半放线嗜血菌均显示较强的抑菌活性，故金银花不仅有利于口腔溃疡的愈合，还可抑制口腔细菌繁殖。

治疗慢性咽炎：287 例慢性咽炎患者随机分为观察组（145 例）和对照组（142 例）。观察组用由金银花、野菊花等中药加工精制成的金菊提取液行超声雾化吸入；对照组采用常规抗生素雾化液超声雾化吸入。结果显示，观察组总有效率显著优于对照组（$P<0.05$），显效时间观察组显著短于对照组（$P<0.05$）。

八、金银花治疗骨科疾病

金银花可以用于治疗的骨科疾病有急慢性化脓性骨髓炎、脱骨疽、新鲜闭合性伸直型桡骨远端骨折等。

九、金银花在防治 SARS 中的应用

由于金银花具有广谱的抗菌、抗病毒和清热解毒、凉散风热的作用，因此在防治严重急性呼吸综合征（SARS）的工作中，金银花占了主导地位。国家中医药管理局推荐的防治 SARS 的中医处方中有一半以上的方药中都有金银花，所以表明金银花对本病的防治具有举足轻重的作用。方一：金银花 20g、连翘 15g、板蓝根 20g、川藿香 10g、防风 10g、贯众 15g、甘草 3g。每日 1 剂，连服 7d 为 1 个疗程。可预防 SARS 病的流行。方二：金银花 20g、板蓝根 20g、大青叶 20g、贯众 20g、野菊花 20g、甘草 20g。每日 1 剂，连服 7d 为 1 个疗程。用于对 SARS 病毒的预防和治疗。

十、金银花在中毒急救中的应用

金银花可用于毒蕈中毒，一氧化碳中毒，内吸磷（1059）、对硫磷（1605）等有机磷农药中毒等。

十一、金银花在治疗艾滋病中的应用

金银花可以辅助治疗艾滋病：用于艾滋病病毒感染急性期、艾滋病病毒感染无症状期、艾滋病相关综合征期（阴虚外感发热者、气虚外感发热者、气虚阳明热盛者、肺气阴两虚烦热者、湿热蕴结腹泻便溏者）、艾滋病期（痰热壅肺者、湿热壅盛者）、艾滋病常见兼挟症（皮肤瘙痒、丘疹脓疱、疱疹、口疮口糜、淋巴结病、卡波西肉瘤）等。

十二、金银花在消毒中的应用

现场试验 65 名志愿者，消毒前手上自然菌数平均为 525cfu/cm^2，经金银花洗手液原液擦拭消毒 1min，自然菌数平均为 20cfu/cm^2，平均降低对数值为 1.42，符合消毒合格要求。同时显示，该洗手液具有良好的抑菌效果，对细菌繁殖体抑菌环直径均达到 11mm 以上；杀菌作用快速，其原液对载体上 4 种细菌繁殖体作用 1min，平均杀灭率均达到 99.9% 以上。该洗手液对皮肤、黏膜无刺激性，且手感好，用后双手光滑舒适。

十三、银菊散结口服液治疗桥本病

慢性淋巴细胞性甲状腺炎，简称桥本病，是以甲状腺组织中大量淋巴细胞浸润和血清中出现大量抗甲状腺抗体为主要病理特征的自身免疫性疾病。该病早期没有明显临床症状，或仅有甲状腺肿大，易被忽视。近年来，发现该病已成为甲状腺疾病中最常见的一种类型。国外报道患病率为 3%~4%，国内报道患病率为 1.6%，常见于中年女性，临床资料显示发病有明显年轻化趋势。

该病是一种具有遗传倾向的器官特异性自身免疫性疾病，发病机制尚不明确。病变早期西医无药可治，只给以一些不对症的安慰治疗，后期多以糖皮质激素、免疫抑制剂或甲状腺素替代治疗，但疗效不佳，难以解除临床症状，且不能恢复甲状腺功能。患者常因得不到及时治疗而导致甲状腺自身抗体的持续升高，自身免疫性炎症不受控制，最终严重损

害甲状腺内的滤泡细胞结构及功能，导致一系列病变，如甲状腺功能亢进、甲状腺功能减退、甲状腺内结节、甲状腺腺瘤等，部分患者会发生甲状腺癌。

近年来，中医药治疗该病取得一定的效果，能调节甲状腺功能，显著降低抗体滴度，控制病情稳定，疗效确切。但没有中成药可用。银菊散结口服液是以金银花为主要药物组分的中药制剂，治疗桥本病，临床获得满意疗效。

银菊散结口服液：金银花、菊花、桔梗、夏枯草、麦冬、玄参等，制成口服液。每次20ml，每日2次，连续服用6个月为一个疗程。

治疗桥本病230例，其中男性34例，女性196例，平均年龄（37.41±21.65）岁，病程1～20年不等，合并甲状腺功能减退166例。

疗效结果：治疗3个月，显效150例，有效58例，无效22例，临床有效率为90.43%，抗体转阴114例，抗体转阴率为49.57%；治疗6个月，显效171例，有效49例，无效10例，临床有效率为95.65%，抗体转阴147例，抗体转阴率为63.91%。

201例甲状腺肿大患者中，164例甲状腺腺体有明显缩小或大小正常。

166例甲状腺功能减退者，153例恢复正常，其余13例也有不同程度的改善。

治疗前甲状腺微粒体抗体升高者173例，治疗1个月恢复正常59例，治疗3个月恢复正常81例；治疗6个月恢复正常107例，其余36例也有不同程度的降低，有效率达87%。

治疗前甲状腺球蛋白抗体升高者155例，治疗1个月恢复正常48例；治疗3个月恢复正常79例；治疗6个月恢复正常110例；其余45例也有不同程度的降低。有效率达89%，主要症状体征及化验指标均有不同程度的改善。

合并甲减者甲状腺激素变化情况（$\bar{x}\pm s$）：三碘甲腺原氨酸（T3）治疗前（74.43±20.84）ng/dl，治疗后（106.79±17.57）ng/dl；四碘甲腺原氨酸（T4）治疗前（4.12±1.37）ng/dl，治疗后（7.76±1.18）ng/dl；促甲状腺激素（TSH）治疗前（46.69±13.21）uIU/ml，治疗后（4.59±3.46）uIU/ml。

甲状腺微粒体抗体（TMAb）、抗甲状腺球蛋白抗体（TGAb）滴度的变化情况（$\bar{x}\pm s$）：TMAb治疗前为52.0±11.5，治疗1个月为35.1±7.3，治疗3个月为29.6±3.9，治疗6个月为23.1±4.2；TGAb治疗前为61.3±13.6，治疗1个月为43.2±5.9，治疗3个月为39.2±7.2，治疗6个月为31.3±6.9。

银菊散结口服液清热解毒，散结消瘿，切中病机，治疗桥本病取得较好的临床效果。该组方性味平和，均为药食同源药物，无毒副作用，长期服用安全、可靠。

十四、银菊散结口服液治疗甲状腺肿瘤

银菊散结口服液，口服，每次10ml，每日3次，连续服用1个月为一个疗程。

治疗甲状腺肿瘤178例，其中男51例，女127例；年龄7～73岁；病程10d至8年。临床多以颈部包块就诊，少数有包块疼痛、压痛、颈部不适、呼吸不畅、乏力等症状。声像检查示49例甲状腺囊肿（声像图示液性包块）、76例腺瘤囊性变（声像图示包块内以液性为主内混合强回声光斑、光团）、53例实质性腺瘤（声像图示均匀强回声或低回声）。93例做发射型计算机断层扫描仪（ECT）检查示，61例为“凉”结节，19例为“温”结

节，8 例为“热”结节，5 例为“冷”结节。

疗效结果：甲状腺囊肿 49 例，一个疗程治愈 1 例，两个疗程治愈 19 例，三个疗程治愈 11 例，四个疗程治愈 6 例，共治愈 37 例，治愈率为 75.51%。

甲状腺腺瘤囊性变 76 例，两个疗程治愈 3 例，三个疗程治愈 5 例，四个疗程治愈 8 例，五个疗程治愈 7 例，六个疗程治愈 8 例，共治愈 31 例，治愈率 40.80%。

甲状腺实质性腺瘤 53 例，治愈率低，但无一例服药期间瘤体继续增大者。

治愈的 68 例，经超声检查证实瘤体消失，31 例复查 ECT 示“结节”消失。62 例做甲状腺功能血清放射免疫检查，13 例 T3、T4 值升高、TSH 下降，3 例 T3、T4 值下降，TSH 显著升高，治疗一个疗程后 13 例 T3、T4 升高、TSH 下降者，T3 与治疗前相比，$t=3.889$，$P<0.001$，T4 与治疗前相比，$t=2.089$，$P<0.05$，TSH 与治疗前相比，$t=5.959$，$P<0.001$。3 例 T3、T4 下降、TSH 升高者，治疗两个疗程，检验值达正常水平。随访 5 年，68 例治愈者仅有 2 例于第 3 年复发。

银菊散结口服液对甲状腺囊肿及腺瘤囊性变有较好疗效。

十五、银菊散结口服液治疗乳腺增生

银菊散结口服液，口服，每次 10ml，每日 3 次，连续服用 1 个月为一个疗程。

治疗乳腺增生 638 例，疗效结果：一个疗程治愈 138 例，有效 478 例，无效 22 例，治愈率为 21.63%，有效率为 96.55%；两个疗程治愈 386 例，有效 112 例，无效 2 例，治愈率为 82.13%，有效率为 99.69%。

临床研究证实，银菊散结口服液具有明显改善内分泌功能、增强机体抵抗力作用，能双向调节甲状腺功能，适用于各型乳腺增生患者，对更年期综合征也有较好的疗效。银菊散结口服液解毒清热，散结消瘿，用于“乳癖”即乳腺增生患者，有满意疗效。

第二节　金银花在产品开发中的应用

随着国际市场的开放和种植的规范化，金银花、金银花制剂及其保健制品的需求量很可能增加。市场上常见的用金银花为原料生产的保健产品有忍冬酒、银花茶、忍冬可乐、金银花汽水、银花糖果和金银花牙膏等。

一、药品中的应用

1. 一种金银花三七含片（专利：101757080）

原料：三七粉、金银花粉、糊精、甘露醇、葡萄糖浆粉、蜂蜜冻干粉、硬脂酸镁。其特征是三七粉 3.0～4.0 份，糊精 15～25 份，甘露醇 25～35 份，葡萄糖浆粉 8～10 份，蜂蜜冻干粉 1.0～2.0 份，金银花粉 1.5～2.0 份、硬脂酸镁占总量的 10%，香精配比为 0.1～0.15 份。功效：抗疲劳，可以明显提高机体免疫力。

2. 一种抗病毒金银花中药复方制剂（专利：101293012）

原料：金银花、甘草、黄芩。功效：具有抗病毒、抗菌、解热镇痛、抗炎和祛痰的作用，用于治疗由外感风热、热毒内蕴所致的发热、咳嗽喘促、咽喉肿痛、口干等症状。也

用于治疗临床上呼吸道感染，急慢性扁桃体炎、肺炎、咽喉炎见上述证候者。

3. 金银花泡腾饮片（专利：101361585）

原料：金银花提取物作为其主要成分，泡腾剂是碱性颗粒和酸性颗粒混合制片而成，所述的碱性颗粒是金银花提取物、碳酸钠、乳糖、葡萄糖、甜味剂；所述的酸性颗粒是金银花提取物、维生素 C、柠檬酸、葡萄糖。产品特点：金银花泡腾片利用酸碱反应，使片剂迅速崩解成水溶液，人们在服用的过程中，既改变了片剂难以吞咽的特性，又改善了口感，使人们在享受喝饮料的过程中，增强了营养成分的吸收。

4. 一种金银花配方颗粒（专利：101396417）

原料：金银花。制法：以金银花为原料，经过水提、减压浓缩、喷雾干燥等工艺流程制得金银花喷雾干燥粉，金银花喷雾干燥粉直接或和适量辅料混合后干法制粒得到金银花配方颗粒，本发明金银花配方颗粒每克含相当生药量 5g。

5. 一种含有金银花的咀嚼片（专利：101757079）

原料：金银花细粉状提取物 1～10 份；药用辅料 10～80 份；木糖醇 1～30 份。产品特点：金银花口嚼片，不经过胰岛素代谢，可以有效地控制血糖升高，为糖尿病患者提供了良好的临床用药。

6. 蜂胶金银花含片（专利：102048793）

原料：含 7%～20% 总黄酮的蜂胶，含 3.5%～10% 绿原酸的金银花，其中蜂胶和金银花的重量比为 2∶1。功效：防治咽喉、口腔疾病。

7. 金感胶囊（专利：101785796）

原料：金银花、穿心莲、板蓝根、蒲公英、对乙酸氨基酚、盐酸金刚烷胺和马来酸氯苯那敏。制法：制备时采用二次干燥的方法，既能在不影响成分变化的低温下较快地完成干燥工作，使颗粒干燥均匀，水分达到标准；又能在保证胶囊剂颗粒致密性较高的情况下，使颗粒无论是在性状方面还是在颗粒的各个量化指标方面都能满足规定标准。

8. 金银花口服液（专利：102048910）

原料：金银花、益母草、黄芩、黄连、白芍、牛蒡子、薄荷、荆芥、蒲公英、连翘、陈皮、青皮、生甘草、野菊花、紫花地丁、车前草、旱莲草。产品特点：药效高、使用方便，易于携带，既能治病又能防病。

9. 一种清咽的功能食品和药物（专利：101690584）

原料：金银花提取物 14.5～43.5 份，罗汉果提取物 40.3～120.9 份，菊花提取物 22.5～67.5 份，胖大海提取物 23.5～70.5 份，薄荷脑 2.5～7.5 份，辅料包括山梨醇、硬脂酸镁。功效：清热解毒，清利咽喉。

10. 一种金银花抗感茶（专利：101664520）

原料：金银花 255～285g、防风 125～145g、黄芩 125～145g、芦根 170～190g、蚤休 125～145g、薄荷 80～100g、柴胡 125～145g、麻黄 80～100g、鱼腥草 255～285g、荆芥穗 80～100g、葛根 80～100g、青黛 76～86g 和大青叶 80～100g。功效：解肌发表和疏风清热的功效，用于风寒型感冒，头痛发热，恶寒身痛，鼻塞流涕，喉痒和咳嗽咽干。

11. 一种清暑解毒的食药两用复方制剂（专利：102068480）

原料：金银花 1～100g，菊花 1～100g。功效：清暑解毒，抗菌消炎，解热，保肝，调脂等。用于夏季中暑，脏腑有热，身体不适，口渴多饮，或用于瘟毒流行，发热，口渴。

12. 一种治疗脚鸡眼的复方配剂（专利：101879267）

原料：金银花10～20份，水杨酸10～20份，鸦胆子10～20份，地丁10～20份，皂角刺10～20份，密陀僧10～20份，香樟根8～15份，罗汉果叶8～15份，罗汉松根8～15份，山豆根8～15份，茄根8～15份，轻粉4～8份，威灵仙4～8份，五倍子4～8份，土槿皮4～8份，白芷4～8份，女贞叶1～5份，鱼腥草1～5份，漆大姑1～5份，芦荟1～5份，薄荷油1～5份，无水乙醇150份。功效：排毒、消炎杀菌、修复、再活化皮肤细胞，促进表皮微循环使皮肤细腻，达到标本兼治脚鸡眼的效果。

13. 哺乳保健药贴（专利：112003）

原料：金银花、白芷、蜂花粉、王不留行、珍珠粉。功效：清热解毒，疏通乳络，止痛消痈。用于治疗乳腺炎等。

14. 一种具有祛痤疮功能的药物组合物（专利：101897785）

原料：金银花、大黄、栀子、桑白皮、白芷、枇杷叶。功效：清热解毒，用于治疗痤疮等。

15. 一种洁牙药物组合提取物（专利：102018887）

原料：金银花、茵陈、田基黄、田七、薄荷、菊花、银耳、玉竹、干柠檬片。功效：美白牙齿和预防口腔疾病。

二、食品中的应用

（一）金银花酒

1. 金银花山葡萄酒

组成：山葡萄原酒、金银花。

2. 金银花保健白酒

原料：金银花、高粱曲酒、丹参、红花、木瓜、牛膝、冰糖等。功效：活血通脉，益气通络，宁气止痛，对风湿、关节痛、腰腿痛、跌打损伤等具有良好的治疗和保健作用。

3. 金银花、黄酒保健饮料

原辅材料：糯米（新鲜无霉变），淀粉含量60%以上，碎米粒<5%，水分<14%，精白度>90%，纯度100%，金银花（新鲜无霉变，无虫蛀，无开放头的花蕾，水分<15%），甜酒药，酒精酵母，糖化酶等。感官指标：①颜色棕黄色，清亮，有光泽；②具有黄酒和金银花的复合香气；③口味醇厚，酸甜适宜。

4. 保健啤酒及其生产方法（专利：101691531）

制法：麦汁煮沸阶段加入金银花热水提取物，在啤酒后酵液中加入金银花乙醇提取液。功效：良好的营养保健效果。

5. 戒烟露酒（专利：101810815）

原料：20～30度白酒、金银花、大青叶、鱼腥草、枸杞子、益智仁、黄精、桔梗、甘草。功效：补肾纳气安神，改善睡眠。

6. 一种含有金银花的降血脂养生酒（专利：102051313）

原料：金银花、灵芝、银杏叶、夏枯草、白酒（12%以上）。功效：降血脂。

7. 金银花酒（专利：101153256）

原料：白酒、金银花、枸杞子、甘草、白芷。功效：清热解毒、润肺止咳，祛风散寒。

8. 保健酒（专利：A61K35/78）

原料：白酒、金银花、枸杞子、龙眼肉、蚯蚓、蛤蚧、鹌鹑、冬虫夏草和糯米等。功效：补血滋阴，壮阳，益精明目，安神，驱蛔虫，防癌抗癌，定喘止咳，滋补五脏，延年益寿等。

9. 保健啤酒（专利：1310226）

原料：麦芽、大米、金银花、灵芝、冬虫夏草、莲子芯、菊花、蜂蜜、酒花等。功效：生津止渴，强身健体，泻心火，止咳化痰，清热解毒，健脾养胃，补肺益肾，健脑。

10. 痤疮外用中药制剂（专利：1634423）

原料：金银花、苦楝皮、防风、丹参、黄芩、白蘚皮、苦参、牛蒡、鱼腥草。功效：清热解毒，用于治疗痤疮等。

11. 复方痤疮药膏（专利：1709322）

原料：金银花、连翘、黄芩、黄柏、薄荷、甲硝唑、苯酚、水杨酸、乳膏基质。功效：将由痤疮、痤疮感染及瘢痕病症的皮肤深部提到浅部，浅部提到体外，最后瘀毒消失，愈后不再复发，大大提高人体免疫功能，愈后不留疤痕。

12. 防治感冒穴位贴（专利：1235019）

原料：金银花、薄荷、菊花、苍术、桑叶、冰片、大蒜等。功效：温经活血，祛风解表，疏通经络，用于治疗感冒。

13. 防治青春痘含片（专利：101313960）

原料：金银花、蒲公英、紫花地丁等。制法：金银花、蒲公英、紫花地丁，取浓缩液，制成浸膏粉与薄荷脑、维生素 C、结晶麦芽糖醇、葡萄糖、香精混合，充分搅拌均匀，干燥，杀菌，压片，包装，即成。

14. 一种含服祛除口腔异味的中药（专利：102068499）

原料：金银花、葛根、白芷、公丁香、藿香、荷叶、甘草、薄荷脑、蔗糖和糊精等。功效：用于祛除口腔异味。

15. 高效戒烟含片（专利：1559585）

原料：金银花粉、干生姜粉、芫荽粉、维生素 C 粉、丁香粉、甘草粉、矫味剂和绵白糖等。功效：清热解毒，补气安神，生津止渴。含片对舌部味蕾的刺激替代烟雾对味蕾的刺激，久而久之，使舌部味蕾及气管对烟的感觉淡化、钝化，从而彻底摆脱对烟草的依赖。

16. 高效戒烟口服液（专利：101073406）

原料：金银花、槟榔、银杏、甘草、红糖、豆浆等。功效：清热解毒，消除人体对尼古丁上瘾的依赖性。

17. 戒毒片（专利：1254572）

原料：金银花、党参、杜仲、粟壳、甘草等。功效：用于戒除阿片类滥用断药时的戒断综合征，主要用于吸食阿片类成瘾吸入或注入海洛因、杜冷丁、二氢埃托啡吗啡、可待因等成瘾者戒毒治疗。

18. 金蝉止痒制剂（专利：1843435）

原料：金银花、广藿香、连翘、白芷、青蒿等。功效：湿热、风热、血热引起的皮肤瘙痒、急性荨麻疹、丘疹性荨麻疹等。

19. 金银花草粉（专利：1843476）

原料：金银花、野菊花或菊花、蒲公英、鱼腥草、马齿苋、赤小豆或白茅根、栀子。功效：用于辅助治疗脱发病。

20. 金银花妇科炎症药液（专利：101062346）

原料：金银花、苦参、百部、蛇床子、椒目、甘草。功效：用于治疗滴虫性阴道炎。

21. 一种消炎杀菌中药复方外用涂敷液（专利：101249190）

原料：金银花、黄芩、红花、黄芪、川芎、诃子、大黄和血竭。功效：杀菌消炎，使创口快速愈合，用于皮肤溃疡、褥疮，尤其适合糖尿病合并多发性皮肤溃疡的患者。

22. 纳米栀子金花制剂药物（专利：1368206）

原料：纳米金银花、纳米栀子、纳米黄连、纳米黄苏、纳米黄柏、纳米大黄、纳米知母、纳米天花粉。功效：用于蛛网膜下腔出血、阿弗他性口腔炎、牙周炎、牙龈炎、急性咽炎等。

23. 排毒戒烟胶囊（专利：101366929）

原料：金银花、蒲公英、竹沥、甘草、鱼腥草、桑叶、菊花、麦冬。

24. 清明眼药水（专利：1100P53A）

原料：金银花、野菊花、桑叶。功效：清热解毒，退赤消肿。用于结膜炎，角膜炎，虹膜睫状体炎，巩膜炎，前房积血。

25. 祛痘美白胶囊（专利：1640476）

原料：金银花、丹参、枇杷叶、白茅根、桑白皮、生槐花、薏米仁、芦荟、枳壳、白术、黄连。功效：杀灭细菌，防止暗疮，祛除各种痘痘及防止痘痘部位再次感染，加强细胞再生，活跃皮肤的弹性，去脂爽洁，能迅速令各种痘痘、暗疮收缩和凋谢，修正并避免毛孔变粗大，多种中药成分抗感染能力强，能有效地达到祛痘美白洁肤的目的。

26. 三花疱疹药液（专利：101129534）

原料：金银花、野菊花、凤仙花、白藓皮、蛇床子、水杨酸等。功效：清热解毒，消炎止痒，用于治疗带状疱疹。

27. 无糖银花感冒颗粒（专利：101433594）

原料：金银花、连翘、防风、桔梗、甘草。产品特点：不含糖，适合糖尿病患者服用。

28. 一种女士专用的祛粉刺中药配剂（专利：101574465）

原料：金银花、土茯苓、白果、苦参、当归、白术、丹参、丹皮、黄芩、灵芝、红花。功效：用于治疗女性粉刺，对皮肤刺激作用小，无明显毒副作用。

29. 用于治疗脚气的药物（专利：1765394）

原料：金银花、狼毒、白鲜皮、苍术、苦参、防风、白蒺藜。功效：祛湿止痒，收敛生肌，适用于由真菌引起的各种脚气患者，能使水泡吸收、干燥鳞甲软化脱落，修复表皮肤，软化组织，达到抑制真菌感染的目的。

30. 治疗脚气的药物（专利：101884680）

原料：金银花、乌梅、炉底、枯矾。功效：外用，避免口服药物的毒副作用，治疗效果好，疗程短，治愈率高，不易复发。

31. 二花酒（专利：1159348）

原料：金银花、大青叶、射干、龙葵、枣花、蜂蜜、冰糖等。功效：活血，壮神，御寒，辟邪，逐秽，暖五脏。

32. 金杞酒（专利：1635098）

原料：白酒、金银花、枸杞子、乌梢蛇、白芷、木瓜、良姜、薏苡仁等。功效：清热，解毒，使其可达到滋肾、润肺、补肝、明目、坚筋耐老、除风、补益筋骨的功效。治中风眩晕，虚劳。

33. 金银花酒（专利：1563331）

原料：金银花、枸杞子、甘草、白酒。功效：金银花清热解毒，枸杞子益精明目，甘草润肺止咳，使人们在享受美味的同时起到滋补保健作用。

34. 金银花酒（专利：C12G 3/04）

原料：金银花、枸杞子、茯苓、原料酒。功效：降脂减肥，清热明目及补虚。

35. 金银花酒（专利：1544603）

原料：金银花、枸杞子、甘草、麦冬、菊花、灵芝等。功效：清热解毒，润肺止咳，补肾壮阳，滋肝明目等。

36. 金银花啤酒（专利：1451735）

原料：啤酒中含有0.2%~0.5%重量比的金银花原液成分，金银花原液中含有1%~5%的绿原酸。功效：增强人体免疫功能，消暑，抗病毒，散热等。

37. 菊蒿银花酒（专利：1488745）

原料：白酒、金银花、菊花、青蒿、蒲公英、桔梗。功效：治疗风湿性关节炎、肩周炎、扁桃腺炎、痔核发炎、咽炎、喉炎、鼻炎、口腔炎症及溃疡、腹痛、腹泻、胃痛、闷胀、前列腺增生、颈椎病及多年久治不愈难症、腰酸背痛、头晕头痛、牙痛、舌痛、眼痛、耳痛、咳嗽、声音沙哑、皮肤痒痛、小便阴茎痛、疔疮、疖疮、痱子、无名肿毒、刀伤、撞伤、跌伤出血、肿痛及瘀血、腰腿手脚扭跌伤、蚊虫咬伤、烂脚丫等。

38. 具有抗癌止痛作用的药食两用酒（专利：101618165）

原料：金银花、土茯苓、红糖、糯米、薏米仁。功效：抗癌止痛。

39. 一种金银花啤酒（专利：1396253）

原料：大麦芽、大米、酒花、水、金银花、甘草、枸杞子。功效：营养滋补，保健作用强。

40. 银麦啤酒（专利：1074478）

原料：麦芽、大米、金银花等。功效：口感清爽，苦味小而柔和，具有金银花香，保健作用强。

（二）饮料、凉茶

1. 金银花晶

配方：干金银花15kg，白砂糖55kg，柠檬酸2kg，苹果酸1.5kg，柠檬酸钠0.4kg，苯甲酸钠6g，柠檬黄0.2g。

2. 金银花、红茶复合保健饮料

原料：金银花、红茶提取液、蔗糖、柠檬酸等。功效：消炎解毒，清热解暑，降脂明目。

3. 金银花、菊花、甘草复合保健凉茶饮料

原料：金银花汁20%，菊花汁15%，甘草汁10%，柠檬酸0.12%，白砂糖10%。感官指标：产品呈金黄色，均匀一致；无杂质，口感爽口，具有金银花、菊花、甘草的天然风味，无不良风味。

4. 金银花绿茶复合饮料

原料：金银花提取液6%，白砂糖7%，柠檬酸0.02%，绿茶提取液18%，维生素C 0.03%。感官指标：色泽（黄绿色中略显红褐色）；组织形态（澄清透明，无肉眼可见的细小颗粒）；滋味气味（具有金银花和绿茶特有的滋味气味，酸甜适度，协调柔和，无其他异味）。

5. 苦瓜、金银花、淡竹叶复合保健饮料

原料：最佳配比为25%苦瓜汁，1.5%金银花浸出汁，1%淡竹叶浸出汁，8%糖浆。功效：具有除湿，利尿，清热解暑之功效，是一种适用于夏季的清凉型功能性饮品。

6. 金银花罗汉果苦瓜保健饮料

原料：金银花、罗汉果、苦瓜、甘草、砂糖、柠檬酸、蜂蜜。感官指标：浅黄色，明亮，酸甜适口，甘凉清爽，香气柔和，苦瓜滋味显著，口感好，混浊均匀，不分层，无沉淀，风味独特，风格典型。

7. 银杏叶金银花保健饮料

原料：金银花、银杏叶。配料有白糖、冰糖、蜂蜜、阿斯巴甜、柠檬酸、苹果酸、羧甲基纤维素钠（CMC-Na）、果胶、黄原胶、β-环状糊精（β-CD）。功效：清热解毒和润燥。

8. 苦瓜金银花复合饮料

原料：苦瓜、金银花、白砂糖、柠檬酸、食盐、海藻酸钠、β-环糊精。感官指标：清香纯正，具有苦瓜和金银花特有的混合风味，酸甜适口，味道纯正。

9. 双花杏仁复合保健饮料

原料：金银花、菊花、苦杏仁及蜂蜜等。感官指标：产品呈乳白色，均匀一致，无杂质，口感细腻柔和，具有金银花、菊花的天然植物清香及苦杏仁的天然果香味，无不良风味。

10. 双花茶

原料：金银花、菊花各10g，枸杞子50g，蜂蜜适量。功效：清热明目。制作：将金银花、菊花、枸杞子，加热水冲泡，再加蜂蜜，即可饮用。

11. 花露玉液

原料：金银花30g，玫瑰花15g，菊花、玉竹各12g，山楂10g，蜂蜜250g。制作：将金银花、玫瑰花、菊花、玉竹、山楂放入砂锅中，加水350ml，加盖，置大火上烧沸，3min后滤取药液一次，再加250ml的水煎熬，再滤汁一次。将两次药液混合、过滤，加入蜂蜜搅匀即可。功效：适用于风热感冒而兼见阴液素亏、胃纳不佳、口燥、便秘者。

12. 银花山楂饮

原料：新鲜金银花100g，新鲜山楂100g，蜂蜜200g。功效：清热解暑，消积，生津。口感酸甜，如置冰箱冷藏，夏日饮用更觉爽口。制作：金银花和山楂洗净，加水熬煮30min，用纱布滤去渣；再把银花山楂汁煮沸，逐渐调入蜂蜜，至蜂蜜完全溶解；冷却后沉淀、过滤，置冰箱即可。

13. 金银花茶

原料：金银花30g，板蓝根20g。功效：消炎，止痛，适用于腮腺炎并发热症者。制作：金银花、板蓝根共加水煮30min，以汁代茶，频饮。

14. 金银花藿香茶

原料：鲜金银花10g，鲜藿香10g。功效：开胃，降暑。适用于夏季酷热，食欲不振。制作：开水冲泡金银花和藿香，代茶频饮。

15. 银翘茶

原料：金银花、连翘、大青根、芦根、甘草各9g。功效：败毒，消炎，有预防乙脑，流脑之功。制作：上述五味加开水冲泡或水煮，代茶饮，每日1剂，连饮3～5剂。

16. 银花甘草茶（青春痘药茶）

原料：金银花30g，甘草5g。功效：适用于水痘轻症。制作：以上二品，加水煮30min，以汁代茶饮。

17. 银花蝉衣茶

原料：金银花30g，甘草10g，蝉衣10g。功效：适用于风热型荨麻疹。制作：以上三品，开水冲泡，代茶频饮。

18. “二花”清暑饮

原料：金银花250g，菊花250g，山楂250g，蜂蜜250g，食用香精10g。功效：清热解暑，开胃增食。制作：先将金银花、菊花、山楂，加水2500ml，文火煮1h，去渣留汁，蜂蜜入锅中文火炼制微黄，粘手成丝，缓缓倒入药汁内，和匀，过滤，加香精。

19. 双豆银花饮

原料：绿豆、赤小豆各20g，金银花9g。功效：清热解暑，清暑利湿，为防治痱子的食疗便方。制作：上述三品加水煮至豆烂熟，去金银花，吃豆饮汤，可用白糖调味，不拘时食用。

20. 金银花茶饮料（专利：101642177）

原料：金银花、菊花、大枣、甘草和仙草。功效：清热解毒，降火润喉，润肺，生津止渴，补气利水。

21. 金银花绿茶（专利：101904389）

原料：金银花、绿茶、甘草、白糖、食品添加剂。功效：提神醒脑，提高免疫能力，抗病毒，抗菌，抗炎，减轻疲劳，改善新陈代谢，降低血糖，降血压，抗衰老，抗癌，防癌、促进食欲，保护胃。

22. 一种健康长寿杜仲金银花茶（饮料）（专利：101919471）

原料：杜仲块片、杜仲叶、金银花、水和蜂蜜等。功效：补肝肾，强筋骨，降血压，抗菌，抗病毒，增强免疫功能，抗炎，解热，又能增强机体免疫功能。

23. 一种金银花润喉茶（专利：101940246）

原料：金银花、麦冬、桔梗。功效：清热解毒，祛暑生津，养阴润燥，清心除烦，利咽祛痰，提升肺气。可治疗咽炎、喉疼、咳嗽、咽喉干痒等多种咽喉不适症状。

24. 一种金银花草本植物茶及饮料（专利：101253907）

原料：金银花、淡竹叶、白茅根、芦根、栀子、甘草、菊花。功效：清热解毒，降火生津。用于治疗上火、口舌生疮、小便赤黄、心烦、心悸、失眠、口干口臭、牙齿肿痛等。

25. 金银花凉茶（专利：101273778）

原料：金银花、蒲公英、野菊花、甘草。功效：清热解毒，消暑泻火。用于防治中暑、感冒、肠炎、痢疾等。

26. 一种含金银花、罗汉果的保健饮料（专利：101427764）

原料：金银花、罗汉果等。功效：清咽，保肝，降血脂和抗氧化作用。

27. 一种金银花槐米茶饮料（专利：101449725）

原料：金银花、槐米、葡萄糖、调味剂等。功效：清热解毒，凉血抗炎，预防治病，无病强身，消暑解渴。还可以补充水分，抗疲劳，降血脂，调节生理机能。

28. 金银花饮（专利：101554242）

原料：金银花、胖大海、枸杞子、红枣、液体木糖醇、三氯蔗糖、安赛蜜、果胶等。功效：消暑解渴，健脾润胃，补血滋阴，疏解肝郁，抑菌，抗病毒，抗炎，解热调节免疫等。

29. 金银花保健饮料（专利：101647556）

原料：金银花、红花、蜂蜜、柠檬酸等。功效：清热解毒，抗菌消炎，增强机体免疫力等。

30. 金银花复合饮料（专利：101716005）

原料：金银花、决明子等。功效：清热解毒，疏散风热，保肝，降压。

31. 金银花型清凉饮料（专利：101731702）

原料：金银花、菊花、桂花、甘草、山楂、绿豆。功效：生津止渴，保健养生。

32. 一种绞股蓝金银花茶（专利：101803647）

原料：绞股蓝、金银花、玫瑰花和茶叶。功效：有效缓解脾胃不适，苦味低，功效强。

33. 一种清热败毒保健茶（专利：101911997）

原料：金银花、板蓝根、紫苏叶、贯众、甘草、荆芥、绿茶等。功效：清热解毒。

34. 金银花绿茶（专利：101485371）

原料：金银花、绿茶、菊花、薄荷、甘草粉、木糖醇等。功效：抗毒，抗炎，解内热，清肝明目，兴奋中枢神经等。

35. 金银菊复合吸品（专利：101496635）

原料：金银花、白菊花、茶叶、甘草、溪黄草、仙草、罗汉果等。功效：清新明目，健脾化痰，消除疲劳，抑制和兴奋中枢神经。

36. 金竹茶（专利：101874533）

原料：金银花、竹叶、藕节、枸杞子、大枣、绿茶。功效：清热祛火，凉血止血，养血安神，迅速使血小板增多。

37. 速溶润喉茶（专利：101243866）

原料：金银花、茶叶、胖大海等。功效：润喉清嗓。

38. 一种祛火茶（专利：101912011）

原料：金银花藤、菊花、葛根、黄花菜、莲心和茶叶。功效：清热祛火，宣肺化痰，排毒。

39. 一种预防和治疗感冒的保健茶（专利：101972418）

原料：金银花、连翘、桑叶、芦根、大青叶、生石膏、柴胡、甘草、普洱茶。功效：清热解表，辛凉透表，用于预防和治疗感冒。

40. 保健养生茶（专利：101991101）

原料：红茶、金银花、菊花、茉莉花、决明子。功效：清热解毒，清肝明目，利水通便。用于头痛口渴，咽喉肿痛。

41. 金银花露饮料（专利：1557225）

原料：金银花、薄荷等。功效：生津止渴，清热解毒，排毒养颜。

42. 一种金银花果醋饮料（专利：101191115）

原料：金银花、黄姜、大枣、丹参、枸杞子、罗汉果、甘草等。

43. 长寿保健茶（专利：1554255）

原料：金银花、西洋参、生大黄和肉苁蓉。功效：清热解毒，扶正固本，补肾醒脑，健脾和胃，延缓衰老，提高人体免疫功能。

44. 儿童保健茶（专利：1124577）

原料：金银花、连翘、枸杞子、甘草。功效：清热开胃。

45. 喉爽保健茶（专利：137761）

原料：金银花、菊花、胖大海、甘草、麦门冬等。功效：防治咽喉干燥疼痛，肺热声哑，有补脾益气，润肺止咳。

46. 降火茶（专利：101455248）

原料：金银花、栀子、葛根、五叶参、莲心、茶。功效：清热祛风，理气，宣肺化痰，排毒。

47. 降糖茶（专利：1228261）

原料：金银花、甜叶菊、苦瓜。功效：清热解毒，散风，抗菌，加强降糖，促进新陈代谢和强身健体。

48. 降血脂茶（专利：101491333）

原料：金银花、菊花、淡竹叶、枸杞子、山楂、决明子等。功效：降血脂。

49. 餐饮系列饮料——清凉饮料（专利：1252958）

原料：金银花、薄荷、乌梅、荷叶、甘草等。功效：疏散风热，清头目，利咽喉，解暑热，润肺，利水。

50. 一种预防和治疗太阳经范围青春痘的茶饮料（专利：1915062）

原料：金银花、菊花、全冬瓜、绿豆、赤小豆、薏仁米、陈皮、生姜。功效：预防和治疗太阳经范围青春痘。

51. 菊银花茶（专利：1511463）

原料：金银花、菊花、薄荷、甘草、苍术、沙参。功效：抗菌，抗病毒。

52. 一种治疗慢性气管炎的保健茶（专利：102038925）

原料：金银花、杏仁、黄梨干、枇杷叶、核桃仁、甘草、艾叶、姜片、红枣、麦冬、百合、蒲公英、薄荷、栀子、知母、贝母、茶叶、蜂蜜。功效：消除肺部炎症，活瘀散结，止咳宣肺，生津理气。用于治疗慢性气管炎等。

53. 美容保健茶（专利：1475128）

原料：金银花、黄菊花、白菊花、玫瑰花、草决明子、荷叶。功效：提高人体免疫力，延缓衰老。

54. 五花减肥茶（专利：101044877）

原料：金银花、菊花、槐花、玫瑰花、茉莉花、绿茶等。功效：降血脂，降血糖，降血压，滋补肝肾，润肺，保肝，补脾益气。

55. 东杏凉茶（专利：1221569）

原料：金银花、杭菊、通大海、青果、麦冬、枸杞子、苦丁茶。功效：清热解暑，生津止渴，润喉利咽，清心除烦。

56. 防感保健凉茶（专利：101438749）

原料：黄芩、枸杞子、艾叶、干姜、金银花、百合花、甘草。功效：用于治疗感冒引起的头痛、咳嗽、流涕等。

57. 金蒲杞凉茶（专利：101069560）

原料：金银花、蒲公英、枸杞子等。功效：提高机体免疫功能，改善血液循环，提高对心脑的供血、供氧能力，提高细胞、组织生理功能，防辐射，安神，解惊，解毒。预防和治疗高血糖、高血压、高血脂、心脑血管病等。

58. 金银花、山楂、乌梅、复合汁饮料

原料：金银花、山楂、乌梅、白砂糖、柠檬酸等。色泽：暗红色略显红褐色。滋味：具有复合汁独有的滋味，味感调和，酸甜适中无异味。风味：具有新鲜原料的特有香气，香气协调，柔和。组织状态：果汁均匀一致，质感适宜、细腻，无分层现象。功效：开胃解暑。

59. 玉竹金银花复合饮料

原料：玉竹、金银花、蔗糖、蜂蜜、柠檬酸等。功效：清嗓利咽，生津止渴，美容养颜。

60. 一种金银花红茶的制作工艺（CN107087699A）（山东康花生物开发有限公司）

具体步骤如下。

1）采青，采摘上部膨大、长成棒状，呈青白色的金银花。

2）萎凋，将采摘的金银花放入萎凋槽内，向萎凋槽内鼓入热风，热风温度40～50℃，加热时间为1～3h。

3）一次揉捻，将萎凋后的原料放入揉捻机自然压实揉捻20～30min，揉捻机转速为25～40r/min。

4）摊晾，将一次揉捻后的原料室温摊晾 1～2h。

5）二次揉捻，将摊晾后的原料放入揉捻机揉捻 20～30min，揉捻机转速为 50～60r/min，压力为 60～80N，观察出水量。若该步骤无出水现象，则进入发酵工序；若该步骤有出水现象，重复步骤至无出水现象。

6）发酵，将揉捻合格后的原料与益生菌菌种混合均匀，置于发酵室内发酵，湿度为 85%～95%，20～25℃发酵 2～3h，然后升温至 28～30℃发酵 1～2.5h，发酵完毕，向发酵后的原料上喷洒维生素水溶液。

7）烘干，将上述原料鼓风烘干，烘干温度为 110～130℃，烘干时间为 1.5～2.5h，通风量为 3～5m^3/h。

8）烘焙，将烘干后的原料置于烘焙机中 110～130℃烘焙 1.5～2.5h，得金银花红茶。

61. 一种金银花红茶的制作工艺（CN104255967A）（山东农业大学）

具体步骤如下。

1）采摘开放的金花期、银花期或待开放的大白期的金银花作为原料。

2）将金银花先铺在竹筛盘内，厚度 4～6cm，经日光萎凋 4～8h，当温度低、湿度大时，适当降低摊花厚度；当温度高，湿度小时，则适当增加摊花厚度。在萎凋时控制花堆中心温度不超过 35℃，以免影响产品风味当金银花呈萎蔫状态，水分散失至 60% 时为萎凋适度。

3）使用揉捻机揉捻 20～30min。

4）将经揉捻的金银花在室温下氧化变色，花堆中心厚度 10cm，时间 4～6h，每 0.5h 人工翻动花堆，当金银花红变均匀，青气消失，甜香浓郁带花香时为适度。

5）80～85℃下微波干燥 3～4min，微波干燥至手握花有刺手感，取出后摊晾 10～20min。

6）提香温度为 90～95℃，时间 30～45min，取出摊晾制得金银花红茶。

（三）酸奶

1. 金银花功能性酸奶

原料：金银花汁：牛奶=0.05：1，接种量为5%，加糖量为8%。感官指标：乳白色，均匀一致，无分层、无气泡及沉淀现象，具有金银花的味道和浓郁的乳酸菌发酵酸奶香味，无异味，酸甜适中，口感细腻润滑、柔和。特点：金银花功能性酸奶和普通的酸奶在外观和风味上并无太大的不同，金银花本身的味道不强烈，有微苦的口感，金银花本身拥有较强的药理作用，尤其适宜夏季食用。

2. 香菇、银耳、金银花复合保健酸奶

原料：香菇、银耳、金银花；鲜牛奶（当天鲜奶）；白砂糖；稳定剂。菌种：保加利亚乳杆菌和嗜热链球菌（实验室保藏菌种）。功效：增强营养，提高人体免疫力。

3. 薄荷金银花酸奶

原料：薄荷、金银花、鲜牛奶、保加利亚乳杆菌、嗜热链球菌。感官指标：兼具薄荷的清凉和金银花的芳香，奶香浓郁，组织状态良好，口感丰厚润滑。配比：鲜牛奶中加入体积分数为5%的薄荷汁，10%的金银花汁，质量分数为8%的蔗糖，接种量为7%，42℃

发酵9h，0～4℃冷藏12h，酸奶风味最佳，并且符合食品卫生微生物国家标准GB 2746—2012。

4. 一种保健奶（专利：101720815）

原料：金银花、雪莲、当归、甘草和鲜奶。功效：服用方便，保健，防病治病。

（四）粥、汤品

1. 金银花粥

原料：金银花30g，粳米30g。功效：此粥有较好的清热解毒功效，可用于防治夏令中暑，以及各种热毒疮疡、咽喉肿痛、风热感冒等。制作：金银花加水适量煎取浓汁，入粳米，再加水300ml，煮为稀薄粥。

2. 金银花绿豆粥

原料：金银花10g，绿豆30g，大米100g，白糖30g。功效：此粥具有清热祛风、生津止痒的功效，对风热外侵型皮肤瘙痒症有较好疗效。制作：将金银花、绿豆、大米淘洗干净，去泥沙；大米、绿豆同放锅内，加清水适量，置武火上烧沸，再用文火煮30min；加入金银花、白糖，再煮5min即成，每日1次。

3. 金银花莲子粥

原料：新鲜的金银花50g，莲子50g，粳米100g，冰糖适量。功效：清热解毒，健脾止泻，既有清热之力，又有补益之功，对感冒乏力和预防中暑有特殊的功效。制作：金银花洗净，在开水中焯后，挤干水分待用；莲子、粳米洗净，加水煮粥；待粥快成时，加入金银花和冰糖，稍煮即成。

4. 金银花蜂蜜饮

取金银花15g，白萝卜150g，将白萝卜洗净，去皮，切片，加水适量同金银花同煮，取汁，加入适量蜂蜜饮用，具有清热润肺，化痰止咳的功效。

5. 金银花梨水

金银花10g，梨一只，新鲜藕100g，白砂糖适量。先将梨、藕洗净去皮，切片备用，金银花加入水适量，煎煮取汁，再加入梨，藕煮熟后，白砂糖调服，具有清热解毒、润肺止咳的功效。

6. 金银花川贝汤

金银花、西洋参、川贝各10g，梨1只，蜂蜜适量，将梨洗净后切块，与上述诸药同放锅中，加清水适量，煎汤去渣取汁，蜂蜜调服，具有润肺止咳，益气养阴的功效。

7. 银花杞菊虾仁

原料：新鲜的金银花50g，虾仁150g，枸杞子30g，白菊花20g，鸡蛋清一个，生姜、黄酒、豆粉、白糖、味精、盐适量。功效：清热解毒，益肝明目。金银花、枸杞子、白菊花都有清肝明目和抗衰老的功效。三者与虾仁同炒，不但味美，且透出菊花和金银花之清香。制作：金银花煎汁、去渣；枸杞子泡胀，白菊花取瓣洗净；虾仁水洗后，加蛋清、豆粉、盐和金银花汁拌匀；当锅中油五成热时，将虾仁倒入，再加入枸杞子和菊花花瓣同炒，加适量味精调味，熟后即可。

8. 双花炖老鸭

原料：雄鸭一只，金银花、生地黄、熟地黄、玉竹各30g，葱结2只、生姜3片、黄酒、盐、味精、胡椒粉适量。功效：养阴生津，清热润燥，抗衰老。金银花能清热解毒，生地黄能凉血补阴，熟地黄可补肾益精，玉竹能养阴润燥，此四味与具滋阴养胃功能的雄鸭共煨，更增加养阴生津和清热润燥之功效。地黄中的低聚糖能通过刺激机体产生粒单系集落刺激因子（CSF），刺激骨髓造血干细胞，增加外周血细胞数。此外还能诱导白细胞介素-2和干扰素的生成，增加人体的免疫力。玉竹中的甾体皂苷POD-Ⅱ能诱生集落刺激因子、增加巨噬细胞的吞噬功能，以及增加血中超氧化物歧化酶（SOD）的活性而延缓衰老。制作：雄鸭去毛、尾和内脏，洗净待用；金银花、生地、熟地、玉竹洗净，和葱结、生姜、黄酒、胡椒粉等一起填入鸭腹内，用针线缝住鸭切口处；把鸭放入砂锅，注入清汤，以盐、胡椒粉、味精和黄酒调味，小火煨炖，熟烂即可。

9. 银花虾仁豆腐

原料：新鲜的金银花30g，豆腐300g，虾仁100g，竹笋尖50g，青豆50g，鸡汤、盐、味精、胡椒粉、生姜、葱白适量。功效：清热润燥，解郁除烦。金银花有清热解毒的功能，豆腐能解热除烦，竹笋能润肠，与虾仁、鸡汤共煨，不但气香味美，而且更增加清热润燥和生津解郁的功效。此外，豆腐中的异黄酮还有抗氧化合防衰老作用。制作：金银花洗净，在开水中焯后，挤干水分；虾仁洗净，竹笋切丁待用；锅中油热时，先把生姜、葱白煸出香气；再倒入虾仁、笋丁和青豆共炒；再把虾仁、笋丁和豆腐等一起放入砂锅，倒入鸡汤，再加上盐、味精、胡椒粉和金银花共煨。

10. 金银花甘草粥

原料：鲜金银花50g（或干品30g），甘草20g，粳米100g。功效：消炎，攻毒，可治疗疮热毒等。制作：金银花、甘草加水煮1h，过滤取汁，加粳米制成粥食用。

11. “三鲜”粥

原料：鲜金银花、鲜扁豆花、鲜丝瓜花各10朵，粳米50g，白糖适量。功效：败火，祛暑，适用于暑伤气阴。制作：上述3鲜花，加水，煎煮10min，过滤取汁，加米煮粥，白糖调味。

12. 银花蜡梅汤

原料：金银花10g，蜡梅花10g，绿豆30g。功效：治疗水痘重症。制作：先将金银花、腊梅花加水煎取汁；绿豆加水煮至极烂，然后倒入花汁，稍煮，食豆饮汤。

（五）口香糖

1. 荷叶金银花保健口香糖

原料：胶基28%，荷叶提取液10%，金银花提取液10%，氟化钙1.4%，山梨醇粉28%，甘露醇20%，甘油2%，香料0.56%，阿斯巴甜0.04%。功效：在口香糖生产中添加荷叶、金银花提取液，除增加营养价值外，赋予口香糖许多特殊的功效。对牙周炎、口臭、牙龈红肿，口舌生疮、咽喉肿痛等易发的口腔疾病有一定的疗效，特别是对口腔卫生起到一定的“保洁”作用。

2. 金银花口香糖（专利：1437862）

原料：金银花等。功效：清热解毒，消炎退肿。

3. 高效易吸收的金银花口香糖（专利：101965895）

原料：金银花粉等。功效：清热去火，杀菌抗炎。

4. 一种金银花口香糖（又称胶姆糖、泡泡糖）（专利：1994106）

原料：金银花等。功效：清热败火等。

5. 清火口香糖（专利：101243825）

原料：金银花、胖大海等。功效：预防慢性咽炎和咽喉肿痛等。

6. 防龋齿口香糖（专利：1316271）

原料：金银花、木糖醇、山梨糖醇、酪蛋白磷酸肽等。功效：清热解毒，抑菌，减少龋齿菌传染，保护牙齿。

7. 防治龋齿功效的口香糖（专利：101062118）

原料：金银花粉、茶多酚、虎杖粉、维生素C、软磷脂、木糖醇、胶基等。功效：防治口腔疾病，如龋病、牙周炎、口臭等。

8. 抗龋护齿口香糖（专利：A23G 3/30）

原料：金银花、甘草等。功效：抗龋护齿。

9. 防龋香口胶（专利：1459307）

原料：金银花、茶多酚、薄荷脑、白豆蔻、木糖醇、山梨醇、阿斯巴甜、胶姆、胶基。功效：消除致龋因素，维护口腔生态平衡。

10. 健喉清音口香糖（专利：1335086）

原料：金银花、薄荷、甜菊糖苷、胶基、香糖、甘油等。功效：治疗咽喉肿疼，声音嘶哑，口疮。

11. 一种清凉糖丸（专利：101869168）

原料：金银花、甘草、薄荷等。功效：清凉润喉。

（六）其他

1. 金银花保健冰淇淋

原料：金银花、全脂奶粉、人造奶油、白砂糖、乳化剂、稳定剂等。功效：抗菌，抗病毒，解热，抗炎，降低胆固醇，增强人体免疫功能等多种作用，可有效预防中暑、感冒及肠道传染病等。

2. 金银花清热解毒冰淇淋

原料：金银花、芦根、白砂糖、全脂淡奶粉、奶油、鲜蛋、麦芽糊精、复合乳化稳定剂404、香精。特点：清热解毒，生津止渴，既具有营养又具有消暑功能的冷冻食品。

3. 一种生姜和金银花复合口味软冰淇淋浆料（专利：101683108）

原料：金银花、生姜、糖、奶粉、植脂末、卵磷脂、蔗糖酯、魔芋胶等。功效：养颜抗衰防老，促进体内糖代谢，清除疲劳。

4. 金银花和生姜复合软糖

原料：生姜、金银花、白砂糖、葡萄糖、明胶、黄原胶、琼脂等。感官指标：酸甜适口、甜味绵长，口感细腻、软糯，不粘牙，有嚼劲，具有生姜和金银花的独特风味。

5. 金银花三色软糖

原料：金银花、白砂糖、葡萄糖浆、果胶酶、卡拉胶、香料等。功效：消炎止痛，润喉护嗓，消除口臭。

6. 金银花软糖

原料：金银花、白砂糖、葡萄糖、果胶、卡拉胶、柠檬酸。配方：①果胶金银花软糖的最佳配方为果胶1.9%，白砂糖10.7%，葡萄糖60.5%，水18.0%，金银花提取浓缩液8.8%，0.5%柠檬酸水溶液0.1%，在110～112℃熬煮所得的金银花软糖色泽光亮，糖体清澈透明，组织细腻，香甜可口，柔软而富有弹性、韧性，口感独特，风味诱人，是一种色、香、味俱佳的软糖。②卡拉胶金银花软糖的最佳配方为卡拉胶0.9%，白砂糖20.8%，葡萄糖29.5%，水43%，金银花提取浓缩液5.7%，0.5%柠檬酸水溶液0.1%，在110～112℃熬煮所得的金银花软糖柔软，透明度高，色泽光亮，爽口而不粘牙。

7. 一种有金银花的果冻（专利：101874576）

原料：金银花等。感官指标：口感润滑、甜而不腻。功效：口感润滑，外观优美，保健作用强。

8. 一种适合婴幼儿食用的金银花液体复合制剂（专利：101978867）

原料：金银花、杭白菊、聚葡萄糖、益生元、维生素、葡萄糖、天然水果粉等。功效：有效减轻婴幼儿上火症状，促进其肠胃健康和对营养物质的吸收。

9. 金银花婴幼儿营养米粉（专利：101548777）

原料：大米粉、金银花、蔗糖、奶粉、奶油、磷酸氢钙、氯化钠、葡萄糖酸钙等。功效：清热解毒，抗病毒，增强免疫力。

10. 一种金银花香精（专利：101619267）

原料：金银花、桂花浸膏、紫罗兰酮、苯乙醇、香叶醇、香柠檬油、香玫瑰油、橙花素、松油醇、桂花油、金银花油、芳樟醇等。功效：宁神益智，香味持久，祛异味。

11. 金银花面条（专利：101755863）

制法：①将金银花用水煎煮，煎煮液浓缩后调节pH为9～10，离心，收集沉淀物；在沉淀物中加入体积百分含量为65%～70%乙醇溶液研磨成稀浆状，调节浆状物的pH为2.5～3.5，离心收集上清液；调节上清液的pH为5.5～6.5，烘干，得到粗提物；将粗提物溶于水中，调节pH为5.5～6.5，接着用乙酸乙酯提取，活性炭脱色，过滤，收集滤液，将滤液浓缩后加入氯仿，再次过滤，收集沉淀，将沉淀干燥，得到金银花提取物。②将0.1～0.5质量份以干重计的金银花提取物、87.5～91质量份的面粉和30～39质量份的水搅拌均匀，熟化后压制成条，在70～80℃烘干，得到所述的金银花面条。

12. 金银花保健面条（专利：1711898）

原料：金银花、面粉等。功效：预防中暑、感冒及肠道传染病。

13. 糖尿病食疗康复面（专利：102067899）

原料：浮麦、大麦、小麦、燕麦、荞麦、红豆、金银花、路旁菊。功效：快速增加胰岛素，降低血糖。

14. 一种保健奶茶（专利：101642168）

原料：金银花、菊花、茉莉花、黄连、黄芩、连翘、板蓝根、奶粉等。功效：清热解毒，降血压，降血脂，降血糖等。

15. 清火保健奶茶（专利：101664065）

原料：金银花、菊花、芦根、罗汉果、淡竹叶、牛乳等。功效：清热祛火，预防人体实热上火和消暑。

16. 一种金银花旱金莲香精（专利：101857817）

原料：异金银花酚、异旱金莲酚、金银花净油、旱金莲净油、金银花香基、旱金莲香基、玫瑰花香基、甲基紫罗兰酮、甲基牡丹花酯、香水月季香基、异丁香酚、玫瑰花净油、香柠檬净油、合成香兰素油、丹参醇、太子参醇、五味子醇、红花醋。功效：清新空气，提神醒脑。

17. 赤藓糖醇的夹心巧克力（专利：101028025）

原料：金银花、可可液块、可可脂、赤藓糖醇、马勃、薄荷、荆芥。功效：清咽润肺等。

18. 金银花果蔬糕（专利：1442080）

原料：金银花、鱼腥草、菊花、蒲公英、薏苡仁等。功效：清热，抗菌，抗病毒，平肝明目。

19. 抗炎保健皮蛋（专利：1085401）

原料：菊花、金银花、连翘、甘草等。功效：抗炎，抗菌，抗毒。

20. 利咽梅（专利：1142363）

原料：梅干、金银花、玄参、西青果、薄荷油、桔梗、枇杷叶、陈皮、甘草等。功效：疏风清热，解毒利咽，用于咽喉部疾患。

21. 麦芽糖（专利：1476768）

原料：麦芽糖、金银花、栝楼、白茅、甘草等。功效：清凉解渴。

22. 清火玉米片（专利：101243846）

原料：玉米、金银花、胖大海等。功效：清咽润喉。制法：胖大海和金银花的水提取物的提取方法为加入 8 倍量的水沸煮 20～30min，过滤获得第一次的滤清液，再在滤渣中加入 6 倍量的水沸煮 20～30min，过滤获得第二次的滤清液，将两次滤清液混合后适度浓缩，获稠液，在配料时直接将该稠液加入原料中混合均匀。所述胖大海和金银花在原料中的重量百分比可以为 1%～8%，优选 3%～5%，所述调料主要是糖、盐、香料等，也有的还加适量的钙、大豆蛋白等。所述食盐在原料中的百分比可以是 0.5%～5%。

23. 清肺化痰药茶粥粑（专利：101194717）

原料：金银花、玉竹、鱼腥草、车前、桑皮、土党参、竹茹、麦冬、千金茶。功效：清肺化痰。

24. 鲜花火锅辅料（专利：1620911）

原料：金银花、菊花、茉莉、玫瑰、薄荷叶、花椒等。功效：开胃消食，促进食欲。

25. 一种能自动降解血液中乙醇浓度的白酒添加剂（专利：1373203）

原料：金银花、款冬花、葛花、柿霜、茯神、苏叶、红景天、霜桑叶、甘草。功效：清热解毒，养胃，保肝，安神，解酒。

三、化妆品中的应用

从金银花干花蕾和鲜花中提取的两种精油中，分别鉴定出 27 个和 30 个化合物，主要为单萜和倍单萜类化合物，这些化合物分别占两种精油含量的 67.7% 和 81.66%。其主要成分有芳樟醇、香叶醇、香树烯、金合欢醇等。金银花中的芳香性挥发油及其他有效物质加入化妆品中，会使其泡沫丰富、香味柔和、清除污垢、清洁皮肤、滋养肌肤，使皮肤保持较高的含水量，增强皮肤的活力，达到延缓皮肤衰老的作用，对皮肤没有伤害，对脂溢性皮炎、皮肤炎症也有一定的疗效。

1. 金银花复方洗手液

原料：含体积分数5%金银花提取物与70%的复合醇（复合醇为50%的乙醇、20%异丙醇及适量丙三醇）。功效：具有良好的抑菌效果，对细菌繁殖体抑菌环直径均达到11mm以上；杀菌作用快速，其原液对载体上4种细菌繁殖体作用1min，平均杀灭率均达到99.9%以上。对手消毒现场试验结果显示，用该洗手液原液对手皮肤擦拭消毒1min，65人次重复试验，对手上自然菌的平均杀灭对数值为1.42。该洗手液对皮肤、黏膜无刺激性，且手感好，用后双手光滑舒适。

2. 金银花药物浴洗剂

为轻垢型澡用洗剂，泡沫丰富，香味柔和。对伤寒杆菌、痢疾杆菌、大肠及绿脓杆菌有较强的抑菌力，对脂溢性皮炎、皮肤炎症也有一定的疗效。去屑止痒，柔发健肤。原料：金银花、表面活性剂（月桂醇硫酸盐、脂肪酸烷醇酰胺、羊毛脂）。配方：表面活性物8%～25%，增稠润滑剂1%～4%，软水去污助剂2%～4%，防腐剂0.2%，去离子水加至100%，药物0.5%～0.8%，pH调节剂0.2%，颜料和香精适量。

3. 扁柏木、金银花制香皂、香波

原料：扁柏木、金银花等植物。制作方法：先将植物进行冻结处理，即将原料送入由冷却送料斗、粉碎机、分级机、产品贮存器等构成的冻结粉碎装置。在原料的冷却送料斗中，若用液氮超低温液体冷却送入原料，经瞬间预备冻结后，在-170～-50℃的低温粉碎机中粉碎到80～200目，可得此植物的冻结粉碎处理物，再在水性介质的存在下，至少用蛋白酶、淀粉酶、纤维酶、果胶酶群中的一种分解酶，进行酶分解处理。

4. 金银花露

原料：金银花50g，冰糖、橘皮、甘草少许。制法：取金银花加水500ml，浸泡半小时，先武火后文火煎15min，取出头煎药汁；再加水熬煎，取出二煎药汁；还可第三次加水熬煎取汁。最后，将数次药汁合并装瓶，加盖后放入冰箱备用。饮用时，可加些冰糖。煎汁时可加少许橘皮、甘草。功效：有助于消暑解毒、顺气提神，夏天饮用可预防小儿皮肤疮疖、痱子和流感。

四、生活用品中的应用

一些牙疾患者使用了金银花牙膏后反映，用该牙膏刷牙一段时间后，牙龈出血、口腔炎症均有不同程度的改善，证明了这种牙膏的功效性。而且金银花中草药牙膏方中的金银花提取液与牙膏中其他各种原料具有良好的配伍性，各原料的配比多少不影响牙膏的预防和治疗功效。

1. 金银花中草药牙膏

原料：金银花提取液、碳酸钙、羧甲基纤维素钠、十二醇硫酸钠、甘油、防腐剂、香精等。功效：清热去火，消炎止痛和除口臭。

2. 凹凸棒金银花绿茶牙膏（专利：101244024）

原料：新鲜金银花、膏状凹凸棒石黏土、新鲜茶叶、十二烷基硫酸钠、山梨酸钾、冰片等。功效：吸附和清除口腔中的多种异臭味。

3. 草本复方牙膏（专利：1582890）

原料：金银花、野菊花等。功效：防龋，消炎。

4. 一种除烟渍中药牙膏（专利：101366689）

原料：金银花、蒲公英、薄荷等。功效：除烟渍。

5. 一种玫瑰花、金银花无磷加香洗衣粉（专利：101870934）

原料：金银花醇、玫瑰花香精、金银花香精、硫酸钠、沸石、增效助剂碳酸钠、十二烷基苯磺酸钠、非离子型表面活性剂、蛋白酶、羧甲基纤维素、细物纤维防垢剂、玫瑰花醇、板蓝根香精、木香香精等。功效：清洁衣物、不伤手。

6. 金银花漱口液

组成：金银花30g，硼砂30g，甘草30g。功能主治：清热解毒，润喉解毒，保持口腔清洁，并及时消除存留在口腔黏膜上的毒性代谢产物，以便防止或减轻对口腔黏膜的损害。

7. 中药驱蚊精油及便捷贴（专利：101601413）

原料：金银花油、野菊花油、丁香酚、青蒿油和地椒油、连翘油、当归油、荆芥油、薰衣草油、百里香油、薄荷油、艾叶油、柏木油等。产品特点：本品为纯天然提取物，无毒副作用，使用安全高效，有效驱蚊时间可达6～8h，符合国家A级标准。

8. 一种中药消炎止痒卫生巾（专利：101804219）

原料：金银花、蜈蚣、苦参、益母草、甘草、蒲公英、百部、仙鹤草、五倍子等。功效：消炎止痒。

9. 中草药保健香（专利：101690503）

组成：金银花、生姜、射干、野菊花、荷叶等。功效：杀菌消毒。

10. 一种具有美白、祛斑作用的中药面膜（专利：101518508）

组成：金银花、瓦松、甘草、黄芩等。功效：治疗痤疮等。

11. 宝宝康药袋（专利：1152465）

原料：金银花、荆芥、檀香、小茴香、藿香、香厚朴、楂炭、琥珀、朱砂、柴胡等。功效：用于婴幼儿风热感冒，畏寒发热，消化不良，惊悸不安等。

12. 茶叶枕芯（专利：101422313）

原料：金银花蕾、茶叶、桑叶、玫瑰花蕾、野菊花。功效：杀菌，消毒，改善脑部血液循环，改善睡眠等。

13. 一种具有清除口腔异味、清新口气功效的组合物（专利：101292945）

原料：金银花、罗汉果、乌梅、绿茶。功效：清除口腔异味，清新口气。

14. 多功能抗菌洗涤剂（专利：101386810）

原料：金银花、野菊花等。

15. 儿童沐浴液（专利：101390821）

原料：金银花、陈艾、五皮风、绿茶等。功效：增加儿童皮肤抵抗力，防治儿童皮肤痒痛、生疮、长痱子。

16. 被褥芯（专利：101164862）

原料：金银花、大青叶、板蓝根、黄连、大黄、黄芩、黄柏等。功效：杀菌，消炎，解毒。

17. 痱子粉（专利：101708253）

原料：金银花、蜀葵花、紫花地丁、滑石粉、蕹菜、冰片、樟脑、薄荷脑。功效：清热解毒，止痒消肿，活血散瓣，通窍辟秽，用于治疗痱子。

18. 健康型香烟（专利：1234203）

原料：香烟原料、金银花的花朵或嫩叶。功效：减少吸烟危害。

19. 金银花烟草制品（专利：1314115）

原料：烟草原料、20%~30%的金银花。功效：减少吸烟危害。

20. 金银花洗发浸膏（专利：1184631）

原料：金银花、脂肪醇硫酸三乙醇胺、脂肪醇硫酸钠、烷醇酰胺、咪唑啉、椰油酰胺丙基甜菜碱、阳离子瓜尔胶、水溶性硅油、珠光剂等。功效：去头屑，止痒，清洁保护头发及头皮健康。

21. 一种含有天然植物金银花的健康环保型香水（专利：1372905）

原料：金银花、柏子仁、干姜、藿香、麝香、樟脑、沉香、薄荷、松香和素凝香。功效：提神醒脑，解毒，扶正固本，清新空气等。

22. 口疮漱口液（专利：1137899）

原料：金银花、五倍子、明矾、冰片、蒲公英、甘草。功效：清热解毒，消肿止痛，收敛生肌。用于治疗口腔炎、牙龈炎、口腔溃疡、创伤性黏膜损害。

23. 口腔保健气雾剂（专利：1345595）

原料：金银花、野菊花、薄荷脑等。功效：对口腔有杀菌、固齿、祛火、清新及保健作用。

24. 口腔溃疡贴膜（专利：1879682）

原料：金银花、薄荷脑、维生素 B_2、冰片、盐酸丁卡因、山梨酸、醋酸泼尼松、盐酸金霉素、甘油、甜叶菊苷、乙醇、聚乙烯醇和纯化水。功效：消肿止痛。

25. 六花洗涤制品（专利：1673326）

原料：金银花、野菊花、啤酒花、凤仙花、金莲花、菊花等。功效：消毒杀菌润肤。

26. 美容护肤液（专利：101732197）

原料：金银花、大黄、红花、芦荟等。功效：排毒养颜，美容美貌。

27. 面部清毒散（专利：101229234）

原料：金银花、连翘、木香、板蓝根、甘草、冰片、绿豆等。功效：治疗青春痘、毒火疙瘩、风火毒、汗斑、扁平疣、疔毒、癣症等。功效：养颜美容，通利二便。

28. 强身保健被（专利：2169331）

原料：金银花、薄荷、藿香、木香、砂仁、丹参、川芎、羌活、花椒、樟脑等。功效：保温御寒的同时防病、治病，又可防止絮套返潮、遭致虫蛀。

29. 一种利于清除体内烟毒的保健制品（专利：101283793）

原料：酸模叶蓼 450～470 份，金银花 120～150 份。功效：提高人体免疫功能，消除或减轻尼古丁对人体的危害。

30. 驱蚊组合物（专利：101884608）

原料：金银花、葡萄籽、野菊花、甘草、藿香、苍术、丁香、黄芩、红茶等。功效：驱蚊、杀菌、防痱、止痒。

31. 日晒防治膏（专利：1454638）

原料：金银花、杠板归、垂盆草、鸭肠草、玉竹、紫草、芦荟、蜂花粉等。功效：清热解毒，凉血化斑。用于防治热毒灼肤所致的日晒疮，对于日晒、紫外线灼伤、热辐射灼伤等均有预防和治疗的作用。

32. 室内空气消毒剂（专利：1634602）

原料：金银花、艾叶、苍术、大蒜等。功效：安全无公害，使用简单安全，杀菌消毒。

33. 一种金银花药物纸手帕（专利：1656956）

原料：金银花等。功效：抑制细菌、螨虫的滋生，并有杀菌、除螨、止痒作用，它能彻底杀灭面部螨虫，对因螨虫及其他感染而导致的各种酒糟鼻、痤疮、粉刺等疾病，均有明显疗效。

34. 鲜花洗脸沐浴剂（专利：1515243）

原料：金银花、菊花、玫瑰花、槐花、茉莉花、米醋等。功效：柔润肌肤，去除皮肤角质，防止色素沉降，治疗蝴蝶斑、雀斑，减少皱纹，保持皮肤的弹性，使皮肤保持青春的光泽。

35. 一种花瓣浴包（专利：101062000）

原料：金银花、玫瑰花、茉莉花、菊花、芙蓉花等。功效：柔润肌肤，去除皮肤角质，清理皮下新陈代谢沉积物，防止色素沉降，保持皮肤弹性。

36. 止痒沐浴粉（专利：101214205）

原料：金银花、荆芥、黄虎树、红花。功效：治疗皮肤瘙痒、湿疹、香港脚及妇女阴道炎。

37. 一种金银花牡丹花含香涂料（专利：101870839）

原料：金银花微胶囊香精、牡丹花微胶囊香精、依兰微胶囊香精等。

含有金银花成分的其他专利如下。

刺梨果味饮料（专利号：101919553）；多元素中药保健品（专利号：101884422）；甘草茶（专利号：101690535）；柑橘果味饮料（专利号：101919554）；含天然珊瑚姜精油的润喉消炎含片（专利号：102008693）；黄芪养生茶（专利号：101744072）；黄桃果味饮料（专利号：101999718）；姜茶及其生产方法（专利号：102058001）；含牡丹叶的清热降火、抗菌消炎袋泡茶（专利号：101558877）；一种具有调节血糖功效的保健食品及其制备方法（专利号：102H048154）；拘奶汤（专利号：101953904）；一种治疗溃疡性结肠炎的丸剂及其制备工艺（专利号：101874853）；预防和治疗奶牛不孕症的中药组合物及其制备方法（专利号：101612914）；清咽利喉奶粉及其制备方法（专利号：101243812）；鲜鱼腥草梨汁饮料及其制作方法（专利号：101731711）；消疣康复合剂（专利号：101254241）；一种抗恶性肿瘤金三雄中药制剂及其制备方法（专利号：101829305）；一种辅助治疗咽炎、口腔溃疡的外用膏及其制备方法（专利号：102048880）；一种复方鱼腥草合剂的制备方法（专利号：102018810）；一种清肠排毒的保健茶（专利号：101971895）；一种止泻保健药茶（专利号：101912008）；纯中药美容美白抗皱面膜膏（专利号：101147723）；安全型奶牛消毒护理剂（专利号：101797329）；保健香烟制备方法（专利号：1826996）；保健型绿色卷烟（专利号：1410015）；保健药枕（专利号：101347514）；鼻渊胶囊（专利号：1586584）；茶皂素足浴粉（专利号：101829314）；除去头皮屑特效护发酊剂（专利号：1230417）；纯天然内衣保健液（专利号：A61K35/78）；纯天然生津茶饮料（专利号：102007991）；纯天然美容美白抗皱面膜膏（专利号：101147723）；风湿药酒（专利号：1470261）；黑泥美容香皂及其生产方法（专利号：101195792）。

五、养殖产业

金银花种植产地，可以大力发展以金银花为饲料的养殖业。金银花植株幼嫩枝叶含有丰富的营养物质，与青玉米茎相比，粗蛋白高 23%、粗脂肪高 47%、粗灰分高 21%、粗纤维低 50. 8%，并且牲畜适口性较好，牛、羊等牲畜均喜食。除营养物质外，枝叶中含有的绿原酸等抗菌消炎活性成分，对牛、羊、兔等牲畜疾病有预防治疗作用。因此，将金银花作为青饲料进行生产，用于发展养殖业，不仅可以促进牲畜的生长发育，获得较高产量，同时还能保证肉食的质量。

在金银花花期，金银花花朵众多，花期较长，气味芬芳，是蜜蜂喜欢采食的植物之一，可作为蜜源植物开展蜜蜂养殖，所酿蜂蜜有着较高的营养保健价值。

六、中药兽药产业

中药兽药是我国传统兽医学的重要组成部分，已有 2000 多年的应用历史。金银花对畜禽疾病中占主要部分的病毒性传染病，具有多方位调节和治疗作用，可提高动物机体的免疫力和抗应激能力，防治传染性疾病。金银花具有显著的抗菌消炎作用，在防治畜禽疾病领域具有广泛的用途，如治疗兔、鸡感冒发热、肺炎、脓肿、兔口腔炎、兔肠燥便秘、兔气管炎、兔球虫病等。在休药期用中药兽药替代西药防治疫病，中长期使用无毒副作用，可有效降低体内的药物残留，满足日益严格的食品安全控制需要。随着我国畜禽养殖业的飞速发展，中药兽药的应用越来越受到重视。但目前国内中药兽药仅占兽药市场份额（200 亿～250 亿元）的 20% 左右，开发具有中国特色的天然中药兽药产品，具有广阔的市场发展潜力。

七、园艺产业

金银花为多年生藤本植物，单叶对生，呈宽披针形至卵状椭圆形，抗寒性较强，叶片“凌冬不凋”。初春叶腋之中又生新叶，青翠如故，碧绿可爱。春夏着花时节，在碧翠的叶腋之间生出两朵并蒂小白花，开放后，一大一小，姿态优美，形如比翼飞鸟，且气味芬芳，香气浓郁。花开一、二日后，颜色由白色变为金黄色，黄白色花儿镶嵌在碧绿、纷繁的叶丛之中，很是美丽，有着重要的观赏价值。金银花茎干比较粗壮，长势奇特，可用于制作各式盆景，其情趣古雅，姿态柔媚，是园林、庭院、室内绿化装饰观赏的上等佳品，是美化、绿化的好材料，可在假山旁、窗前、门旁等处进行墩栽，用于赏花，也可栽植在攀附物旁，用以攀附篱垣、花廊、山石等进行绿化点缀，也可利用竹竿、绳索等物牵引，做柱形、尖塔形绿化配置。据研究，金银花对氟化氢、二氧化硫等有毒气体有较强抵抗力。因此，金银花作为园艺植物种植，具有很大的发展潜力和市场空间。

八、旅游产业

金银花植株枝繁叶茂，生长迅速，郁闭快捷，藤具有缠绕能力，根具有着地生根的能力，主、侧、须、毛根四级根齐全，不仅主根发达，而且侧根、须根密布，纵横交错，构成密集的根网，护坡效果非常明显。在荒山秃岭地带种植，可有效延缓雨水汇流时间，起到固结表土、防止地面冲刷及冻融侵蚀作用。金银花植株适应能力较强，不仅抗寒，而且耐旱、耐盐碱、耐瘠薄，可在干旱、盐碱及沙滩等地带种植，具有增加土壤有机质含量、蓄水保墒、熟化土壤的作用，有助于小流域治理，发挥金银花的生态效益，对改善生态环境有着重要意义。可绿化山川，美化环境，推动旅游风景点的建设，促进旅游产业发展。

九、手工艺品产业

金银花植株藤条长而细软，一年生枝条即可长达3m以上，并且有较强的韧性，因此可用于编织各种容器及手工艺品，如种类繁多的花篮、线盘、食用盘、鸟笼、鱼篓等，此类产品曾出口国外，有一定市场潜力。

十、经济作物种植业

金银花经济附加值高，收益大，农民种植金银花，可提高经济收入，脱贫致富，因此农民种植金银花的积极性空前高涨，近几年已成为许多地区农业经济种植业的特色产业、主导产业、富民强民产业、地方经济的支柱产业，并得到地方政府的大力支持和帮助。金银花有着悠久的栽培历史，栽培方法简单，适应性强，生命力旺盛，适宜大面积推广，经济效益较高，可帮助农民脱贫致富，促进农村产业结构调整。种植区域集中的山东、河南、河北、陕西等，建立了许多种植基地，全国许多省市都在推广种植，种植面积逐年扩大，产量、产值不断提高，创造了很好的经济效益。

第九章　金银花产业发展展望

第一节　金银花产业发展前景

（一）医药市场的需求

中医药作为优秀民族文化，一直备受我国政府支持。金银花属于传统中药材，具有卓著的抗菌消炎作用，特别是近几年，在抗 SARS、甲型流感病毒（H1N1）、手足口病、病毒病的发生与流行中有着不俗的表现，2003 年曾成为专家推荐预防 SARS 的首选中药。在社会进步和科技进步高度发展的今天，滥用化学药物和抗生素带来的严重后果，引起了人们的普遍不安，“回归自然”之风日盛，植物药的开发，受到了国际社会的极大重视，许多国家均投入了大量的人力、物力研究和开发。中医药以其卓越的疗效和独特的优势，备受世人推崇，金银花被誉为“植物抗生素”，需求量逐年大幅度增加，带来了巨大的市场空间。

金银花作为传统中药，使用了几千年，疗效确切、可靠。中医治疗疾病谱广，临床 1/3 以上的中医方剂用到金银花。在中成药工业生产中，以金银花配伍的中成药多达 200 余种，占清热解毒、抗菌消炎中成药的 38%，是银翘解毒丸（片）、犀羚解毒丸（片）等多种传统中成药和银黄口服液、柴银口服液、脉络舒通颗粒、脉络宁注射液、双黄连制剂、连花清瘟胶囊、感冒退热冲剂等新产品的重要原料。

金银花中含有多种药效成分，除具有清热解毒、抗菌消炎作用外，还具有增强免疫力、软化血管、降血脂、护肝、止血凝血、抗高血压、抗氧化、抗肿瘤、抗早孕等多种药效，临床用于治疗 40 余种病症。金银花中的绿原酸除了作为重要的药物成分外，还是一种重要的生化试剂，在生理、药物化学等领域用途广泛。

1984 年金银花被国家中医药管理局确定为 35 种名贵中药材之一，1986 年被国务院确定为“中药材管理品种和实行《出口许可证》的品种”，2000 年被国务院确定为 70 种名贵药材之一，2002 年被国家卫生部确定为药食兼用品种，国家中医药管理局推荐为我国重点发展的 39 种中药材之一。

（二）保健食品、饮料市场的需求

随着生活水平的提高，人们的保健意识不断增强，比以往任何时候都更加关注自身生活和生命质量，消费绿色保健食品正在成为国际趋势。据北京、上海等地的市场调查，目前有 93% 的儿童、78% 的老人和近 50% 的中青年消费保健食品，95% 以上家庭常备有不同类型的营养保健食品。一些著名企业纷纷投巨资进军保健食品产业，2010 年保健类食品的销售额达到 1200 亿元，保健食品行业具有广阔的市场发展前景。

金银花除含药效成分外，还含有丰富的营养物质。金银花含有的许多药效成分和营养物质均具有保健功效，如绿原酸、黄酮类等成分，除对很多致病菌和真菌有抑制作用外，还有显著的增强胃肠蠕动和促胃液分泌、清除自由基、降脂、抗血栓、抗衰老、增加机体免疫力、升高白细胞等作用，对放疗、化疗所致的白细胞减少有显著疗效。金银花中的其他营养物质，如氨基酸含量在8%左右，并且种类齐全，水溶性糖含量在18%以上，还有锰、铬、镍、铜、锌、钴、硅、铁等多种人体必需的元素活性物质，均有很好的营养保健作用。在防治常见病、多发病，保障人们身体健康方面，均发挥出积极作用。

市场上常见的以金银花为原料的保健产品有金银花颗粒冲剂、金银花利咽片、金银花喉宝、金银花茶、金银花露、忍冬可乐、金银花糖果等。

金银花茶正在逐渐受到人们的青睐。金银花茶，汤色翠绿透亮，闻之气味芬芳。常喝金银花茶，清热解毒、降脂减肥、养颜美容，夏天喝金银花茶，防暑降温。目前，市面上大多是以单味金银花为原料的金银花茶，以中药组方配伍的复方金银花保健茶亟待开发，如与金银花、菊花、野菊花、麦冬、青梅、胖大海等配伍，制成保健茶，可清热、解毒、生津、消暑、利咽、止痛，具有很好的发展前景。以金银花为原料，采用高科技技术研制各种保健食品与饮料，是保健、养生需求的发展趋势。

以金银花为主要原料的饮品有金银花保健饮料、金银花复合饮料（如金银花-绿茶饮料、金银花-菊花-苦瓜保健饮料、金银花-苦瓜-淡竹叶保健饮料、金银花-芦荟饮料、金银花-银杏叶保健饮料等）、金银花凉茶（如王老吉凉茶等）、金银花功能性酸奶、金银花保健奶、金银花汽酒、金银花啤酒、金银花酒、金银花冰激淋等。

金银花茎叶粗蛋白，粗纤维高、粗灰分高、碳氮比低，适于用作食用菌培养基。以此培养的平菇、香菇，生长、繁殖旺盛，含有绿原酸、木犀草苷等活性成分，赋予了食用菌明显的保健功能，也是值得开发的产品。河南封丘以金银花叶茎为原料开发成功的食用菌已有10个品种，年产鲜菇700万kg。

以上产品均受到广大消费者的普遍欢迎，说明金银花在保健食品、保健饮料方面具有广阔的发展前景。

（三）日用化工产品市场的需求

以金银花为原料的日用化工产品众多，如金银花牙膏、金银花痱子粉、金银花沐浴露、金银花香水、含有金银花成分的各类化妆品等。且金银花中的芳樟醇、香叶醇、丁香酚香气浓郁，可作高级香料。随着金银花衍生产品的问世，金银花产业必将会有新的系列产品，提供给人们意想不到的优质服务，以金银花为原料的日化品市场，具有广阔的发展空间。

（四）养殖业市场的需求

在金银花种植主产区，有大量幼嫩的金银花枝叶，是很好的牲畜饲料，可以用来发展养殖业。既可节省粮食，又可降低饲养成本，还可预防牲畜疾病，促进牲畜生长，保证肉食质量。

金银花是蜜蜂喜欢采食的植物之一，可作为蜜源植物开展蜜蜂养殖，所酿蜂蜜有着很高的营养保健价值。养殖业也是促进金银花产业发展的有效途径。

（五）中药兽药市场的需求

我国畜禽养殖业的飞速发展，中药兽药的应用越来越受到重视，国内兽药有200亿~250亿元的市场，但目前中药兽药仅占20%左右的份额，开发具有中国特色的天然中药兽药产品具有广阔的市场发展潜力。同时，金银花枝叶的牲畜适口性好，含有丰富的营养物质，用金银花枝叶直接作为饲料，对于预防、治疗畜禽疾病也会发挥积极作用，这也是促进金银花产业发展的有效途径之一。

（六）生态环保市场的需求

社会在发展，人们的环保意识在加强，绿化、美化环境是社会的发展趋势，环境问题越来越受到人们的重视。开展金银花种植不仅社会效益、经济效益显著，同时也具有重大的生态效益。金银花品种资源丰富，全国各地均有生长，对环境适应性强，一年四季只要有一定的气温（不低于5℃）、湿度便可发芽生长。春季芽萌发数多，根系发达，细根多，生根力强，插枝和下垂触地枝，在适宜的温湿度下，不足15d便可生根。金银花耐盐碱，根深，枝叶茂盛，生长快，能防止水土流失，净化空气，适宜在荒山、田埂、堰边、堤坝、盐碱地、房前屋后及城市空地种植，适宜与其他高大的木本药用植物间作。大面积种植可以绿化荒山、改良土壤，优化治理小流域环境。金银花对氟化氢、二氧化硫等有毒气体有较强的抵抗力，可净化污染的环境，这使金银花植物资源在生态市场得到了进一步的开发利用。

（七）园艺产业和家庭美化市场的需求

金银花作为藤本观赏花卉，有着极高的观赏价值。在园艺应用方式上可以进行藤架、栅栏、造型、地被种植及盆栽和阳台绿栽植。从室外庭园进入室内盆栽，可净化空气，陶冶情操，利于身心健康。庭院、居室种植金银花，可以美化环境、净化空气，还可获得一定的经济收入。金银花适应性强，种植管理方便，作为绿化、美化环境，庭园种植和盆栽花卉，发展前景广阔。

（八）旅游产业市场的需求

金银花自身根深叶茂，可防止水土流失，具有观赏价值高等多个优势，充分发挥金银花的生态效应，能极大满足旅游业的需求。在旅游胜地，漫山遍野的金银花，郁郁葱葱，生机盎然，维叶萋萋，夭之沃沃，花开时节一片翠绿，遍地金黄，美不胜收。推动了旅游风景点的建设和旅游产业的发展，有助于建设独具特色的旅游基地。

（九）手工艺品市场的需求

用金银花藤条制作的各种手工艺品，韧性强、质感好、外形美观，越来越受到人们的喜爱，市场需求逐年增加。

（十）农业经济作物种植业市场的需求

金银花农业种植在全国方兴未艾。因其高收益近几年已成为许多地区农业种植业的特色产业，主导产业，富民强民产业，地方经济的支柱产业。各地政府都加大了政策支持和经济扶持力度。目前，金银花的种植区域主要集中在山东、河南、河北、陕西等地。以山东省平邑县、河南省封丘县、河北省巨鹿县为主产地，国内金银花生产形成了“三大省区、三大产地、龙头平邑”的产业格局。

山东省临沂市金银花种植面积已发展到近百万亩，年实现收入近 20 亿元，成为本市优势特色产业。全市建立金银花精品示范园 1.2 万亩，按照 GAP 标准建立的示范园 5.2 万亩，有 10 万亩金银花通过了“全国金银花绿色食品原料标准化生产基地”认证。该市计划加大围绕金银花产业发展的系列产品科研开发力度，扩大金银花产业区域化生产规模，提高产品质量和市场竞争能力，突出抓好金银花初加工技术的普及和产品的深加工，打造金银花“双地标”，创品牌产品在国内外市场上的知名度，保持金银花产业在全国领先的优势。并规划到 2020 年建成全国最大的金银花规范化生产基地，力争全市金银花种植面积达到 200 万亩，按照 GAP 种植面积达到 20 万亩，实现金银花产业收入 50 亿元。

山东省临沂市平邑县，是国内道地中药材金银花的原产地和主产区，金银花是该县特色支柱产业。目前全县 16 个乡镇 90% 以上的村庄种植金银花，金银花的种植分布面积达 56 万亩，年产干花 900 余万千克，面积和产量均占全国首位，是全国最大的正品金银花主产区和贸易流通集散地。全县金银花产业年创产值 16 亿元，约占全县 GDP 比例的 10%，年创利税 1.7 亿元。先后被农业农村部（原农业部）、国家林业和草原局（原国家林业局）、国家质量监督检验检疫总局（简称国家质检总局）授予“中国金银花之乡”“中国名特优经济林金银花之乡”“国家地理标志保护产品”“中国中草药金银花优质产品”等称号。

平邑县金银花产业战略发展目标是：利用 10 年左右的时间，分三个阶段，把平邑建成中国的“金银花药谷”和全国最大的金银花物流贸易中心。至 2015 年，使平邑成为国家重点金银花等中药材种子苗木繁育基地、药源基地、中药材加工基地和全国最大流通贸易市场，增强国内、国际市场竞争实力，金银花产业值占到全县 GDP 的 15% 以上。至 2018 年，基本完成金银花等中药材产业的现代化、国际化进程，使平邑金银花等中药材产业资源得到充分、科学、合理的开发，建成中国“金银花药谷”。金银花产业值占到全县 GDP 的 20% 以上。

河南封丘栽培金银花已有 150 余年历史。据报道，截至 2008 年底，该县金银花种植面积在 20 万亩左右。该县 2003 年金银花种植面积曾一度达到 30 万亩，但由于 2004～2006 年金银花市场价格一路下滑，挫伤了新种植区农民的积极性，新发展地区大部分又改种了农作物，加上近两三年，老种植区管理粗放，金银花大面积死亡，使该县金银花总体规模陡降。新版《中国药典》把山银花分列后，封丘金银花作为正宗道地药材的地位，仍是全国公认的，与山东平邑齐名，被国家确定为金银花生产基地、金银花之乡。封丘作为金银花道地产区，目前金银花种植面积已达10万亩，年产金银花干花1000万kg，年产值达16亿元，每年通过转口贸易销往国外的金银花在80%以上，还被国内一些知名大型企业定为药源基地。

河北巨鹿金银花种植业发展迅速，种植规模也已攀升至10万亩，河北省确定金银花为该县的特色主导产业，2010年巨鹿金银花在国家工商总局成功注册“巨鹿金银花”商标，2011年被中国经济林协会命名为“中国金银花之乡”，成为继山东平邑、河南封丘之后远近闻名的金银花种植基地县。

在北京市农业农村局（原北京市农业局）和区县政府的支持下，怀柔区宝山镇于2006年引进金银花获得成功，并于2007年开始大面积种植，到2010年种植面积达到8565亩，由政府进行扶持，整村统一管理。

近几年，在山金银花主产区湖南、重庆、湖北、云南、福建、安徽、广东等地，也在积极推广引种金银花，截至2010年已发展金银花种植10余万亩。正品金银花在南方地区有了很大的发展，在有些地方表现甚至比北方地区还要好，具有很大的发展潜力和广阔的发展前景。

第二节 金银花综合开发利用途径

金银花可以深加工成金银花饮料、保健品、食品等，并可以作为日用品、化妆品的主原料（如以金银花为主原料的金银花牙膏、金银花花露水、金银花面膜膏等）。随着国际市场的开放和种植的规范化，金银花深加工制品的需求量会大幅度增加。市场上常见的以金银花为原料生产的保健品有忍冬酒、银花茶、忍冬可乐、金银花汽水、银花糖果和银仙牙膏等。用金银花制成的金银露，清凉爽口，是夏季清热解暑的好饮料；以它为主要原料的银仙牙膏，防治口腔疾病也有较好效果。

由于金银花产业缺乏全面规划，研究、生产等方面的技术力量分散，尚未形成综合开发利用、完整、系统、高效的产业链，具有市场竞争力的金银花拳头产品不多，从而在一定程度上限制了金银花产业的发展。

【案例】

河南省封丘种植金银花已有1500余年历史，荣获全国“五个之最”——人工大田种植面积最大、单位面积产量最高、管理技术最好、品质最优、效益最好，荣冠全国金银花生产第一县。2003年3月，封丘金银花荣获国家质量监督检验检疫总局颁发的原产地标记注册证。

封丘县黄德镇贯庄金银花育苗基地占地面积500亩，年育苗660万株，育苗品种有老品种‘豫封一号’，新品种有‘豫金1号’‘豫金2号’‘亚特红蕾1号’。年可供苗1.5万亩使用。2017年共育苗570万株，辐射全国20多个省市、50多个县，产生经济效益600多万元。2002年5月成立贯庄金银花协会，2009年3月更名为封丘县贯庄金银花种植专业合作社。目前该合作社是黄德镇规模最大的专业合作社，有成员700人。金银花种植面积365亩，社长带领合作社和多家制药企业、新乡金银花电子交易中心及各大药材市场建立了产品供销合作关系，产品销往全国各地。2017年该社销售收入

245 万元。在新品种改良、田间管理、病虫害防治方面，合作社与河南师范大学生命科学院、华中农业大学等科研院校密切合作，解决农户在种植中的技术难题。合作社繁育的“豫封一号”和“豫金 1 号”金银花已在国家工商行政管理总局商标局注册，同时该社研制的金银花烘干机也销往周边地市。刘保彬获 2018 年河南省新型职业农民创业创新大赛优秀奖。

在新乡封丘投资的某生物技术公司充分利用封丘县金银花及中药材资源优势，结合博凯国际先进的天然产物分离技术，主要生产绿原酸、金银花提取物、各种中药及植物提取物。公司总投资3000 万元，建设有金银花优质苗育种基地，按照良好生产规范（GMP）标准建设有先进的中药提取生产线、制剂加工生产线和金银花饮片生产线，年产值 1000 多万元，利税 100 多万元。同时建设有金银花工程技术中心，配备各种先进的科研、分析及中试设备。该公司已经掌握的细胞及基因工程、植物化学、生物化学、制药等高科技生物技术，正在为中药保健、生物化工、饲料养殖、循环农业等领域提供技术和产品服务。

另一在新乡的药业集团是集科研、制药、商业、高效农业为一体的现代化药业集团公司。总资产 5.5 亿元，净资产 2.6 亿元。荣获国家高新技术企业、河南省中药十佳企业、省市两级农业产业化重点龙头企业等称号。该集团是豫北唯一一家集中药材种植、医药生产、商业批发为一体的医药企业集团，已全面通过 GAP、GMP、药品经营质量管理规范（GSP）认证，拥有新乡高新技术开发区、原阳产业聚集区两个药品 GMP 生产基地和首批通过国家金银花 GAP 认证的千亩种植基地。该集团以生产经营中成药为主，拥有一支作风顽强、成绩突出、享誉医药界的营销队伍。经过多年的市场运作，在国内树立了较高的品牌知名度和美誉度。多年来，该集团依靠当地道地药材金银花进行产品研究和产业化生产，先后开发了清热解毒口服液、复方金银花颗粒、感冒解毒灵颗粒等产品。陈固镇生态农业金银花种植基地就位于封丘县陈固镇东仲宫村，由该集团投资 1000 万元于 2014 年初建设，该基地以提升金银花品质和产品市场竞争力，实现产业最大效益化，努力叫响“封丘金银花”品牌，助力陈固镇打造“金银花种植专业乡镇”为目标。基地核心区占地面积 1000 亩，采用“公司+合作社+农户”发展模式种植规模达到 2000 余亩，是新乡市金银花成方连片面积最大的基地。盛花期，可亩产干花 100kg 左右，亩均收入 1 万元。该基地金银花种植项目已被陈固镇政府定为产业扶贫项目，正在积极带动全镇 62 户 173 人贫困人口奋力走在脱贫奔小康的征途上。

第三节　中药材生产“十化发展”

中药材和其他农作物有着十分明显的区别，具有其独特性。一方面中药材是中医药事业传承和发展的物质基础，是关系国计民生的战略性资源；另一方面，中药材讲究道地性，和大部分农作物侧重于产量不同，中药材更注重品质。因此，中药材产业需要独具特色的发展方向和思路。

依据我国中药农业的发展现状和生产实际，以中药材农业“有序”“安全”“有效”

的发展目标，作为国家中药材产业技术体系“十三五”的建设目标。“有序”即依据中药材道地性原理，全面优化全国中药材生产布局；“安全”即防止有害物质产生和污染，强化绿色安全生产，保障药材质量安全和环境生态安全；“有效”即一方面在中医药理论指导下，遵循中药植物或药用植物的基本生物学特性，以提高中药的临床疗效为宗旨，确保药效，另一方面还要兼顾药农的经济效益。

党的十九大高度重视创新驱动发展战略，明确提出“创新是引领发展的第一动力”，创新驱动发展的本质就是以科技创新为核心的全面创新为发展的主要动力。现阶段中药材生产应当以“有序”“安全”“有效”为目标，提高科技有效供给，加大科技成果的推广力度，推进中药材生产“十化发展”，以创新驱动中药农业的现代化。

第一，产地道地化

加强规划引导，加快出台《全国道地药材生产基地建设规划》，在中医药理论的指导下优化全国中药材生产布局，重视品种和产区的道地性，建设一批历史悠久、特色鲜明、优势突出的道地药材生产基地，限制中药材盲目引种，做到有计划生产。

第二，种源良种化

加快制定《中药材种子管理办法》，保护中药材种质资源，规范中药材种子种苗生产经营，加大中药材良种选育、生产和推广，提高中药材生产良种覆盖率，逐步解决中药材生产上种源混乱问题。

第三，种植生态化

发展“拟境栽培”“人种天养”与现代农业规范化种植相结合的生态种植，大力推广中药生态种植模式和绿色高效生产技术，加大有机肥使用力度，大幅降低化肥施用量，严格控制化学农药、膨大剂、硫黄、农膜等农业投入品使用，不断提升中药材质量。

第四，生产机械化

大力研发适用的各类中药材农业机械，以代替不断减少的农业劳动力，降低人工成本；并积极引导农业机械合作社、农机生产服务组织发展壮大，为中药材生产、烘干、储藏、运输提供方便高效的机械化服务。

第五，发展集约化

发展多种形式适度规模经营，构建农户分享全产业链利益保障机制。推广中药材大品种发展模式，由优势企业和优势科研团队联合攻关打通从资源保障、产品研发、科学应用到流通营销的全产业链发展环节，依赖中成药龙头企业带动中药材大品种的发展，推动中药材全产业链资源发展和资源整合优化，实现一、二、三产业融合发展，做大做强地方优势特色产品，带动区域经济腾飞。

第六，产业信息化

加快建设中药材大数据信息平台，构建全国统一权威的中药材生产供给和市场需求信息数据系统，推进供求对接、质量溯源、产业调控等方面的信息化管理。同时，加快培育现代化中药材市场体系，降低中药材交易和市场流通成本，充分运用互联网、物联网、区块链和人工智能等新技术，打造现代化中药材电子交易市场。

第七，开发多样化

拓展中药农业的深度和广度，加强中药材及副产品的综合利用，如地下药用部位的中药材，其地上部位可用于开发代用茶、中兽药、特定化合物的提取物等，或在中药材种植基地开发生态旅游、药膳、科普、康养体验等，大力发展中药农业产业相关第二产业、第三产业，提高中药农业综合收入。

第八，产品品牌化

发展品牌农业，大力培育知名品牌，塑造品牌核心价值。建立道地药材品牌目录制度，打造一批知名区域品牌、产品品牌、企业品牌、合作社品牌等。创建地域特色突出、产品特性鲜明的区域公用品牌，创响一批品质好、叫得响、占有率高的道地药材知名品牌，并采取地理标志产品保护等措施保护道地中药材。

第九，研究基础化

加强中药农业相关中药道地性形成的科学内涵、药用植物生物学特性和生长规律等基础研究，为中药农业提供科学的指导。目前，深入研究生长年限不够、抢青采收等不科学采收对中药材质量的影响，开展真菌类中药材砍树种药和沙漠、石漠化等生态脆弱区域根类中药材种植采挖对生态环境影响的评估，研究制定中药生态种植技术规范等都是中药农业生产中亟待解决的问题。

第十，管理制度化

尽快落实中药材相关法规，制定《中药材种子管理办法》《中药材用农药登记管理细则》《道地药材认定管理办法》等工作制度和细则，加快道地药材认证，强化中药材生产投入品管理，健全交易管理和质量管理机制，维护中药材流通秩序，加大力度查处中药材市场中不正当竞争行为，促进中药材“优质优价”相关政策和机制的落实，实现优质中药产业的可持续发展。

主要参考文献

陈娟娟，方建国，万进，等．2009．绿原酸体外抗人巨细胞病毒的实验研究［J］．医药导报，28（9）：1138

陈一强，覃雪军，朱莲娜，等．2004．金银花水煎液及联合头孢他啶对铜绿假单胞菌生物膜的体外影响［J］．中华微生物学和免疫学杂志，24（9）：738

崔祥梅．2015．金银花红茶加工工艺及品质特点研究［D］．新乡：河南师范大学硕士学位论文

杜婕．2015．河南绿色食品全程质量监控研究——绿色中药材全程质量监控研究［D］．新乡：河南师范大学硕士学位论文

范文昌．2014．封丘金银花［M］．北京：中医古籍出版社

冯延民，姜秋，赵玉春，等．1996．金银花对不同血清型变形链球菌的抑菌试验研究［J］．白求恩医科大学学报，22（2）：150

郭承军，石俊英．2009．金银花抗小鼠流感作用的谱效关系研究［J］．中药药理与临床，25（4）：50

郭溆，邓鹏，王维婷，等．2015．山东平邑金银花主产区初加工及包装现状与对策［J］．山东农业科学，47（3）：125-126

胡克杰，孙考祥，王璟璐，等．2001．绿原酸体外抗病毒作用研究［J］．哈尔滨医科大学学报，35（6）：430-433

胡克杰，王跃红，王栋．2010．金银花中绿原酸在体外抗病毒作用的实验研究［J］．中医药信息，27（3）：27

嵇仙峰，单联宏，潘青华．2010．金银花市场供需现状及发展前景研究［J］．科技创业月刊，23（12）：88-90

贾国伦．2014．金银花质量评价与种质创新研究［D］．新乡：河南师范大学硕士学位论文

姜东，湛学军，谢大泽．2007．金银花、厚朴对变型链球菌抑制作用的实验研究［J］．中国医疗前沿，2（14）：23

姜会飞．2001．药用植物种养加工技术——金银花［M］．北京：中国中医药出版社

金银萍，李伟，于营．2017．金银花实用栽培技术［M］．北京：中国科学技术出版社

靳光乾，郭庆梅，陈沪宁，等．2002．金银花栝楼北沙参栽培与加工利用［M］．北京：中国农业出版社

靳光乾，李岩，刘善新，等．2005．金银花栽培与贮藏加工新技术［M］．北京：中国农业出版社

李波清，孟玮，张玉梅，等．2008．中药联合应用体外抗幽门螺杆菌的实验研究［J］．中国病原微生物学杂志，3（12）：892-893

李建军，贾国伦，李博，等．2012．忍冬种子休眠特性及破眠方法研究［J］．河南农业科学，60（12）：127-130

李建军，贾国伦，李静云，等．2013．金银花不同花期花蕾质量及指标成分含量比较分析［J］．河南农业科学，42（17）：110-114

李建军，贾国伦，李军芳，等．2011．优化金银花生产技术规范化操作规程（SOP）［J］．河南农业科学，47（11）：117-122

李建军，贾国伦，李军芳，等．2013．豫道地金银花化学指纹图谱的研究［J］．河南师范大学学报，41（1）：130-133

李建军，贾国伦，梁建强，等. 2014. 金银花日不同时间和年不同茬次指标成分含量变化趋势［J］. 中国中药杂志，39（7）：1225-1228

李建军，贾国伦，王君，等. 2013. 红白忍冬不同花期花蕾千蕾质量及指标成分含量比较［J］. 河南农业大学学报，47（5）：534-537

李建军，贾国伦，王君，等. 2013. 金银花不同种质花蕾的形态和品质成分比较分析［J］. 广西师范大学学报，31（4）：103-108

李建军，李军芳，贾国伦，等. 2012. 金银花不同种质叶形态特征比较［J］. 河南师范大学学报，40（3）：119-123

李建军，李军芳，贾国伦. 2012. 金银花药用研究概述［J］. 生物学教学，37（6）：2-4

李建军，李军芳，李景原，等. 2010. 河南省中药材 GAP 实施中的问题及对策［J］. 河南农业科学，36（12）：140-143

李建军，李军芳，李景原，等. 2011. 金银花与山银花的性状差异及鉴别方法［J］. 河南农业科学，40（4）：134-137

李建军，李军芳，梁建强，等. 2012. 豫金银花指标成分的 HPLC 测定分析［J］. 广西师范大学学报，30（3）：94-98

李建军，任美玲，王君，等. 2016. 忍冬种质资源叶色素与光合特性分析［J］. 广西师范大学学报，34（2）：122-126

李建军，王君，贾国伦，等. 2015. 不同忍冬种质杂交育种初探［J］. 河南农业大学学报，49（3）：316-319

李建军，王君，任美玲，等. 2016. 金银花新品系与主栽品种产量及其指标成分分析［J］. 河南农业大学学报，50（1）：19-24

李军芳. 2012. 忍冬种质资源评价与道地金银花化学指纹图谱建立研究［D］. 新乡：河南师范大学硕士学位论文：79

李琳，王俊英，曹广才，等. 2012. 药用植物金银花［M］. 北京：中国农业科学技术出版社

李美玉. 2010. 金银花体外抗呼吸道合胞病毒的作用研究［J］. 热带医学杂志，10（4）：420

李圣波. 2011. 几个优良金银花品种［J］. 农业知识，31：25

李伟. 2013. 金银花标准化生产与加工利用一学就会［M］. 北京：化学工业出版社

李永梅，李莉，柏川，等. 2001. 金银花的抗腺病毒作用研究［J］. 华西药学杂志，16（5）：327

李永明. 2002. 金银花高效栽培技术［M］. 郑州：河南科学技术出版社

刘嘉坤，尹传贵. 2012. 金银花研究应用新进展［M］. 北京：人民卫生出版社

梅林，刘凌云，程正学，等. 2007. 金银花及其制剂含药血清中绿原酸 HPLC 紫外光谱测定和抑菌活性研究［J］. 激光杂志，28（4）：95

潘曌曌，王雪峰，南春红，等. 2011. 银翘散主要药物提取物体外抑制流感病毒作用的比较研究［J］. 中医儿科杂志，7（1）：9

黔阳地区卫生防疫站. 1975. 九里光和金银花防治钩端螺旋体病的效果观察［J］. 流行病防治研究，（2）：114

冉域辰，黎海芪，刘明芳. 2008. 金银花水提物对双歧杆菌与乳酸杆菌体外生长的影响［J］. 时珍国医国药，19（5）：1131

邵红，吴玲，王新. 2006. 七种中药抗鸡新城疫病毒作用的研究［J］. 黑龙江畜牧兽医，（7）：89

孙延波，王云，关显智，等. 1996. 金银花对口腔病原性微生物体外抑菌试验的研究［J］. 中国中药杂志，21（4）：242

唐敏，刘耀，王渝，等. 2008. 金银花总黄酮粗提物体外抑菌作用研究［J］. 中国药房，19（30）：2321

汪冶，肖聪颖，郑钦方，等. 2011. 金银花药材加工方法与商品规格等级调查［J］. 中南药学，9（1）：75-77
王国霞，邹海棠，梅春升，等. 2005. 黄芪、金银花提取物体外抗禽流感病毒的试验研究［J］. 中兽医学杂志，（3）：4
王丽，刘大会，张智慧，等. 2013. 金银花［M］. 昆明：云南科技出版社
王昕荣，陈素华，乔福元，等. 2005. 金银花抗豚鼠巨细胞病毒的体外实验研究［J］. 中国妇幼保健，20（17）：2241
王云，于军，关显智，等. 2000. 马齿苋、金银花提取液对绿脓杆菌 PA11 株 R 质粒体内消除作用的比较［J］. 中国微生态学杂志，12（4）：197
王云，于军，肖洋，等. 2000. 金银花水煎剂对绿脓杆菌 P29 株 R 质粒体内体外消除作用的实验研究［J］. 白求恩医科大学学报，26（2）：139
王志洁，黄铁牛. 2003. 金银花在体内外抗人Ⅰ型疱疹病毒的实验研究［J］. 中国中医基础医学杂志，9（7）：39
徐良. 2001. 中国名贵药材规范化栽培与产业化开发新技术［M］. 北京：中国协和医科大学出版社
晏肃霜，梁小明. 2009. LC-MS 法及微生物效应法研究金银花提取物抗菌成分在 SD 大鼠体内药代动力学［J］. 江西中医学院学报，21（4）：60
袁秀丽，吕嘉枥，程慧娟，等. 2010. 金银花水煎液抗绿脓杆菌生物膜作用及其与庆大霉素的协同作用［J］. 西北药学杂志，25（3）：201
张芳，张永清，于晓，等. 2012. 蚜虫危害对金银花药材质量的影响［J］. 安徽农业科学，40（9）：5306-5307，5636
张明生. 2013. 贵州主要中药材规范化种植技术［M］. 北京：科学出版社
张世林，贺小燕. 2000. 金银花治疗幽门螺杆菌相关性消化性溃疡的临床对照研究［J］. 中国中西医结合杂志，20（4）：284-285
张志强，刘应舟，吴迪. 2015. 金银花的研究进展及其在饲料中的应用［J］. 中国畜牧兽医文摘，31（10）：211，207
赵金娟，路俊仙，王萌，等. 2013. 不同加工方法对金银花质量的影响［J］. 现代中药研究与实践，27（5）：6-8，79
赵良忠，蒋贤育，段林东，等. 2006. 金银花水溶性抗菌物质的提取及其抑菌效果研究［J］. 中国生物制品学杂志，19（2）：201
赵永华. 2001. 中草药栽培与生态环境保护［M］. 北京：化学工业出版社
郑德和，衷明华，许镇龙，等. 2007. 凤凰茶、金银花、穿心莲提取液及对抑制口腔病菌效果的研究［J］. 韩山师范学院学报，28（3）：67
中科院中国植物志编辑委员会. 2010. 中国植物志［M］. 北京：科学出版社
朱亚芳，赵浩如. 2009. 中药体外抑制痤疮丙酸杆菌的活性测定［J］. 药学与临床研究，17（3）：224
Li JJ，Jia GL，Li JF，et al. 2013. Comparison of the pollen morphological characteristics of different *Lonicera japonica* germplasms［J］. Medicinal Plant，4（3）：1-4，7
Li JJ，Ren ML，Jia GL，et al. 2015. Index composition change and finger-print chromatography establishment in the honeysuckle processing course［J］. Journal of Biopharmaceutics Sciences，3（1）：1-8